AF537401

OSMANISCHE KOMPOSITBOGEN

KONSTRUKTION & DESIGN

Adam Karpowicz

OSMANISCHE KOMPOSITBOGEN

KONSTRUKTION & DESIGN

Verlag Angelika Hörnig

Osmanische Kompositbogen

Konstruktion & Design

Von Adam Karpowicz

Originaltitel: Ottoman Turkish Bows, Manufacture & Design

 ISBN 978-0-9811372-0-9

Übersetzung: Axel Küster

Layout: Marius Pawlitza, Angelika Hörnig

Druck: Laub GmbH & Co KG

ISBN 978-3-938921-19-7

Verlag Angelika Hörnig

Siebenpfeifferstraße 18

D-67071 Ludwigshafen

www.bogenschiessen.de

EINLEITUNG

Kompositbögen, gebaut aus Horn, Holz und Sehne faszinieren mich seit den frühen 1980ern, als ich von den unglaublichen Leistungen der türkischen Bögen beim Weitschießen erfuhr. Seitdem habe ich viele Kompositbögen aller Art gebaut, wobei mein Hauptinteresse immer noch bei den kurzen osmanisch-türkischen Bögen liegt.

Ich beanspruche nicht den Titel eines Meisters im Bogenbau, aber andererseits glaube ich, dass mein naturwissenschaftlicher Hintergrund dazu geführt hat, dass ich einen besseren Einblick in die Funktionsweise dieser Bögen gewinnen konnte – und mein Hang zum Experimentieren zu einem besseren Verständnis der Materialien beitrug. Im Laufe der Jahre habe ich neuen Bogenbauern geholfen und viele Fragen beantwortet.

Dieses Buch ist mein Versuch, die meisten der Fragen in einer angemessenen Form zu beantworten und, wie ich hoffe, etwas mehr Licht auf das Design der Kompositbögen zu werfen.
Dieser spezielle Bogentyp entwickelte sich während des osmanischen Reiches. Die Produktion wird wohl deutlich vor dem 14. Jh. begonnen haben und endete in den 1930er Jahren mit dem Tod von Neçmeddin Okyay, dem letzten osmanischen Bogenbauer, der auch ein berühmter Kalligraph war. Vor und während dieser Zeit wurden von den Türken auch Bögen anderen Designs gebaut. Der Gegenstand dieses Buches jedoch ist das typische kurze Reflex-Design, das in den berühmten Bögen für das Distanzschießen seine Vollendung fand. Diese sind auch in der westlichen Welt gut für ihre phänomenalen Wurfeigenschaften bekannt.

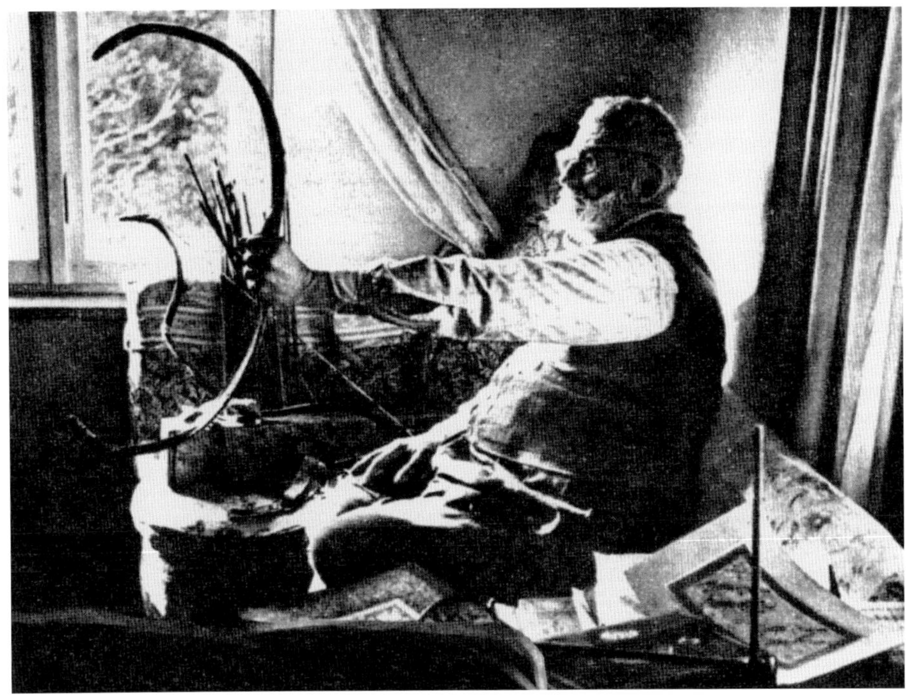

Neçmeddin Okyay (1883–1976) in seiner Werkstatt.
Foto: Inal Tengizman, Hayat magazine archive, 1962. Mit freundlicher Genehmigung von Serdar Tekçe.

Die Herstellung von Kompositbögen erfordert Können, Sorgfalt im Detail und Geduld. Der vollständige Prozess dauert wenigstens ein Jahr. Das ist kein Projekt, das ich einem Anfänger im Bogenbau empfehlen würde, sondern eher jemandem, der bereits eine Anzahl von Selfbows aus Holz, sehnenbelegte Bögen eingeschlossen, gebaut hat.
So eine „Lehrzeit" hilft dabei, die Prinzipien des Bogenbaus zu verstehen und die Materialien kennen zu lernen. Deshalb setze ich voraus, dass der Leser mit den Begriffen des Bogenbaus vertraut ist, ein Verständnis der Mechanik des Bogens besitzt und ein guter Handwerker ist, der keine weiteren grundlegenden Erläuterungen zur Arbeit mit dem entsprechenden Werkzeug benötigt.

Bei denjenigen, die im Text Literaturhinweise erwarten, entschuldige ich mich. Dies ist keine wissenschaftliche Dissertation. Die Referenzen befinden sich bei den Anhängen am Ende des Buches. Die wichtigste Quelle für türkische Bögen und Bogenbau erschien als Zusammenstellung älterer türkischer Bogenliteratur; das auf Türkisch verfasste Original von Mustafa Kani, *„Telhis-i Resail-i Rumat"* stammt aus dem Jahre 1838. Das Buch wurde von Hein ins Deutsche und später teilweise von Klopsteg in seinem Buch TURKISH ARCHERY AND THE COMPOSITE BOW ins Englische übersetzt.
Fast genau so bedeutend ist das ebenfalls auf Türkisch verfasste Buch *„Türk Okculuğu"* von Ünsal Yücel aus dem Jahr 1999.

Für den Handwerker sind die alten Bögen selbst eine entscheidende Quelle der Erkenntnis. Durch die Untersuchung der Konstruktion und der Materialzusammensetzung können zahllose Details herausgefunden werden, die zum besseren Verständnis des Herstellungsprozesses führen.

Alte Techniken sind oft schwierig zu verstehen und werden gerne als „Tradition" abgetan, womit unterstellt wird, dass die alten Handwerksmeister aus blinder Treue zu traditionellen Ansichten minderwertige Techniken verwendet hätten. Dieser Ansicht habe ich nie zugestimmt, da Handwerker damals wie heute zu praktisch eingestellt waren um Zeit oder Arbeit zu verschwenden.
Die alten Meister, die sich auf jahrhundertelange Erfahrung stützen konnten, wussten sehr wohl, was sie taten, und werden am Ende immer Recht behalten. Ich habe schon lange gelernt, dass auch Wissenschaft und moderne Technik ihre Grenzen haben. Um Techniken, die in alten Schriften dargestellt werden, zu verstehen, in der Regel durch Experimente, scheue ich weder Zeit noch Mühe. So vermeide ich, dass meine Werke zu „modern" werden und als enttäuschender Fehlschlag enden.

Die Mechanik von Bögen aus natürlichen Materialien ist zu komplex um mit Hilfe einer einfachen Theorie vorhergesagt werden zu können. Wissenschaft und Ingenieurswesen haben noch einiges aufzuholen, bis sie mit dem traditionellen Bogendesign gleichziehen können.

Als ich meine „Karriere“ als Bogenbauer begann, gab es außer dem Buch von Klopsteg sehr wenige Quellen. Nur ein einziger hatte zu der Zeit Kompositbögen gebaut – Edward McEwan in London. Seitdem war er mir dank seiner linguistischen Fähigkeiten und seiner enormen Erfahrung mit allen Arten von Kompositbögen eine große Hilfe.

Viel später hatte ich das große Glück, Cem Dönmez zu kennen zu lernen, der mir unermüdlich Auszüge aus Mustafa Kanis Original übersetzte und inzwischen selber Bogenbauer geworden ist.

Dr. Murat Özveri versorgte mich mit einem stetigen Strom von Aufsätzen und zahllosen Details zur Praxis des türkischen Bogenschießens.

Ahmet Tekelioğlu übersetzte mir Kapitel aus dem Buch von Yücel.

Das türkische Kulturministerium, die Mitarbeiter des Topkapi-Palast-Museums und Hilmi Aydin unterstützten die Forschungen an Originalbögen.

Und darüber hinaus war die ständige Diskussion über Bögen, besonders im Asian Archery Forum (ATARN), immer ein Impulsgeber und ein Fundus an Wissen.

Dank schulde ich Donald Cross und meinen Söhnen Theo und Phillip für ihre Hilfe beim Bearbeiten des Manuskriptes.

Ich hoffe, dass sich dieses Buch sowohl für den Anfänger im Kompositbogenbau nützlich erweist als auch für diejenigen, die schon mehr Erfahrung haben. Eine Bogenbautradition endet ja nicht mit einem bestimmten Bogendesign, wie eindrucksvoll und ausgereift es uns auch erscheinen mag.

Daher möchte ich alle dazu ermutigen, weiter mit verschiedenen Materialien zu experimentieren, damit die Leistungsgrenzen der Kompositbögen noch mehr erweitert werden können.

Das ist angesichts der großartigen Errungenschaften der osmanischen Bogenbauer, die eine der effizientesten und schönsten Waffen aller Zeiten schufen, sicher keine leichte Aufgabe.

INHALT

Ursprung

URSPRUNG

Abhängig von den Bedürfnissen der Bogenschützen hat sich das Design der Kompositbögen seit Jahrtausenden geändert und viele Formen angenommen. Diese Veränderungen in Stil und Konstruktion sind, ausgehend von den ersten Bögen aus Zentralasien, ein faszinierendes Studienobjekt. Um die Entwicklung dieser Bögen nachzuzeichnen wird nicht nur Wissen über historische Stile, sondern auch über die Mechanik des Schusses, die vorgesehenen Ziele wie auch die Kon-struktionsmethoden benötigt.

Für definitive Antworten weist unser Wissen momentan noch zu viele Lücken auf. Verschiedene Bogenformen aus weiter zurückliegenden Epochen sind überhaupt noch nicht bekannt. Ebenso gibt es heute nur wenige Schützen, die die Fähigkeiten und die Technik beherrschen, diese Bögen mit ihrem hohen Zuggewicht zu schießen, während die gewöhnlichen Repliken mit geringem Zuggewicht Schusseigenschaften zeigen, die den alten Bögen im Allgemeinen unterlegen sind. Was die osmanischen Bögen und vergleichbare Designs angeht, basieren meine Schlussfolgerungen auf meinen Erfahrungen im Bau und meinen Untersuchungen zur Leistungsfähigkeit der Bögen. Der wichtigste Aspekt der osmanischen Bögen ist ihre im Vergleich zu anderen asiatischen Kompositbögen geringe Länge.

Für die Verwendung des Bogens als Kriegswaffe oder auch für die Jagd, muss die Durchschlagskraft des Pfeils als der wichtigste Aspekt in Betracht gezogen werden. Offensichtlich ist ein Pfeil, der in der Lage ist, in das Wild oder den Gegner einzudringen und ihn kampfunfähig zu machen, zu bevorzugen. Solch ein Pfeil sollte kraftvoll genug sein, um Haut, Kettenhemden oder eine Panzerung zu durchschlagen. Das lässt sich erreichen, indem man ihm genug Energie mitgibt und die Spitze möglichst effektiv gestaltet. Interessanterweise wurde sowohl im mittelalterlichen Europa als auch im Orient der Bodkin als die beste Allzweckspitze angesehen.

Die erhaltenen osmanischen bodkinähnlichen Spitzen sind sehr klein, messen ca. 6–7 mm im Querschnitt und sind auf Schäfte mit noch geringerem Durchmesser am vorderen Ende aufgesetzt. Wie Tests von Jarosław Bełza gezeigt haben, ist der Reibungswiderstand solch dünner Spitzen und Schäfte in den meisten Materialien, verglichen mit den größeren Bodkinspitzen der englischen Kriegspfeile, gering. Das Eindringverhalten ist daher in Fleisch und ohne Zweifel auch in Kettenhemden hervorragend, ebenso wie in Panzerungen, vorausgesetzt, der dünne Schaft übersteht den Aufprall ohne zu brechen.

Die Mehrzahl der osmanischen Pfeilschäfte waren gebarrelt, also zu den beiden Enden, Nocke und Spitze, dünner auslaufend gebaut, um eine größere dynamische Steifigkeit zu erhalten.

Obwohl sie gebarrelt waren, konnten diese dünnen Schäfte aber nicht allzu lang sein, da dies die dynamische Steifigkeit verringert und die Pfeile für die leistungsfähigen Bögen unbrauchbar gemacht hätte. Ich denke, dass die Osmanen beim Bestreben, das Eindringvermögen der Pfeile zu erhöhen, bei kurzen Pfeilen und Bögen gelandet sind. Kein osmanischer Schaft unter den 1500 Stück aus der Sammlung des Topkapi-Palastes überschreitet die Länge von 29 Zoll (73,7 cm), wobei die Mehrheit der Kriegsschäfte bei einer Länge von 26–29 Zoll (66–73,7 cm) liegt.

Wie im Kapitel zum Design erklärt wird, würde man für einen Auszug von 26–29 Zoll (66 bis 73,7 cm) einen vergleichsweise kürzeren Bogen, im Bereich von 42 bis 48 Zoll (106,7 bis 122 cm) Länge, gemessen zwischen den Sehnenkerben, wählen. Und genau das ist der Bereich der Bogenlänge, der für die osmanischen Bögen typisch ist. Die älteren türkisch-mongolischen Bögen wie auch die Bögen aus Zentralasien waren normalerweise länger und das Design basierte gewöhnlich auf langen, starren Wurfarmenden als Verlängerung der Kompositwurfarme. Diese Bögen waren sogenannte „berührungslose“ Recurves, da die Bogensehne beim aufgespannten Bogen keine Berührung mit dem Wurfarm hatte. Es ist sehr wahrscheinlich, dass die ersten,vor-osmanischen Bögen dieses Design aufwiesen.

Ich glaube, dass der Vorteil dünner Pfeile beim Eindringen in das Ziel zuerst von den anatolischen Nomaden schrittweise erkannt und infolgedessen mit neuen Bogenformen experimentiert wurde, um Vorteile aus den kürzeren Pfeilen zu ziehen. Ein Bogen, der für einen gegebenen Pfeil zu lang ist, wird nicht die Leistung entfalten, die von einem Kriegsbogen erwartet wird. Das führte zu kürzeren Bogendesigns, die den berittenen Bogenschützen der Turkvölker entgegen kamen. Als zusätzlicher Vorteil kam der kürzere Auszug nicht mit den Helmen der Bogenschützen in Konflikt.
Ich spiele gern mit dem Gedanken, dass beim „Prototypen“, dem Bogen mit den langen Wurfarmenden, diese zuerst eingekürzt wurden.
Diese Verkürzung führte zu einer allgemeinen Verringerung des Reflexes, was aber eine geringere Energiespeicherung und einen langsameren Pfeil zur Folge hatte. Ein stärkerer Reflex im Griffbereich könnte versucht worden sein, aber dieser alleine, kombiniert mit den kürzeren Wurfarmen, lässt den Bogen ‚stacken‘ – er wird unerfreulich hart, wenn man ihn auf die volle Pfeillänge ausziehen will.

Profile typischer Bögen:

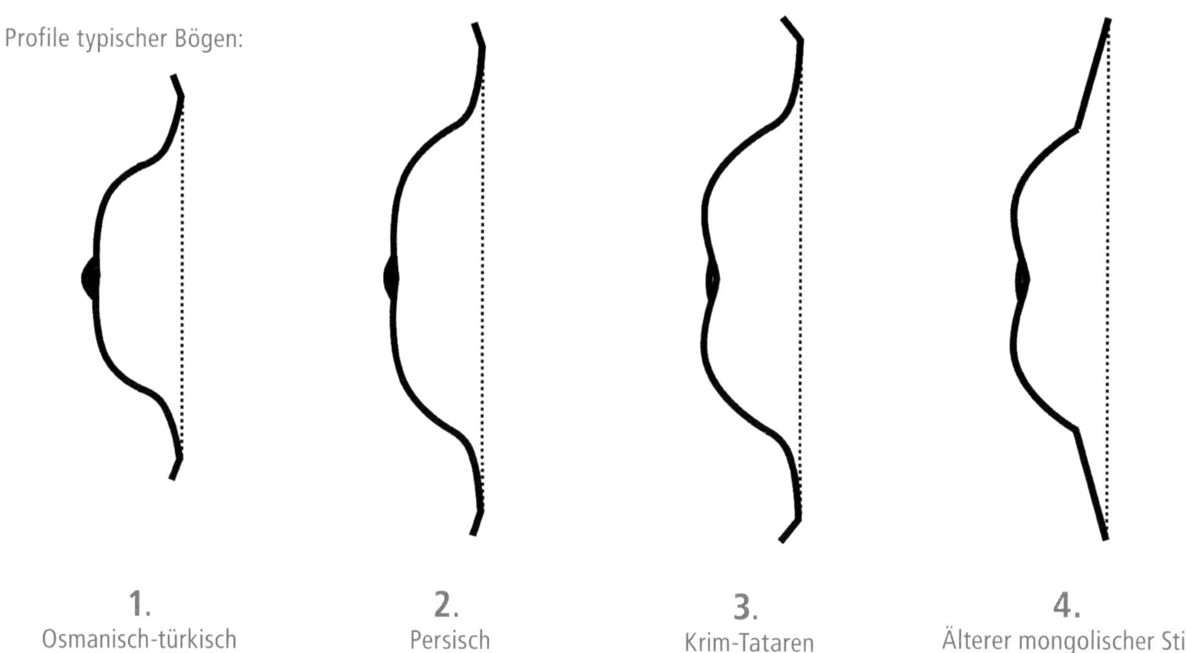

Anderseits macht ein reduzierter Reflex im Griff bei erhöhtem Reflex in den Wurfarmen den Bogen zu einem großartigen Schießgerät und genau das ist die Form der osmanischen Bögen. Alle Designs wurden sicherlich von den Bogenbauern und Bogenschützen erprobt und modifiziert – und die erfolgreichsten überdauerten bis in die späteren Zeiten.
So ist z.B. der krimtatarische Bogen länger als der osmanische. Auch hier wird der Reflex im Griff mit reflexen Wurfarmen kombiniert, aber diese Form muss, um eine gute Leistung zu erbringen, mit längeren Pfeilen kombiniert werden.
Der Sindh-Bogen aus Pakistan und der koreanische Bogen sind andere, dem tatarischen Bogen ähnelnde Formen. Allerdings dürfte wohl, was kurze Bögen angeht, der osmanische Bogen der beste jemals erfundene sein.

Der typisch osmanische Bogen ist dem persischen (nicht zu verwechseln mit dem sogenannten Indo-Persischen oder Mughal- bzw. Mogul-Bogen) funktionell sehr ähnlich. Beide Bögen haben keinen oder nur einen minimalen Reflex im Griff, steife Wurfarmenden, die kurz hinter dem sich biegenden Teil des Wurfarms beginnen und einen gemäßigten Reflex in den Wurfarmenden. Der Hauptunterschied ist die größere Breite und Länge des sich biegenden Bereiches. Ich vermute, dass beide Bögen aus dem selben Ursprungsgebiet, vielleicht als Teil des Seldschuken-Reiches, stammen.
Der osmanische Bogen könnte durch die Verwendung als Kriegswaffe und später als Sportgerät weiter perfektioniert worden sein, während der persische Typ sich zum Indo-Perser wandelte.

In Anbetracht der weitverbreiteten Verwendung des Kompositbogens unter den berittenen Bogenschützen Asiens ist es sehr wahrscheinlich, dass es viele Bogenbauer gab, und man kann vermuten, dass alle Bogenschützen die regelmäßigen Wartungsarbeiten bei Bedarf selbst durchführen konnten. Als die osmanischen Eroberungszüge im 14.–16. Jahrhundert ihre großen Ausmaße annahmen, hatten ganze Dörfern in Anatolien (die turkmenischen Völker wurden später auf dem Balkan wiederangesiedelt) die Aufgabe, Bögen und Pfeile herzustellen. Dies könnte in einem fließbandartigen Verfahren geschehen sein, um den Ausstoß zu maximieren. Ebenso wurden viele Bögen und Pfeile aus der Krim importiert.

Bögen waren, besonders bei den tatarischen Stämmen, die entlang der Nordwestgrenze des osmanischen Reiches aktiv waren, bis zum Aufkommen der Schusswaffen im 18. Jh. im Gebrauch.
1705 ist eine Bogenbauwerkstatt in Istanbul belegt, die die tatarischen Truppen versorgte. Offensichtlich behielt der Bogen seine wichtige Funktion in den Grenzkriegen, da dieselben Bögen bei den Polen bis ins späte 17. Jh. im Gebrauch waren. Später wurden die osmanischen Flight-Bögen (Bögen für das Weitschießen) in größerer Menge in die urbanen Zentren, hauptsächlich an die Sport treibende Elite, den jeweiligen Sultan eingeschlossen, verkauft.

Design

DESIGN

Allgemeine Betrachtungen

Alle Bögen werden gebaut, um einen möglichst schnellen Pfeil abzuschießen. Ich kann keinen Vorteil in einem schönen Design oder Erscheinungsbild, das auf Kosten der Leistungsfähigkeit geht, erkennen. Einen leistungsschwachen Bogen zu verzieren ist Zeitverschwendung, außer wenn er statt zum Schießen für zeremonielle Zwecke vorgesehen ist. Die meisten Bögen werden, wenn auch nicht immer erfolgreich, für eine gute Wurfleistung gebaut. Aus offensichtlichen, praktischen Gründen würde ein Krieger oder Jäger eher eine leichte und leistungsstarke Waffe tragen und die Prunkstücke zu Hause lassen.
Das soll nicht bedeuten, dass gute Bögen nicht verziert wurden – solange die Dekoration nicht zu Lasten der Leistungsfähigkeit ging.

Die Elemente des Bogendesign wurden schon in einer Reihe von Büchern und Artikeln behandelt. In der Serie der „Bibel des Traditionellen Bogenbaus“ werden praktische Aspekte des Bogenbaus hervorragend zusammengefasst.
Im Buch „Archery, the Technical Side“ wurden wissenschaftliche Untersuchungen von Hickman, Klopsteg und anderen veröffentlicht. Kooi verglich die Leistungsfähigkeit verschiedener historischer Designs.

Für einen Anfänger kann die anscheinend zu große Anzahl verwirrender Details überwältigend sein. Anderseits sind die Grundelemente, die die Leistungsfähigkeit eines Bogens am meisten beeinflussen, ziemlich einfach und einleuchtend.

Der wichtigste Faktor zur Bestimmung der Wurfleistung eines Bogens ist seine **mechanische Effizienz**: das Verhältnis der kinetischen Energie des Pfeils zur im Bogen gespeicherten Energie.
Viele Anfänger machen den Fehler anzunehmen, dass die höchste gespeicherte Energie den besten Bogen definiert. Wie schon oft gezeigt wurde, ist die gespeicherte Energie alleine nicht effizient, wenn sie mit physikalisch schweren Wurfarmen kombiniert ist, die den Pfeil bremsen. Jedoch ergibt eine große gespeicherte Energie in Verbindung mit Wurfarmen von möglichst geringem Gewicht immer einen effizienten Bogen.
Die wichtigste Aufgabe für einen Bogenbauer ist also, die geringstmögliche Materialmenge für den Wurfarm zu verwenden und trotzdem das gewünschte Zuggewicht zu erreichen, ohne dass das Ganze auf Kosten der Haltbarkeit und Lebensdauer des Bogens geht.
Alle Bogenbauer wissen, dass schmale, aber dicke Wurfarme der beste Ansatz sind, um die Masse des Wurfarms zu minimieren, weil in das Zuggewicht die Dicke des Wurfarms in der dritten Potenz, die Breite jedoch nur linear eingeht. Eine nur wenig größere Dicke macht den Bogen deutlich stärker, während es für das Zuggewicht wenig bringt, den Bogen breiter zu machen. Bogenbauer, die das Prinzip von Masse und Dicke verinnerlicht haben, machen nun die Bogenenden so schmal wie möglich, um die Masse zu verringern und gleichzeitig noch die Steifigkeit zu erhalten. Die Dicke der biegenden Zone des Wurfarms wird in der Regel nicht als wichtig angesehen.

Dickere Wurfarme weisen aber einen Vorzug auf, der in der Literatur nicht erwähnt wird – sie bewegen sich im Bogen schneller. Die Strecke aus dem vollen Auszug zur Standhöhe wird in kürzerer Zeit zurückgelegt, was hilft, den Pfeil effizienter zu beschleunigen. Der Grund dafür ist, dass die maximale Geschwindigkeit des Wurfarms zur natürlichen Schwingungsfrequenz des Wurfarms in Beziehung steht, die in erster Linie von der Länge und Dicke des Wurfarms abhängt.

Diese Theorie korreliert, besonders unter dem Gesichtspunkt der Leistung der Flightbögen, sehr gut mit Bogendesigns, bei denen sehr leichte Pfeile verwendet werden. Türkische, für das Flightschießen optimierte Bögen sind ein gutes Beispiel für ein solches Design.

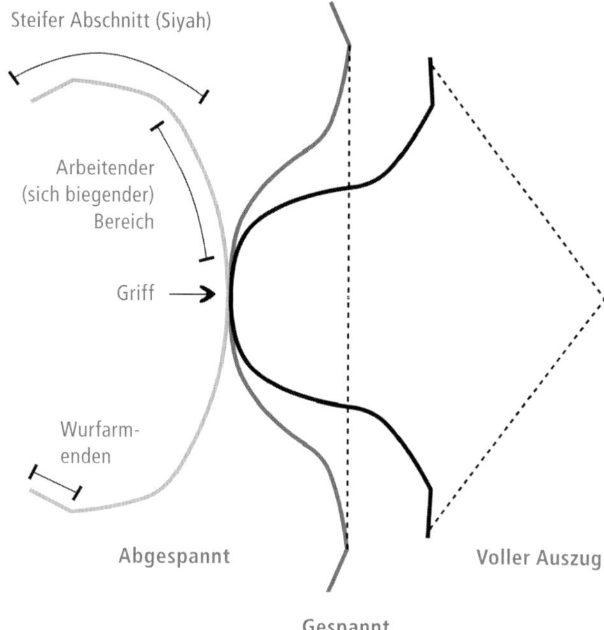

Wurfarme, die durch die Kraft des Bogenschützen aus der Ruhelage gezogen werden, federn beim Ablass zurück, um auf Standhöhe zur Ruhe zu kommen. Ohne eine Sehne, die die Wurfarmenden stoppt, würde der Wurfarm vibrieren oder wie bei einer Stimmgabel schwingen. Weil die Wurfarme nicht „ahnen" können, dass sie von der Sehne auf Standhöhe gestoppt werden, sind sie eigentlich eine oszillierende Feder.

Diese Schwingungsfrequenz kann mit einem Messaufnehmer und einem Oszilloskop gemessen werden. Je höher die Frequenz, desto schneller bewegt sich der Wurfarm. Wie bei einer Stimmgabel ist die Frequenz unabhängig von der Auslenkung. Abgesehen von den Materialeigenschaften des Wurfarms sind die wichtigsten in Betracht kommenden Faktoren die Dicke und Länge des Wurfarms.

Die Länge hat den dramatischsten Einfluss – die Frequenz und somit die Geschwindigkeit der Wurf-armbewegung fällt mit dem Quadrat der Länge des Wurfarms. Das bedeutet, dass ein halb so langer Wurfarm sich mit der vierfachen Geschwindigkeit bewegt. Diese Geschwindigkeit steigt auch proportional zur Wurfarmdicke, während die Breite keinen Einfluss auf die Frequenz hat.

Die Geschwindigkeit der Wurfarmbewegung kann durch eine Verlängerung der vom Wurfarm zurückgelegten Strecke weiter erhöht werden. Die größere Auslenkung zwingt den Wurfarm zu einer höheren Geschwindigkeit, da die Frequenz ja dieselbe bleiben muss. Das kann erreicht werden, indem der Bogen mit längeren Pfeilen weiter ausgezogen wird. Ebenso kann der scheinbare Weg in die entspannte Lage länger sein, wenn der Wurfarm mehr Reflex hat und die Biegezone näher am Griff liegt, um für die Wurfarmenden einen möglichst langen Weg zu erhalten. Die Rückstellgeschwindigkeit des Wurfarms wird durch den Pfeil und die Sehne abhängig von deren Masse verringert, oder alleine durch die Sehne bei einem Leerschuss – einem Schuss ohne Pfeil.

Ich möchte nicht behaupten, dass das „Frequenzmodell" am besten geeignet ist, um ein Design zu bewerten. Allerdings sehe ich es als den einfachsten Weg, sich den meisten wichtigen Eigenschaften eines Bogens in einer zusammenhängenden Betrachtung zu nähern.
Man kann durch die Beachtung der bereits allgemein bekannten Parameter zu einem ähnlichen Ergebnis gelangen. So sind sich Bogenbauer einig, dass eine Biegung in Griffnähe vorteilhaft ist, da hierdurch die Energiespeicherung erhöht und das Ausbeulen des Wurfarms beim Schuss verringert wird, was ebenfalls einen geringeren Energieverlust bewirkt. Selbiges gilt für den längeren Auszug wie auch den größeren Reflex; beides trägt zur gespeicherten Energie des Bogens bei.

Wir können nun zusammenfassen, welche Designpunkte einen schnellen, für leichte Pfeile gebauten Bogen ausmachen:

1. Die Wurfarme müssen so kurz wie möglich gebaut werden und so dick und schmal wie möglich sein.

2. Der Auszug soll so lang wie möglich sein

3. Die Wurfarme müssen so viel Reflex wie möglich haben.

4. Die Biegezone des Wurfarms soll möglichst nah am Griff liegen, um den Wurfarmenden einen möglichst langen Weg zu ermöglichen.

Alle vier Bedingungen können erfüllt werden, allerdings nur in den Grenzen der Materialeigenschaften, der Fähigkeit des Bogenbauers und der Kraft des Schützen.

Das Ausmaß an Reflex, am besten sofort nach dem Abspannen gemessen, hängt von der sogenannten „Hysterese" ab – der Eigenschaft aller Materialien, zu „kriechen" bzw. sich unter Belastung zu verformen. Diese permanente Deformation wird als „string follow" bezeichnet.
Es ist wichtig zu verstehen, dass nur der Reflex, der im arbeitenden Bogen vorhanden ist, zählt – also muss der Reflex so gewählt werden, dass die Hysterese, soweit es das Material erlaubt, minimal bleibt. Ein extremer Reflex im abgespannten Bogen zählt wenig, wenn der wahre Reflex durch das „Kriechen" des Wurf-arms verschwindet. Ich vermute, dass die Hysterese einer der Faktoren ist, der, zusammen mit der Masse und der Elastizität der Bogensehne, am meisten zum Verlust an Effizienz im Komposit-bogen beiträgt.

Der dritte Designfaktor, **der Reflex**, ist besonders wichtig für Bögen, die für schwerere Pfeile gebaut sind. In diesem Fall muss die Energiespeicherung verstärkt in Betracht gezogen werden. Sie kann durch eine Vorspannung der Wurfarme durch höheren Reflex, was ein größeres Anfangszuggewicht zur Folge hat, erhöht werden.

Ebenso kann ein längerer Bogen, weil mehr Wurfarmmaterial arbeitet, mehr Energie speichern als ein kurzer. Solange die Wurfarmmasse nicht zu hoch ist und die Effizienz darunter leidet, kann ihn das für schwerere Pfeile geeigneter machen. Jedoch würde ich angesichts der erheblichen Verbesserung der Wurfarmgeschwindigkeit bei kurzen Bögen alles daran setzen, längere Bögen zu vermeiden und stattdessen versuchen, die Energiespeicherung über einen guten Reflex zu verbessern. Ich muss nicht weiter betonen, dass dieser für einen Holzbogen gefährliche Ansatz nur mit Kompositmaterialien möglich ist.

Das Profil

Die kurzen Wurfarme eines Kompositbogens brechen nicht (was bei einem Selfbogen der Fall wäre), weil sowohl Horn als auch Sehne eine enorme Deformation aushalten ohne den Geist aufzugeben. Zum Beispiel konnte bei einem tatsächlich durchgeführten Experiment ein Wurfarm von ca. 1,27 cm Dicke bis zu einem Radius von nur 7,6 cm gebogen werden. Das bedeutet, dass die Dehnung der Oberfläche der Sehnenlage aufgrund der Belastung genauso wie die Kompression am Hornbauch $s = (1{,}27/2)/7{,}6 = 0.08$ also 8 % betrug. Wenn der Wurfarm beim Bau zusätzlich in den Reflex gebogen würde, wäre die Gesamtbelastung sogar noch ein paar Prozent höher. Ein solcher Wurfarm wird zwar Stringfollow aufweisen, aber nicht brechen.

Diese Stabilität und Bruchfestigkeit erlaubt den Bau von sehr kurzen Bögen. Das Begrenzende ist hier nicht das Material, sondern, da der Bogen für einen komfortablen Auszug lang genug sein muss, die Anatomie des Bogenschützen. Sonst wäre das Stacking, also die rapide Zunahme des Zuggewichts gegen Ende des Auszugs, unerträglich.

Ein 90 cm langer Bogen würde zwar genug Energie speichern, um einen Pfeil ordentlich zu beschleunigen, es wäre aber unmöglich, ihn auf die 28 Zoll Standardauszugslänge zu ziehen. Solche Bögen benötigen zusätzlich zwei Hebelarme, um sie länger zu machen.

Der beste Kompositbogen sollte nach Möglichkeit nicht nur die kürzesten sondern auch die leichtesten Wurfarme haben, während er gleichzeitig genug Reflex aufweisen muss, um genug Vorspannung (auf Standhöhe, A.d.Ü.) für eine hohe Wurfarmgeschwindigkeit am Tip und eine gute Energiespeicherung zu besitzen. Es gibt viele Bögen mit Reflex, aber nicht alle sind gut konstruiert.

Betrachten wir dazu die Zeichnung unten: Sie zeigt Reflexbögen abgespannt und im Auszug. Der Bogen A (links) hat starre Enden, die Siyahs (ein arabischer Ausdruck, der im Türkischen nicht gebräuchlich ist) biegen sich in Richtung auf den Bogenrücken. Aufgespannt erfährt der arbeitende Bereich bereits eine kräftige Biegung. In dieser Position liegt die Sehne an den Siyahs, an der Basis der reflex gebogenen Wurfarmenden, an. Beim Auszug verhält sich der Bogen wie ein kürzerer Bogen, solange die Sehne noch Kontakt mit den Siyahs hat. Wenn sich nun die Sehne von den Siyahs abhebt, wird der Bogen funktional länger und lässt sich deshalb leichter bis zum vollen Auszug ziehen.

Dank dieses Reflexes speichert der Bogen eine Menge Energie. Die Kraft-Auszugskurve rechts stellt die Kraft dar, die der Schütze als Widerstand beim Auszug fühlt.

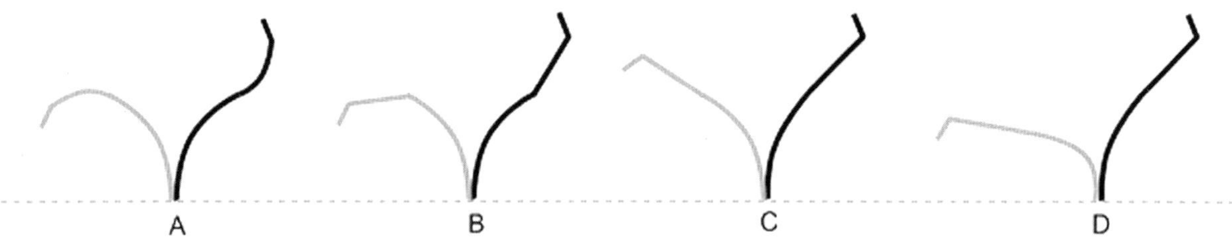

Schematische Darstellung von Reflexbögen. Es ist nur der obere Wurfarm gezeichnet.

Zuggewichtskurve

Wie können wir dieses Reflexprofil verbessern? Ohne die effektive Bogenlänge zu verändern, können wir die Siyahs kürzer und leichter machen. Im gespannten Bogen berührt die Sehne den Wurfarm nur unterhalb der Tips, was zusammen mit dem Reflex im ungespannten Bogen die Auszugscharakteristik (die Weg-Kraft Kurve) bestimmt. In der Zeichnung ist beim Design A der starre Bereich zwischen der Biegezone und dem Berührungspunkt gekrümmt ausgeführt.
Wenn man, wie in Zeichnung B, diesen Bereich gerade macht, nehmen Länge und Masse der Siyahs ab. Für einen noch leichteren und kürzeren Bogen kann der Knick am Übergang zwischen Biegezone und Siyah durch Begradigung entfernt werden.

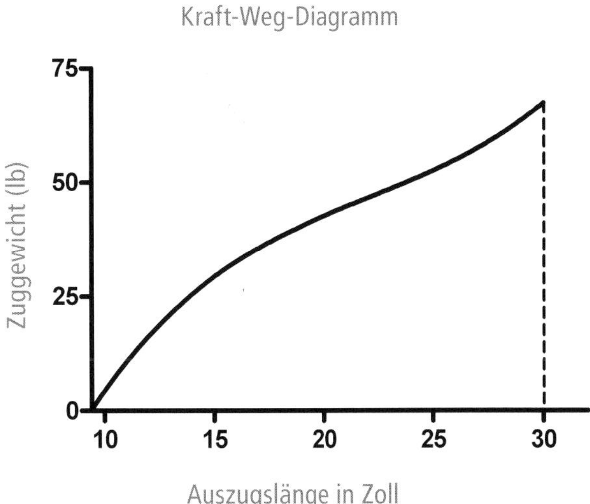

Die Kraft, die der Schütze beim Auszug des Bogens fühlt. Die Fläche zwischen der X-Achse und der Kurve ist ein Maß für die im Bogen gespeicherte Energie.

Der sich nun ergebende Bogen (Design C) wird jedoch nicht so stark wie die vorhergehenden Modelle sein, da der Wurfarm im Vergleich zu A und B keinen so starken Reflex hat. Um den Bogen genauso stark zu machen, benötigt er mehr Reflex, wie z.B. beim Bogen in Zeichnung D.

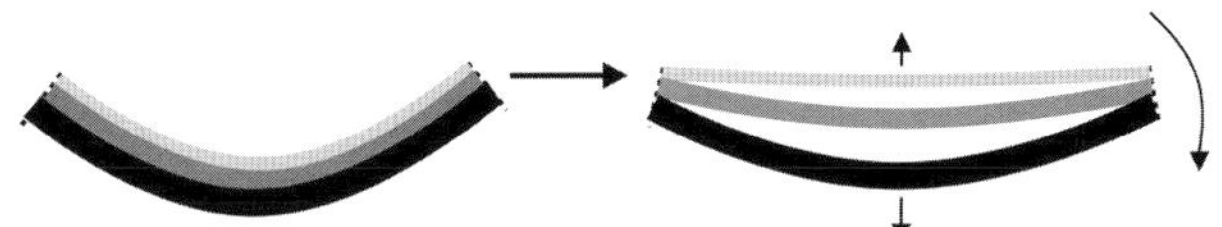

Die Seitenansicht eines sich biegenden (arbeitenden) Wurfarmabschnitts. Die Belastung innerhalb des gebogenen Wurfarms kann dazu führen, dass die einzelnen Schichten sich voneinander lösen (Delamination).

Alle drei Bögen, A, B und D, fühlen sich für den Bogenschützen beim Auszug genau gleich an, speichern dieselbe Energie und haben dasselbe Zuggewicht. Nur der Bogen D jedoch ist kürzer, leichter in der Hand und deshalb als Bogen effizienter. Eine weitere Verbesserung kann sein, die Siyahs auf Kosten der Biegezone länger zu machen.
Das konzentriert die Wurfarmbiegung noch näher am Griff und verlängert den Wurfarmweg und die Tip-Geschwindigkeit beim Zurückschnellen in die Ausgangslage.

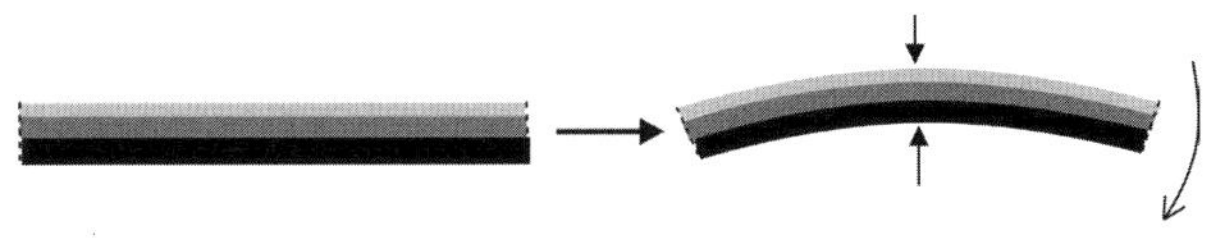

Eine weitere Seitenansicht: Bei diesem geraderen Wurfarmabschnitt werden die einzelnen Schichten beim Biegen eher zusammengedrückt.

Ein „Krabben-Bogen". Beachte den extremen Reflex in der Übergangszone vom Biegebereich zu den Syahs.
In der Biegezone ist der Reflex gering, während sich der Reflex am Griff, der bei dieser Art Bögen nicht oft zu finden ist, im Auszug teilweise strecken wird.

Reflex

Es gibt ein weiteres Designelement, das der Abwägung bedarf. Der neue Bogen (D) hat im abgespannten Zustand nicht den Reflex in der Übergangszone zwischen Biegebereich und den Siyahs wie A und B, weil der Wurfarm in diesem Bereich im aufgespannten und ausgezogenen Zustand gerade ausgeführt worden ist. Nur der Biegebereich selbst ist ja bei diesem Bogen reflex gestaltet. Ein solch starker Reflex kann, wenn auch mit beachtlichen Schwierigkeiten für den Bogenbauer, gebaut werden. Sehnenschicht und Horn müssten dazu auf den Holzkern geleimt werden, während dieser reflex gespannt ist. Wenn eine solche gekrümmte Konstruktion im Gebrauch in Gegenrichtung gebogen wird, kann die Belastung für den Leim in den Klebefugen zu groß werden, um die Teile noch zusammen zu halten.

In solchen gekrümmten Wurfarmen neigen die Zugbelastung in der Sehnenlage und die Druckbelastung im Horn dazu, den Bogen zu delaminieren. Die resultierende Kraft in beiden Lagen wirkt jeweils senkrecht zum Holz nach außen und versucht gewissermaßen, die äußeren Schichten vom Kern des Wurfarms zu lösen. Wenn der Biegebereich gerade oder nur schwach gekrümmt ist, ist die Belastung kein Problem, denn die Lagen werden dann eher ineinander gepresst.
Diese Schwierigkeit, einen Reflex in der Biegezone zu realisieren, ist eine ernsthafte Begrenzung für den Bogenbauer (und mir ist selber eine ganze Reihe von Bögen deswegen misslungen), der den für den Bogen maximalen Reflex bauen will, aber keine Abstriche an der Dauerhaftigkeit eingehen kann. Die Lösung wäre, entweder den Reflex alleine über die Siyahs zu erreichen (was aber nicht gut ist, wie wir bei Bogen A gesehen haben) oder den Reflex im Übergang zwischen Biegezone und Siyah (wie bei Bogen B) anzulegen. Allerdings ist auch das nicht ideal, weil man zum Versteifen Masse benötigt. Ein extremes Beispiel für einen nach dieser zweiten Alternative gebauten Bogen mit extremem Reflex sind die „Krabben-Bögen" aus Indien.

Ein noch extremeres Beispiel, bei dem der Reflex eines Bogens nach türkischer Art in der Biegezone konzentriert worden ist.

Ein moderater Reflex kann im Biegebereich toleriert werden und es gibt Bogendesigns, die das beweisen, trotzdem hält man die Rückbiegung in diesem Bereich gering. Ein Biegeradius von ca. 30 cm ist die untere Sicherheitsgrenze für nicht-experimentelle oder Sportbögen.

Wie lösten die alten Bogenbauer dieses Problem? Sie behielten den Reflex im Übergangsbereich bei, machten ihn aber ausreichend flexibel, damit er sich im vollen Auszug strecken konnte.

Diese Bögen haben dank des Reflexes im abgespannten Zustand genug Vorspannung auf Standhöhe. Gleichzeitig strecken sich die Wurfarme beim Vollauszug, was den Tips eine möglichst lange Beschleunigungsphase auf dem Rückweg erlaubt. Und natürlich ist so ein Bogen relativ risikolos zu bauen. Dieses Design ist ein gutes Beispiel für typische osmanische und persische Bögen.

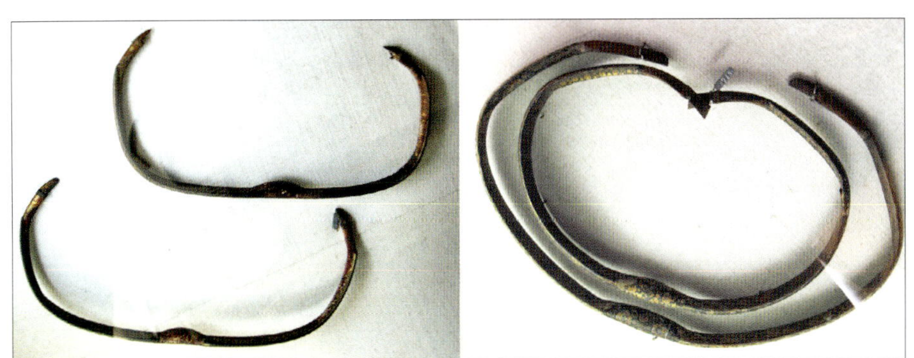

Zwei osmanische Bögen (links) und zwei persische Bögen (rechts). Durch langen Gebrauch hat sich der Biegebereich der osmanischen Bögen begradigt (gestreckt), sonst würden beide Formen sehr ähnlich aussehen. Aus der Sammlung des Topkapi-Palastes.

Adnan Evranos zieht einen Flightbogen in den 1930er Jahren. Das Foto wurde auf dem Bogenschießfeld (Okmeydan) in Istanbul aufgenommen. Die Ruinen der Versammlungshalle der Bogenschützen und der Rekordstein zur Erinnerung an den Weitschuss von Sultan Mahmoud II. sind in der Ferne zu erkennen.

Bei diesen Bögen hat der Biegebereich einen gemäßigten Reflex, der Übergangsbereich weist ebenfalls einen deutlichen Reflex auf und die Enden haben zusätzlich ein wenig Reflex. Vom Reflex bleibt beim Vollauszug im Wesentlichen nur der in den Tips übrig – siehe das Bild des Bogenschützen oben. Auch ist dieser Bogen verdächtig nahe am oben beschriebenen Idealbogen.

Fest steht, dass der kritische Punkt für die Grenzen dieses Designs die Biegung im Bereich des Übergangs von den Wurfarmen zu den Siyahs ist. Dort, wo die Siyahs auf den Wurfarm gesetzt werden, muss dieser ja dünner gemacht werden. Das verringert allerdings die Rückstellgeschwindigkeit des Wurfarms etwas.
Andererseits kann der an dieser Übergangsstelle eingebaute Reflex die Wurfarme so weit steifer machen, dass damit dem „Ausbeulen" entgegengewirkt wird. Wenn diese Stelle also nicht zu stark ist, werden die Wurfarme nicht überlastet, so dass sie sich in der Mitte zu stark biegen bzw. einknicken, anstatt sich so zu strecken, wie das bei den steifen und effizienteren Wurfarmen des Designs D der Fall ist.

Es gibt noch eine andere Methode, Reflex bei gleichzeitigem Erhalt jener Sicherheit, die nahezu gerade Wurfarme bieten, einzubringen – man mache den Griffbereich reflex, um eine höhere Anfangsspannung zu erhalten. Dies bewirkt auch, dass sich der Biegeabschnitt des Wurfarms etwas weiter vom Griff entfernt, da die Biegekraft ihren Ansatzwinkel in Bezug auf den Wurfarm ändert. Unglücklicherweise reduziert diese Methode, die Biegung weiter weg vom Griff zu legen, die Anfangskräfte für den Auszug, was natürlich eine geringere Energiespeicherung zur Folge hat.
Dieser Effekt ist mit dem sogenanntem „Peitschentiller" bei Holzbögen vergleichbar, bei dem sich die Enden der Wurfarme übertrieben stark biegen. Er zwingt den Bogenbauer, den Bogen länger zu bauen oder die Siyahs stärker gebogen auszulegen, um die Auszugskurve zu verbessern und

das „Stacking" zu vermeiden. Ebenso führt die Verlagerung des Biegebereiches weit nach außen, wo die Wurfarmdicke gering ist, zu einer verringerten Wurfarmgeschwindigkeit.

Die Bögen der Krimtataren zeigen beide Merkmale: Reflex im Griff plus mehr Reflex als bei den türkischen Bögen in den Siyahs.
Diese Bögen, die länger sind, haben mehr Masse und sind wahrscheinlich nicht so effizient, wenn sie nicht, trotz einigem Stacking, weiter ausgezogen werden. Andererseits haben moderne koreanische Bögen reflexe Griffstücke aber ihre Siyahs sind bis zu einem gewissen Grad flexibel, was einen relativ längeren Auszug erlaubt. Meiner Erfahrung nach zeigen Bögen mit einem Reflex im Griff nur bei einem längeren Auszug, als er bei den türkischen Bögen auftritt, eine gute Leistung und auch die gespeicherte Energie ist nicht außergewöhnlich groß.

Beinahe alle Kompositbögen sind in den Tips gebogen, bzw. eher an der Basis der Tips, also an der Kontaktstelle mit der Sehne. Wie ich schon erwähnt habe, hebt sich die Sehne während des Auszugs ab, und die Siyahs werden effektiv länger mit der Folge einer größeren Hebelwirkung, höherer Energiespeicherung und weniger Stacking.

Der Reflex im Tip kann von sehr gering (wie bei indischen Bögen), etwas mehr bei den Persischen bis zum Maximum bei den tatarischen Bögen reichen. Mehr Reflex an dieser Stelle verringert das Stacking, was bei Bögen mit Reflex im Griff fast eine Notwendigkeit darstellt.
Unglücklicherweise beeinträchtigt der höhere Reflex in den Wurfarmenden auch die Stabilität, weil weniger seitliche Kraft benötigt wird, um den Bogen umschnappen zu lassen.

Bogen der Krim-Tataren
aus der Sammlung des Topkapi-Palastes.

Zeitgenössischer koreanischer Reflexbogen.

Im Extremfall kann das dazu führen, dass der Bogen im Gebrauch seine Sehne abwirft. Um die Sehne daran zu hindern, seitlich vom Wurfarm abzurutschen, haben diese Bögen in der Regel eine Brücke an der Kontaktstelle mit der Sehne.
Das ist keine perfekte Lösung. Idealerweise sollte der Wurfarm an dieser Stelle auch fast gerade sein, um Wurfarmlänge und Masse zu reduzieren, und der Bogenbauer sollte sich darauf konzentrieren, die Energiespeicherung durch mehr Reflex im Biegebereich des Wurfarms zu verbessern.

Was ist das beste Design für einen Komposit?

Gelinde gesagt klingt die logische Schlussfolgerung zuerst ziemlich absurd: Es ist ein Bogen mit geraden Wurfarmen. Es lässt sich aber nicht leugnen, dass der gerade Wurfarm ohne Spielereien, aber mit ordentlich Reflex im Biegebereich die geringste Masse und die höchste Geschwindigkeit aufweist. In seinem theoretischen Werk über den Vergleich verschiedener Bogendesigns stellte Bob Kooi fest, dass der Selfbow dem Komposit bei gleicher Wurfarmmasse nicht unterlegen ist. Und darin liegt der Schlüssel.

Der Kompositbogen kann dem Selfbow nur deswegen überlegen sein, weil Horn und Sehne, bezogen auf die Masse, mehr Arbeit verrichten können als Holz alleine. Deswegen kann man weniger Masse im Wurfarm verwenden: das ergibt kleinere Querschnitte und insgesamt kürzere Bögen. Bögen mit weniger Masse und kürzerer Länge sind effizienter und ermöglichen durch den Reflex eine ordentliche Energiespeicherung.
Die hohe Zähigkeit von Sehne und Horn erlaubt solche Konstruktionen eines kurzen Bogens mit Reflex, starren Siyahs und einer Biegezone nahe am Griff. Es ist jedoch hervorzuheben, dass der Reflex nur für die schweren, nicht für das Weitschießen gedachten Pfeile am wichtigsten ist.
Für leichte Pfeile und bei einer Situation nahe am Leerschuss sind leichte Wurfarme der entscheidende Faktor, und ein Bogen mit kurzen Wurfarmen ohne Reflex kann immer noch sehr gut abschneiden. Das führt uns zu einem weiteren Punkt:

Wie kurz ist ein ‚kurzer' Bogen?

Es gibt eine feste Beziehung zwischen Bogenlänge und Auszug, die man, wie ich glaube, einhalten muss, um gute Effizienz zu erreichen.

Der kurze osmanische Bogen von 42–44" (105–110 cm), gemessen von Nock zu Nock (abgekürzt „ntn"), verwendet 28" lange Pfeile.

Als anderes Extrem verwendet der 56 Zoll (von Nocke zu Nocke = ntn) lange tatarische Bogen Pfeile mit 34" Länge.
Das Verhältnis zwischen Bogenlänge (ntn) und der Pfeillänge beträgt 1,55 bis 1,6. Dieses Verhältnis, das bei Flightbögen sogar bis 1,5 reicht, sollte man wahrscheinlich einhalten. Solche Bögen mögen auf den letzten Zoll des Auszugs ein wenig Stacking spüren lassen, was durchaus normal und akzeptabel ist, aber die Leistung sollte, unabhängig vom Design, gut sein, solange die Siyahs nicht überdimensioniert sind.

Das Verhältnis korrespondiert gut mit Hinweisen in alten Büchern. In Übereinstimmung mit Abdullah Efendi (osmanischer Schriftsteller aus dem 16. Jh.) sollte der Abstand zwischen der Pfeilspitze und dem Bogengriff, bei eingenocktem Pfeil, gleich dem Abstand zwischen der Mitte des Griffs und der Bogenspitze (Tip) sein.
Bei einer Spannhöhe von 7 Zoll und einer Pfeillänge von 28" kommt man auf eine Bogenlänge von ca. 44", bei einem 34" langen Pfeil auf einen 54" langen Bogen.

Der Querschnitt des Wurfarms

Im Grunde besteht die Konstruktion eines Kompositbogens aus einem Sandwich aus Sehne, Holz und Horn. Die Sehnenschicht, die immer den Bogenrücken bedeckt, ist manchmal auch auf der Hornseite zur Verstärkung des Bogenbauches vorhanden. Die folgende Zeichnung zeigt typische Querschnitte durch den Biegebereich.

Wie man sieht, entspricht der Querschnitt durch den Biegebereich entweder einem Oval oder einem Halbkreis (genauer gesagt einer halben Ellipse), wobei das Horn gerundet, das Holz linsenartig geformt und die Sehnenlage flach oder am Rücken gerundet ist.

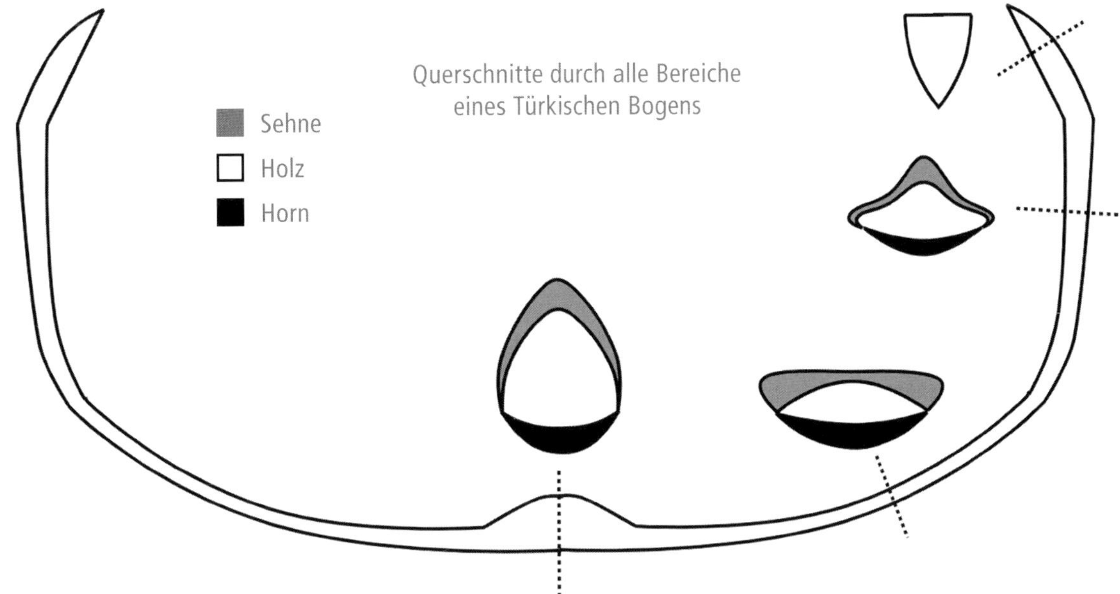

Dieser Querschnitt ist aus Ingenieurssicht nicht optimal. Der effizienteste Querschnitt ist das Rechteck, da die Materialien dann dort, wo sie am nötigsten sind, gleich verteilt sind: auf dem Rücken und dem Bauch – möglichst weit weg von der neutralen Achse (oder eher der neutralen Ebene) im Inneren des Wurfarms, wo die Druckspannung des Bauches und die Zugspannung im Rücken auf Null schrumpfen. Diese neutrale Ebene verläuft ungefähr in der Mitte des Wurfarms, da Sehne und Horn ähnliche Steifigkeit haben (siehe das Kapitel zu den Materialien).

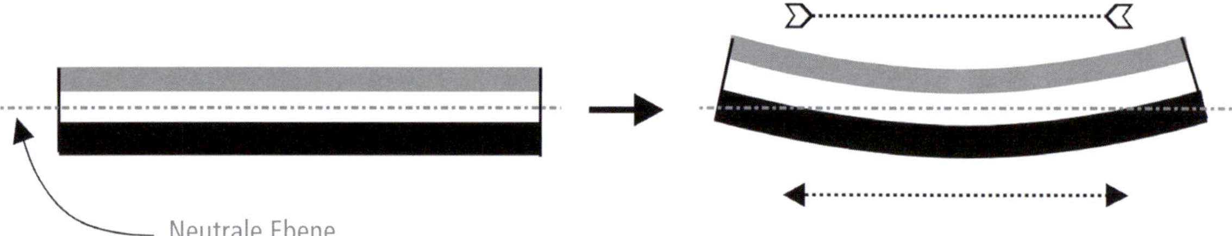

Querschnitt durch einen sich biegenden Wurfarm.

Rechts ist der Wurfarm gebogen und zeigt den Poisson-Effekt: – auf dem Rücken Kontraktion
– auf dem Bauch seitliche Ausdehnung.
Die neutrale Ebene der Biegung verläuft in der Mitte.

Wenn ein Wurfarm mit diesem Querschnitt gebogen wird, nimmt die flache Außenseite eine gekrümmte Form an – die Sehnenlage wird konkav verformt und der Hornbauch wird gerundet (konvex). Das liegt daran, dass die Sehnenlage, wenn sie unter Zugspannung kommt, versucht, sich in seitlicher Richtung senkrecht zum Wurfarm zusammenzuziehen (sie versucht schmaler zu werden, da sie ja länger werden muss) und der Hornbauch wird umgekehrt unter Druck versuchen, sich quer zur Richtung auszudehnen.

Das Phänomen ist als **Poisson-Effekt** bekannt. Jeder hat es schon mal bei einem Stück gedehntem Gummi gesehen, der sich ja auch in der Mitte zusammenzieht, also schmaler wird.

Ein Stück Gummi wird sich, wie Horn, unter Druck wölben. Je breiter der Wurfarm, desto offensichtlicher wird diese Deformation.

Die nach oben gebogenen Kanten eines solchen Wurfarms werden aber nun, da sie weiter von der neutralen Ebene entfernt sind, mehr belastet und reißen eher unter der Spannung.

Ebenso ist es im Hornbauch wahrscheinlicher, dass er Längsrisse bekommt, da die Kräfte des Poissoneffekts den Bauch auseinander spreizen. Es wäre viel besser, wenn diese Effekte reduziert oder ausgeschlossen werden könnten.

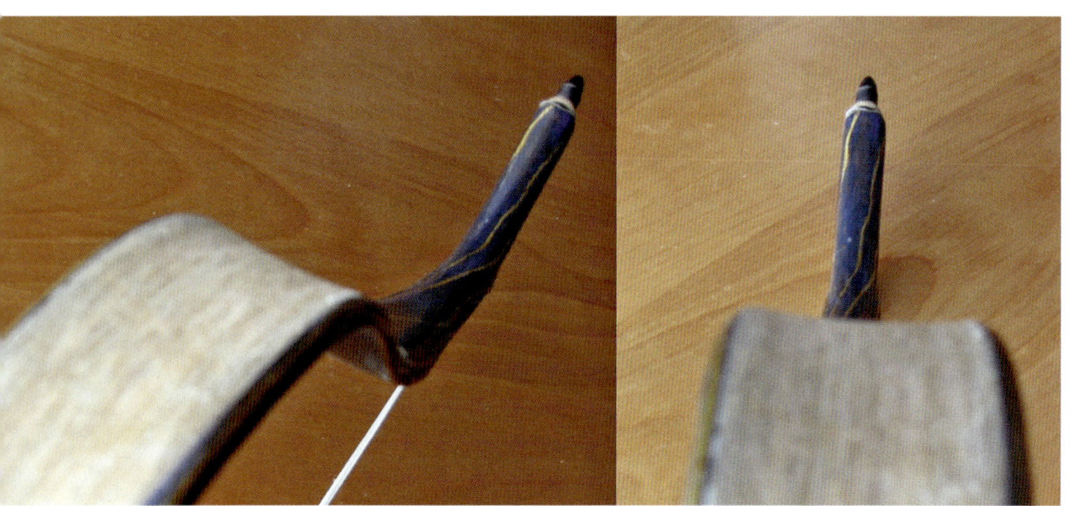

Ein Bogen, der den Poisson-Effekt zeigt. Die Biegezohne ist ca. 4,5 Zoll breit (>11 cm), aber nur 6–7 mm dick

Der Poisson-Effekt ist beim typischen Querschnitt des Kompositbogens eliminiert. Die Biegung im Rücken ist übertrieben dargestellt.

Der ovale oder halbrunde Querschnitt stellt eine große Verbesserung dar, da die Kanten des Wurfarms dünner als die Mitte und deshalb weniger steif sind. Diejenigen Kanten, an denen die Sehne dominiert (siehe Zeichnung), haben die geringste Steifigkeit, da Sehne weniger steif als der Holzkern ist. In diesem Fall, abhängig davon, wie viel Material an den Kanten vorhanden ist, zeigt der Rücken keine konkave Verformung (oder wenigstens nur eine geringe), die wiederum den Bogenbauch biegen würde, da die flexibleren Seiten sich eine Position des geringsten Widerstands, nahe der neutralen Ebene, suchen. Das bedeutet, dass sich die Belastung durch den Poisson-Effekt nicht wie zuvor ausprägen kann und die Biegebelastungen im Rücken ausgeglichen werden.

Das erklärt warum Wurfarme mit den gegenüber der Wurfarmmitte dünneren Kanten beim Kompositbogenbau vorteilhaft sind. Diese dünneren Kanten wären auch bei Bögen mit flachem Bauch und gerundetem Rücken (umgekehrt zum üblichen Querschnitt im Wurfarm) effektiv. Solche Kompositbögen wurden jedoch nie gebaut.
Bei der Mehrzahl der Bögen ist das Horn an der Verbindung zum Holzkern etwas konkav, während die Holzoberfläche gewölbt (konvex) ist.

Diese Rundung des Kerns ist leicht zu erklären. Die sicherste Methode der alten Meister des Bogenbaus, den Kern in den gewünschten Reflex biegen zu können, bevor das Horn aufgeklebt wird, bestand darin, die Fasern unter der Rinde unverletzt die Außenseite der Biegung bilden zu lassen. So brach das Holz beim Biegen nicht.

Interessanterweise findet man diese konvexe Oberfläche sowohl bei den Holzkernen aus türkischer Produktion (die aus Stämmchen mit geringem Durchmesser hergestellt wurden), als auch bei den Bambusstreifen der fernöstlichen Bogenkerne.

Der Hornstreifen wird heiß mit dem Kern verleimt, was ihn flexibel genug macht sich der Holzform anzupassen. Darüber hinaus ist es aufgrund der Fixierung der Teile mit Schnur (davon später mehr) effektiver, die Hornkanten dünner zu gestalten, um eine bessere Druckverteilung zu erreichen. Aufgrund all dieser Faktoren tendiert der Bogenbauch von Anfang an dazu, rund oder gerundet zu sein, und Anpassungen können auch leichter am Holzkern und an der Sehnenschicht ausgeführt werden, um den Wurfarmquerschnitt wie gewünscht anzupassen.

Der halbrunde Querschnitt benötigt weniger Material als der rechteckige. Das bedeutet, dass ein solcher Wurfarmabschnitt mit weniger Kraft gebogen werden kann und solch ein Bogen auch ein geringeres Zuggewicht aufweist als ein Bogen mit rechteckigem Querschnitt, bei dem die ganze äußere Oberfläche zum Biegewiderstand beiträgt.

Ich habe einmal grob geschätzt. um wieviel das Zuggewicht sich verringern würde und es stellte sich heraus, dass, wenn die Länge und Breite über alles gleich blieben, der Faktor 1,5 (bzw. 30 % Reduktion) wäre.

Eine andere Frage ist, warum die Bogenbauer nicht mehr Mühe darauf verwendet haben, Bauch und Rücken flach zu machen?
Bei schmalen Wurfarmen wäre der Poisson-Effekt kaum bemerkbar, aber der Bogen hätte ein merklich höheres Zuggewichtbei bei relativ geringem zusätzlichem Materialaufwand. Ich glaube inzwischen, dass der runde Bogenbauch noch einen anderen Vorteil bietet: die Form des Wurfarms kann, wenn nötig, leichter korrigiert werden.

Wenn ein Bogen also eine Instabilität oder eine Verdrehung entwickelt, kann er durch Wärme und Verdrehen in Gegenrichtung je nach den Erfordernissen wieder besser ausgerichtet werden. Dieser Vorgang wird später im Buch erläutert.

Als nächstes habe ich eine andere Überlegung durchgeführt: wie sehr verringert sich die Vibrationsfrequenz beim halbrunden Wurfarm im Vergleich zum rechteckigen? Ich war sehr erfreut festzustellen, dass sie nur um ca. 7–8 % (Faktor 1,08) niedriger liegt. So ist die Leistungseinbuße beim weniger optimalen, runden Bogenbauch in der Tat nicht sehr hoch, während er für den Bogenbau einen wichtigen Vorteil bringt.
Das haben auch die Bogenbauer von Holzbögen (sogenannten „Selfbows“) erkannt: Bögen mit runden Bäuchen sind nicht merklich schlechter als solche mit flachen Bäuchen.

Die starren Abschnitte der Kompositbögen werden normalerweisen mit einem schmalen Rücken, einem **Grat** entlang der Wurfarmmitte versehen. Warum dieser Rücken?

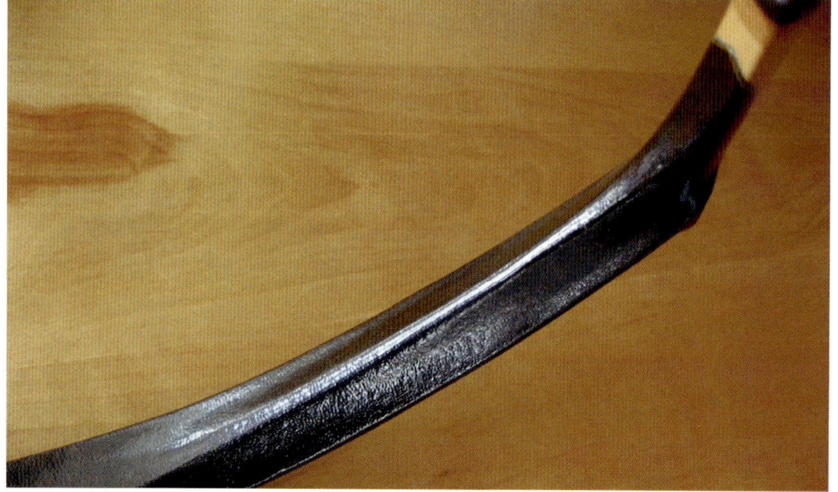

Ein Grat entlang der Mitte des steifen Abschnitts.

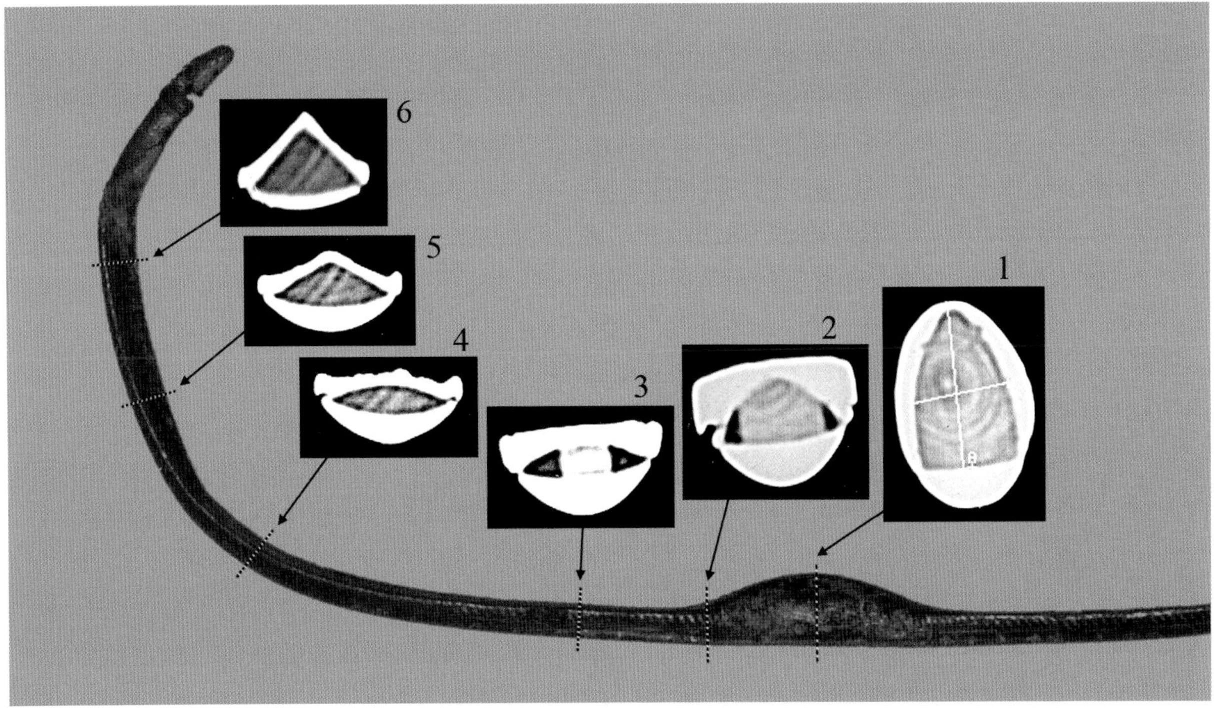

Diese computertomographische Aufnahme eines osmanischen Bogens zeigt den Querschnitt durch alle Teile. Die dichteren Horn- und Sehnenlagen sind hell abgebildet und im Kern ist die Holzmaserung erkennbar. Beachte, dass der Griffbereich aus anderem, dichteren und härterem Holz gebaut ist. Der CT Scan wurde dankenswerterweise von Dr. Yaser Metin Aksoy, das Foto des Bogens von Metin Ates bereitgestellt

Zunächst einmal können solche Rippen nicht am Bogenbauch verwendet werden, weil der verleimte Hornstreifen schon gerundet oder abgeflacht und daher zu dünn ist, um etwas darauf zu schnitzen. Nur der Rücken des Wurfarmkerns kann dreieckig geformt und der Grat dann mit Sehne ausgeformt werden.

Der dreieckige Querschnitt maximiert die Breite der Syahs im Sinne besserer Stabilität, während er gleichzeitig mit der geringst möglichen Masse einen beachtlichen Biegewiderstand erzeugt.

Ein weiterer Grund mag die Art der Konstruktion sein: in vielen Kompositbögen wird das Wurfarmende mit einen V-Spleiß, der in die Siyahs hineinreicht, angebracht. Das hinzugefügte Stück war gewöhnlich dicker als der Siyah-Kern und musste wie ein abfallender Hang geschnitzt und eingepasst werden – was in einem dreieckigen Querschnitt resultiert.

Nachbau alter Bögen

Jedesmal, wenn ich einen alten Bogen untersuche, staune ich darüber, wie „schmächtig“ der Bogenbauer die Siyahs gebaut hat, ohne Angst vor einem Bruch zu haben. Das ist umso unglaublicher, als die meisten alten Bögen vom Zuggewicht weit jenseits der 100 lb lagen. Diese Bögen haben typischerweise Tips mit dem Maßen 12 x 18 mm (Breite x Höhe). Bei einem der Bögen zieht sich eine Einlegearbeit aus Elfenbein und Metall, nicht weniger als 1mm dick, ganz um das Wurf-armende (sogenannter „Tip“), wobei die äußeren Maße gleich blieben.

Die alten Bogenbauer wussten offensichtlich, was sie taten – die Belastung in den äußeren Enden der Wurfarme ist in der Tat viel geringer als in der Biegezone. Und je leichter die Tips mit den Siyahs sind, desto höher ist auch die Effizienz. Sogar Selfbows können mit Tips, die nicht breiter als 6 mm sind, gebaut werden – warum also nicht auch Kompositbögen? Diese drastische Verringerung der Masse (der Tips) hat jedoch ihre Grenze, wenn die Haltbarkeit aufs Spiel gesetzt wird.

Nach den Standards von heute haben die so gebauten alten Bögen sehr hohe Zuggewichte. Da heutzutage das Schwergewicht auf dem Schießen auf Zielscheiben liegt, gibt es keinen Bedarf mehr für so starke Bögen. Bogenschießen als Freizeitsport setzt nicht, wie es beim kriegerischen Gebrauch des Bogens der Fall war, starke, hochtrainierte Individuen voraus, die von früher Jugend an an das Bogenschießen gewöhnt sind.

Die heute gebauten Bögen sind, auch für die Jagd auf Großwild, gewöhnlich nicht stärker als 60 bis 70 lb. Wenn wir jetzt einen alten Bogen auf das halbe Zuggewicht reduzieren, die Effizienz und die Biegeeigenschaften aber erhalten wollen, müssen wir die Dicke beibehalten, die Breite dagegen halbieren. Also teilen wir den Bogen quasi der Länge nach!

Da die ursprüngliche Breite der Wurfarme bei 3–4 cm lag, hätte der neue Nachbau eine Breite von 1,5 bis 2 cm. Die Breite der Tips würde sich von 12 mm auf 6 mm reduzieren.

Seite aus Mustafa Kanis Telhis-i Resail-i Rumat von 1847.

Man wird erkennen, dass es nicht gut gehen kann, einen so schmalen Reflexbogen zu bauen. Bei einer Dicke von 1,2 cm (um bei derselben Dicke wie die alten Bögen zu bleiben) ist eine Breite von 1,5 cm bis 2 cm zu gering, um ein Verdrehen oder seitliches Ausweichen im Auszug zu verhindern. Und die 6 mm breiten Tips wären zu empfindlich für einen dauerhaften Jagdbogen.

Die leichten Repliken dürfen also, um die Stabilität und die Bruchsicherheit zu erhalten, nicht schmaler, sondern eher dünner gebaut werden. Gewöhnlich wird dabei nur der Biegebereich dünner gemacht, während die Siyahs gleich gelassen werden. Der Bogen sieht jetzt fast genau so aus wie das Original und nur wenige würden die dünneren Wurfarme hinterfragen.

Wie wir jetzt aber wissen, werden die dünneren Wurfarme nicht dieselbe Rückstellgeschwindigkeit haben und im Ergebnis wird die Leistungs-fähigkeit des Bogens herabgesetzt sein.

Interessanterweise zeigen die leichten, alten Bögen dieselbe Einschränkung. Näheres zu den Zuggewichten findet sich in Anhang 2. Das soll aber nicht heißen, dass man bei einem leichten Bogen die Wurfarmbreite und die Form nicht so anpassen kann, dass er eine anständige Leistung bringt. Der erste Ansatz wäre, für die Siyahs ein spezifisch leichtes Hartholz zu wählen und die Enden zu kürzen. Zweitens sollte der Bogen das Maximum an Reflex haben. Und vor allem sollte der Bogen, auch auf Kosten des Stackings, so kurz wie möglich gebaut sein.

Unglücklicherweise verwenden viele Anfänger, aus Angst Fehler zu machen, zu viel Material in den Siyahs, oft mehr als sogar in den alten Bögen (a.d.Ü. die ein viel höheres Zuggewicht hatten). Auch bauen die Anfänger beim Versuch, das Stacking, das für kurze Bögen typisch ist, zu vermeiden, den Bogen für das vorgesehene Zuggewicht zu lang. Es ist immer vorteilhaft sich an den alten Bögen zu orientieren und so einen brauchbaren Kompromiss zu erreichen.

Die Stabilität

Früher oder später müssen sich alle Bogenbauer dem Problem der Verdrehung eines Wurfarmes stellen. Bei dem großen Reflex der Kompositbögen reicht schon ein leichtes Ungleichgewicht für ein seitliches Biegen des Wurfarms aus, wenn der Bogen erst einmal aufgespannt und ausgezogen wird. Das Problem kann sich auch erst im Vollauszug zeigen - mit katastrophalen Folgen.

Es gibt eine Geschichte über einen persischen Prinzen, der mit einem Wurfarmende im Kopf starb (der unglückliche Bogenbauer wurde, wie es recht und billig schien, geköpft). Die Verdrehung kann durch eine sorgfältige Bauweise und eine lange Trocknungszeit vermieden, wenn auch nicht ganz ausgeschlossen werden.

Zur Verbesserung der Stabilität kann der Biegebereich der Wurfarme breiter gemacht werden, was die Wurfame in eine einzige Biegerichtung, eben die gewünschte, zwingt. Persische und indische Bögen, deren Biegezonen bis zu 7 cm breit sein können, sind hierfür gute Beispiele.
Die größere Wurfarmbreite hilft zudem, Stringfollow zu vermeiden und dafür zu sorgen, dass ein beträchtlicher Reflex erhalten bleibt.
Breitere Wurfarme müssen, damit das Zuggewicht in erträglichen Grenzen bleibt, dünner gebaut werden und das Material in dünneren Wurfarmen ist auch weniger belastet.
Der größere Reflex hilft dabei, mehr Energie für schwere Pfeile zu speichern. Zudem kann der Bogen, bei geringerem Verlust an Zuggewicht und Wurfkraft, länger gespannt bleiben.

Ich glaube, die persischen Bögen waren genau dafür gebaut: schwere Pfeile und eine lange Zeit aufgespannt sein. Der bis heute übrig gebliebene Reflex von alten Exemplaren ist immer noch beträchtlich, in der Regel viel größer als bei den osmanischen Bögen.
Leider gibt es nichts umsonst: die Leistungsfähigkeit ist reduziert, da die Schwingungsfrequenz der dünneren Wurfarme geringer ist. Auch haben solche Wurfarme ein höhere Masse, da die zusätzliche Breite nicht der ideale Weg ist, das Zuggewicht zu erhöhen.

Auch wird manchmal der erhöhte Luftwiderstand ins Feld geführt, wobei dieser Punkt bis jetzt noch nicht ausreichend untersucht wurde.

Auf jeden Fall können die breiteren Wurfarme eine Rolle in den Kompositbögen spielen: eine erhöhte Stabilität bei einer verlängerten Aufspannzeit kann bei Jagdbögen erwünscht sein. Man sollte aber immer bedenken, dass die Leistungsfähigkeit dieser Bögen fast völlig vom Grad des Reflexes abhängt. Ein Reflex, bei dem sich die Tips im abgespannten Zustand im Gegensatz zur bei neuen Bögen gebräuchlichen O-Form sogar kreuzen, ist eine Notwendigkeit.

Einen weiteren Punkt bezüglich der Stabilität sollte ich noch ausführen. Dieses Buch handelt von Bögen, bei denen die Siyahs fast steif sind, obwohl der Übergangsbereich zwischen Biegezone und Siyah eine gewisse Biegung hat. Reflexbögen mit biegenden Siyahs sind berüchtigt für ihre Instabilität und sind, besonders bei Bögen mit Reflex im Griff, extrem schwer sicher zu schießen. Mit den biegenden Siyahs sind diese Bögen den modernen Recurves ähnlich, bei denen sich der ganze Wurfarm biegt. Das ist bei flachen, glaslaminierten Wurfarmen möglich, nicht aber bei Horn - Sehnen-Kompositbögen mit geringerer Steifigkeit (Auch bei den aktuellen olympischen Recurvebögen ist dies bei unsachgemäßer Behandlung ein ernsthaftes Problem. A.d.Ü.).

Ein derartiges Design mit begrenzt biegenden Siyahs und zurückgesetztem Griff ist das der koreanischen Bögen. Nach meiner Erfahrung benötigen diese Bögen mehr Aufwand zum Stabilisieren als die türkischen Bögen mit wenig oder gar nicht zurückgesetztem Griff und nahezu steifen Siyahs.

1/1041 © Topkapi Palast Museum

Kompositbogen versus Selfbow

KOMPOSITBOGEN VERSUS SELFBOW

Für beide, Selfbow und Komposit, ist der begrenzende Faktor für die Leistungsfähigkeit die Wurfarmmasse. Da Horn und Sehne mehr Arbeit pro Masse verrichten können, sollte der Kompositbogen den Selfbow, zumindest theoretisch, ausstechen.
Gleichzeitig hat der Selfbow jedoch den Vorteil der Einfachheit und des geringeren spezifischen Gewichtes des Holzes. Für einen sinnvollen Vergleich sollten die Parameter Auszugslänge, Bogenlänge und Zuggewicht klar verstanden und berücksichtigt werden.

Bob Kooi hat in Bezug auf die mathematische Modellanalyse von Bögen verschiedener Bauart, darunter Selfbows mit flachen Wurfarmen, Langbögen und verschiedenen Typen von Kompositbögen (die türkischen eingeschlossen) umfangreiche Untersuchungen angestellt.
Seine Ergebnisse beweisen, dass sich diese Bögen hinsichtlich der Leistung gar nicht so stark unterscheiden, wobei gerade Holzbögen den Kompositbögen in manchen Fällen sogar überlegen sind.

Dazu muss man aber die Analyse des Designs streng von der Betrachtung der Materialeigenschaften trennen. Dazu möchte ich eine Passage aus dem „Journal of the Society of Archer Antiquaries“ (Ausgabe 2007) zitieren, wobei ich allerdings auf die Wiedergabe der mathematischen Formeln verzichte.

> *...in verschiedenen Bogentypen ist schon die gleiche physikalische Leistungsfähigkeit angelegt. Unter diesen inhärenten Eigenschaften eines Bogens verstehen wir hier jene Eigenschaften, die durch die dimensionsunabhängigen Parameter q, n, v für Bögen mit der gleichen Auszugslänge OD, dem gleichen Zuggewicht F(OD) und der gleichen Wurfarmmasse mb festgelegt sind. Um die tatsächliche Leistungsfähigkeit zu erhalten, werden diese dimensionsunabhängigen Parameter mit einem bestimmten, die Dimensionen repräsentierenden Faktor multipliziert (...), wodurch auch die Kraft und Körpergröße des Schützen in die Gleichung einbezogen werden können. Wenn also ein türkischer Flightbogen besser für das Weitschießen mit speziellen Pfeilen geeignet ist und das auf eine bessere Energiespeicherung zurückgeführt wird (...) dann ist dieser Faktor wesentlich durch die Speicherkapazität für Energie bestimmt, die eine bestimmte Masseneinheit aufbringen kann und hiermit das Ergebnis der Verwendung von Horn an der Bauchseite des Bogens für die Kompression, Sehne auf dem Bogenrücken für die Dehnung und Holz im Bogenkern.“*
>
> ***Bob Kooi***

Das bedeutet, dass der Selfbow, wenn er nicht die größere Wurfarmmasse und eine im Vergleich zur Horn-Sehne-Kombination geringere Energiespeicherung hätte, ebenso leistungsfähig wie der Kompositbogen wäre.

Damit stimme ich völlig überein, da der gerade Wurfarm, von seinem Design her, den Vorteil der höheren Eigenschwingungsfrequenz hat, vorausgesetzt, die Masse ist gering genug und die Länge ist so kurz wie beim Kompositbogen. In der Realität wird der Kompositbogen allerdings durch seine Fähigkeit, mehr Energie speichern zu können, im Vorteil sein, da für dasselbe Ergebnis weniger Material benötigt wird. Ein Selfbow, der mit denselben Maßen wie ein türkischer Bogen gebaut und ebenso weit ausgezogen würde, würde unweigerlich brechen.

Auszugslänge

Die Vorzüge des Kompositbogendesigns können nur umgesetzt werden, wenn die kurze Biegezone mit Hilfe der relativ kurzen und deshalb leichteren, starren Enden im Vollauszug genügend gebogen wird. Jeder historische Bogentyp hatte seine eigene Auszugslänge.

Wie ich im Designkapitel schrieb, wurden die kurzen osmanischen Bögen von 42–44 Zoll mit Pfeilen von 26–29 Zoll geschossen, die koreanischen Bögen bei einer Länge von 48–49 Zoll mit 31 Zoll Pfeilen, die 52–56 Zoll-Bögen der Krim-Tataren mit 32–34 Zoll Pfeilen und die langen Mandschu-Bögen mit Pfeilen von 36 Zoll und mehr.

Es ist offensichtlich, dass die Kompositbögen weit genug ausgezogen werden müssen, um die Vorteile der Horn-Sehnen–Kombination ausspielen zu können. Was diesem Bogentyp dabei Grenzen setzt, ist das Stacking, nicht der Bruch, da das Material in der Lage ist, große Spannungen ohne Bruch zu verkraften.

Für einen Vergleich eines Kompositbogens mit einem Selfbogen, der wie viele Langbögen auf 32 Zoll (81,3 cm) gezogen wird, wird man nicht einen 70 Zoll (178 cm) langen Mandschu-Bogen wählen, sondern einen kürzeren Bogen, mit 52 Zoll Länge (132 cm) der tatarischen, koreanischen oder türkischen Bauweise.

Bei den besten Kompositbögen werden die starren Siyahs auch größtenteils aus Holz gebaut, dem leichtesten Material im Kompositbogenbau. Für die Flightbögen war das in der Tat so. Hier reichte das Horn nur ein paar Zoll über die Biegezone heraus.

Pfeilgeschwindigkeit

Hochwertige Selfbows erreichen Pfeilgeschwindigkeiten von 170 fps (ft/s) bei einem Pfeilgewicht von 10 grain pro Pfund Zuggewicht bei einem Auszug von 28 Zoll (71 cm). Diese Bögen werden nach anspruchsvollen Leistungsstandards aus sehr sorgfältig getrocknetem Holz gebaut und sind eine Verbesserung gegenüber den bekannten historischen Vorbildern. Es ist wohl anzunehmen, dass der durchschnittliche historische (die Betonung liegt auf „historisch“) Bogen bei 28 Zoll

Bogendesign	Bogenlänge (Nock zu Nock)	Pfeillänge
Osmanische Bögen	42–44 Zoll (106–112 cm)	26–29 Zoll (66–74 cm)
Koreanischen Bögen	48–49 Zoll (122–124,5 cm)	31 Zoll (78,7 cm)
Bögen der Krim-Tataren	52–56 Zoll (132–142,2 cm)	32–34 Zoll (81,3–86,4 cm)
Mandschu-Bögen	70 Zoll (178 cm)	36 Zoll (91,4 cm) und mehr

Auszug einen Pfeil von 10 gr/lb mit nicht mehr als 165 fps (51 m/sec) geschossen hat. Das Design meiner osmanisch-türkischen Nachbauten folgte historischen Vorbildern aus Museen und es wurden keine Verbesserungen in der Konstruktion vorgenommen.

Auf ca. 28 Zoll ausgezogen betrug die („extrapolierte") Pfeilgeschwindigkeit 185 bis 195 fps bei 10 gr/lb. Aus diesen Tests schließe ich, dass der durchschnittliche türkische Komposit-bogen eine beträchtlich höhere Pfeilgeschwindigkeit, wenigstens 20 fps bei 28 Zoll Auszug als der übliche Selfbow, wie oben definiert, ermöglicht.

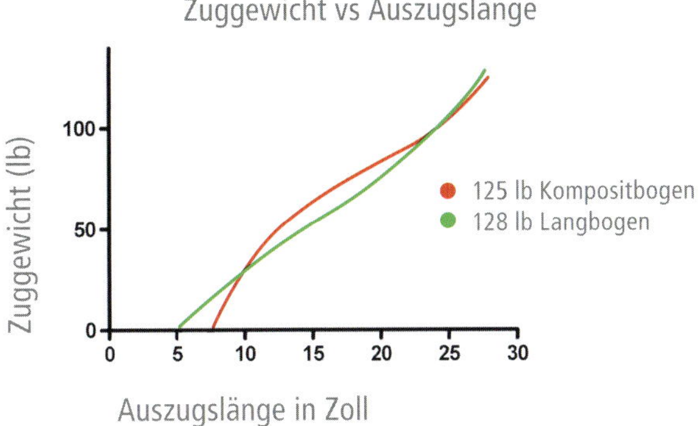

Kraft Kurve für einen Komposit und einen Langbogen. Man sieht, dass die Energiespeicherung des Kompositbogens dank des Reflex höher ist bei leichteren Wurfarmen.

Heute gebaute Selfbows[1] für das Flightschießen können sehr hohe Pfeilgeschwindigkeiten von 180 bis 185 fps erreichen[2].

Die Graphik vergleicht einen normalen 125,5 lb starken türkischen Bogen mit einem 128 lb starken, sehr schnellen, auf 28 Zoll gezogenen, nicht historischen Langbogen (ca. 180 fps, Bogenmasse 794 g, Pfeilgewicht 10 gr/lb, Länge 70 Zoll ntn).

Auch bei hohen Pfeilgewichten erreicht der Langbogen noch nicht ganz die Pfeilgeschwindigkeit des Kompositbogens, während der Kompositbogen bei leichten Pfeilen gewinnt.

Bei einem weiteren Auszug auf über 30 Zoll wird die Leistung beider Bögen steigen, obwohl der Langbogen – vorausgesetzt er überlebt es – die Lücke vermutlich nicht schließen wird.

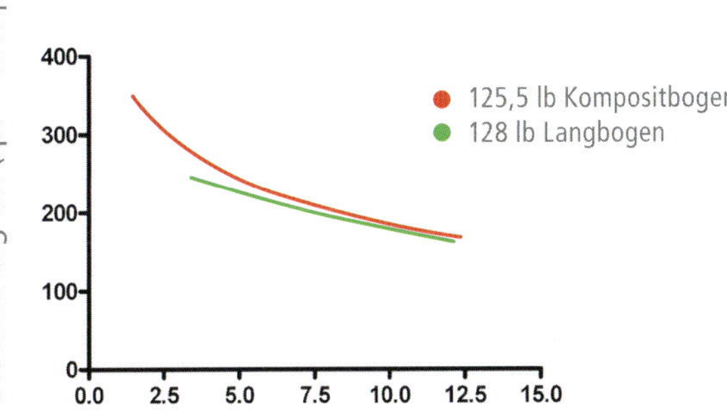

Die Grafik zeigt den Unterschied in der Leistungsfähigkeit beider Bögen. Der Kompositbogen schießt die leichteren Pfeile, unter 7 grain/lb (Pfeilmasse/ Pfund Zuggewicht), mit der höheren Geschwindigkeit.

1) A.d.Ü.: Gemeint ist hier mit „Langbogen" nicht der klassische „English Longbow", sondern ein Bogentyp, der sich aus dem indianischen Flachbogen und dem englischen Langbogen entwickelt hat und jetzt als das aktuelle Holzbogendesign gilt.

2) A.d.Ü.: Die aktuelle Bestmarke liegt bei knapp unter 200 fps (62 m/sec) für Selfbows und >200 fps für Holzbögen in Laminatbauweise ohne künstliche Materialien als Backing oder Bauchlage.

Solche Vergleiche sollten allerdings nur mit Kompositbögen gemacht werden, die (wie die Langbögen) den neuesten Kenntnissen der Bogenmechanik folgen. Bis jemand ein neues, maximiertes Kompositdesign vorstellt, das nicht unbedingt auf Dauerhaftigkeit ausgelegt ist, wird man das wahre Potential von Horn und Sehne nicht kennen. Wegen der langen Herstellungszeit des Kompositbogens entwickeln sich neue Designs aber leider nur langsam.

Sehnenmaterial

Auch das Sehnenmaterial ist zu betrachten. Die Masse und Steifigkeit der Schnur sind, zusammen mit der Bogenmasse und dem Zuggewicht, in einer komplexen Beziehung verwoben, die nicht vernachlässigt werden kann.
Da die modernen, leichten, sehr steifen und wenig dehnbaren Sehnen wie FastFlight und Dyneema die Leistungsfähigkeit eines Bogens erhöhen, müssen alle belastbaren Tests mit Sehnen desselben Materials durchgeführt werden.
Unglücklicherweise kann der Kompositbogen nicht mit solchen Sehnen geschossen werden, da die Belastung beim Schuss zu hoch ist, was Beschädigungen an der Sehnennocke zur Folge hat. Die Belastung in dem Moment, wenn die Sehne wieder auf Standhöhe zurückschnellt, ist so hoch, dass auch eine natürliche Sehne aus Leinen bricht und den Bogen in Gefahr bringt.

Der Langbogen unterliegt nicht dieser Beschränkung und die schweren Langbögen werde routinemäßig mit diesen Sehnen geschossen, was die Pfeilgeschwindigkeiten künstlich erhöht.
Selfbows, die mit Dacronsehnen (B50) geschossen werden, wie die Kompositbögen, die ich teste, würden deutlich, vermutlich um 10 fps (3 m / sec), niedriger liegen.

Leistung

Die leistungsfähigsten Bögen findet man sehr wahrscheinlich bei den höheren Zuggewichten. Um Leistung zu erreichen sollte, wie beim Langbogen, auch beim Komposit die Wurfarmbreite möglichst schmal sein. Dies darf aber nicht zu weit getrieben werden. Wie bei allen Kontakt-Recurves besteht, wenn der Wurfarm zu schmal gebaut wird, beim Schuss die Gefahr, dass die Wurfarme sich verdrehen.

In der Praxis kommt es bei leichten Kompositbögen eher vor, dass die steifen Siyahs im Verhältnis zum arbeitenden Teil des Wurfarms zu schwer gebaut werden. Als Ergebnis davon zeigen Kompositbögen unter 60 lb (27 kg) oft eine schlechte Leistung. Ich glaube, dass bei unter 50 lb (22,5 kg) Zuggewicht auf den Fingern ein gut gebauter Selfbow die bessere Chance zu gewinnen hätte.

Verwendung

Die Frage liegt nahe, ob es ökonomisch sinnvoll ist, einen Kompositbogen zu einem anderen Zweck als dem Krieg zu bauen. Es stimmt, dass die allermeisten, auch die großen, Jagdtiere mit Selfbows bis 70 lb erlegt werden können – und der große Zeit- und Arbeitsaufwand beim Bau eines Kompositbogens mag daher reine Verschwendung sein. Ein fast genau so leistungsfähiger Selfbow kann innerhalb eines Tages gebaut werden. Für die normale Bevölkerung wäre das ein ausreichender Grund, ebenso wie für den Anfänger im Bogenbau, dieses teure „Kriegsspielzeug" den „Fachleuten" zu überlassen.
Die lange Bauzeit mag jedoch ein Mythos sein. Ein unverzierter Kompositbogen kann von einem geübten Handwerker in weniger als einer Woche gebaut werden, die Trocknungszeit nicht eingeschlossen. Bei fließbandmäßiger Arbeitsweise kann eine kleine Werkstatt im Jahr 100 Bögen bauen, wie es uns die zeitgenössischen koreanischen Bogenbauer vormachen.
Und in den meisten größeren Städten gab es hunderte solcher Werkstätten. Sogar ganze Dörfer wurden alleine mit dieser Aufgabe betraut.

Dauerhaftigkeit

Von Kompositbögen wird oft angenommen, dass sie empfindliche Waffen und durch Feuchtigkeit leicht zu beschädigen seien. Die Sehnenlage, der feuchtigkeitsempfindlichste Teil, war jedoch mit einer Birkenrinde oder einer Lederschicht überzogen, mit mehreren Schichten Ölfarbe bedeckt und zum Schutz mit einem ölbasierten Firnis überzogen. Ich habe Kompositbögen bei nassem Wetter verwendet und sogar Bögen über Nacht draußen im Regen gelassen. Dabei passierte nichts Schlimmeres als ein geringer Leistungsabfall, der jedoch durch Trocknen an einem warmen Platz wieder verschwand. Ich bezweifele, dass ein Selfbow Ähnliches besser überstehen würde. Die Unversehrtheit einer Sehne aus Naturmaterialien würde ich bei Kompositbogen wie Selfbow als den wichtigeren Faktor ansehen.

Fazit

Zusammenfassend lässt sich sagen dass die experimentierfreudigen unter den Kompositbogenbauern nicht untätig bleiben dürfen, da sich die Wurfleistung der besten Selfbows den Kompositbögen nähert.
Vielleicht werden, wenn man diese Materialien einmal sicher beherrscht, Horn und Sehne ihren Vorteil bestätigen und Bögen von noch höherer Wurfkraft, weit jenseits derer der Selfbows, hervorbringen.

Osmanische Bogen

OSMANISCHE BOGEN

Design

Jeder Abschnitt des türkischen Bogens hat seine eigene Bezeichnung. Um unnötige Verwirrung zu vermeiden, ist es sinnvoll, nur jene zu verwenden, die kein prägnantes umgangssprachliches Äquivalent haben.

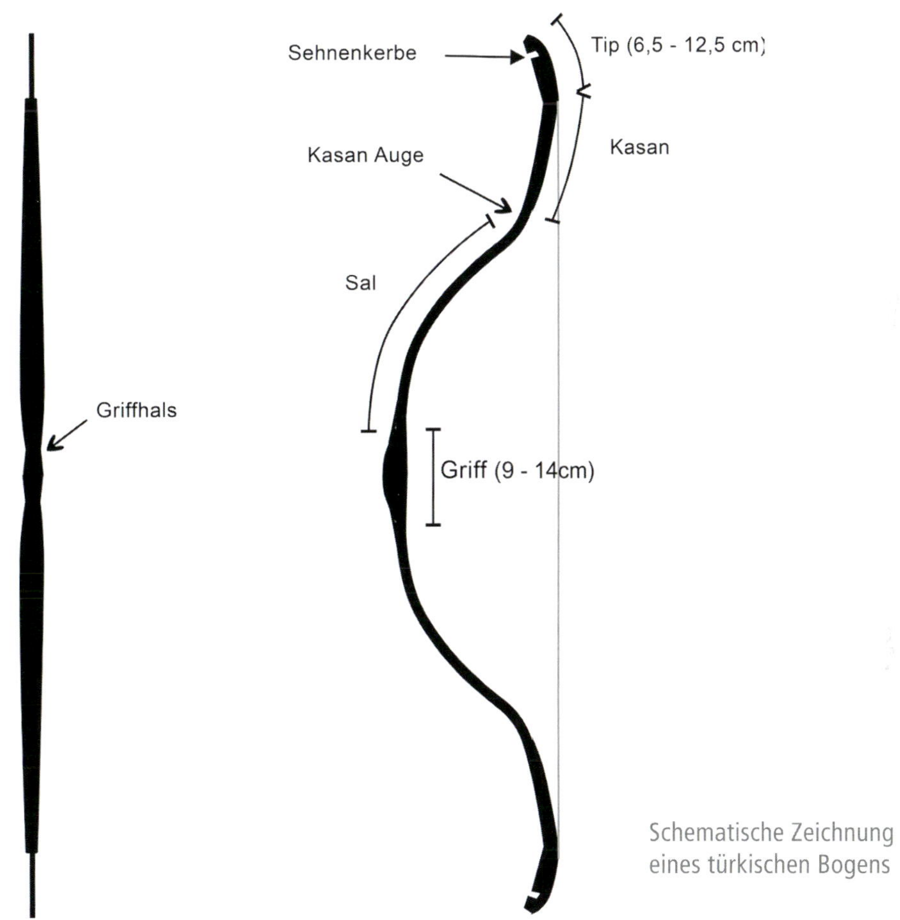

Schematische Zeichnung eines türkischen Bogens

Die wichtigen Begriffe:

Kasan	der dachförmige (starre) Abschnitt
Sal	der Biegebereich
Kasan-Auge (*kasan gözü*)	Übergang zwischen *kasan* und *sal*

Andere Begriffe wie *kabza*" bedeuten einfach Griff, „*baş*" bedeutet Tip (Wurfarmende) oder „*kabza bolğazl*" („Griffhals") bezeichnet den (verengten) Übergang zwischen Griff und Wurfarm.

Es gibt verschiedene Arten von osmanischen Bögen:

- Kriegsbögen (*tirkeş*),
- Flightbögen (*menzil*) für das Weitschießen,
- Scheibenbögen zum Schießen auf den Übungssack (*puta*),
- auf Metall-, Glasbecher oder andere Objekte (*darb* oder *darp*),
- Übungsbögen zum Lernen (*meşk*)
- und Bögen zum Trainieren des Auszugsgewichts (*kepade*).

Obwohl die verschiedenen Typen im Profil ab- und aufgespannt sehr ähnlich aussehen, kann jeder Abschnitt eine andere Dicke haben, was die Biegeeigenschaften der Bögen widerspiegelt.
Es ist manchmal schwierig die Unterschiede zwischen den Bogentypen zu beschreiben. In solch einem Fall ist es hilfreich, die Sektionen einzeln zu betrachten, unabhängig von der übergeordneten Form und dem Grad an Reflex.
Ich sollte noch darauf hinweisen, dass die Linienführung des Sal-Abschnitts – im abgespannten Bogen der Biegebereich – für diese Betrachtungen nicht relevant ist, da er mehr oder weniger Stringfollow, abhängig von der Belastung im Gebrauch und der Zeit, die er aufgespannt war, zeigen kann.

Der Verlust an Reflex im Gebrauch kann die Gesamtform drastisch ändern.

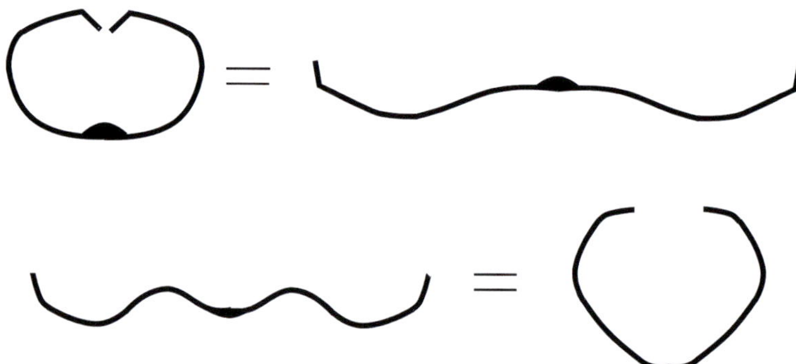

Ein Kriegsbogen aus dem Militärmuseum in Istanbul. Mit freundlicher Genehmigung von Metin Ateş.

Ein für Sultan Bayezid II. (1458–1512) gebauter Kriegsbogen
Kat. Nr. 1/1039,
© Topkapi Museum

Kriegsbogen

Der wichtigste Unterschied zwischen den Kriegs- und anderen Bögen, den ich finden konnte, ist die relative Dicke der Übergangszone zwischen Kasan und Sal.

Bei den Kriegsbögen ist dieser Teil im Scheitelpunkt der reflexen Biegung am dünnsten, in dem Bereich, in dem der dachförmige Kasan im Sal endet (am Kasan-Auge). Der Dickenunterschied zwischen diesem Punkt und der Mitte des Sal betragt ca. 1–2 mm. Ebenso ist die Breite in diesem Bereich verglichen zur Mitte des Sal um ca. 2–3 mm geringer.
Als dünnste und flexibelste Stelle wird dieser Bereich beim Trocknen während der Herstellung wahrscheinlich den größten Reflex annehmen.
In der Tat erscheint der Kasan-Abschnitt der Kriegsbögen mehr nach oben gebogen zu sein als bei den anderen Typen. Wie Kani darlegt, beginnt die Biegung am Kasan-Auge beim Kriegsbogen weiter weg vom Griff, ca. 5–6 „Pferde-Zoll" (*at parmağz*) vom Griff entfernt.
Diese Form wurde „*tekne kuram*" (Bootsform) genannt und wird am offensichtlichsten, wenn die Biegezone einen gewissen Stringfollow entwickelt und gerader wird.
Andere Bereiche der Bögen unterscheiden sich nicht so signifikant von den anderen Typen.

Flightbogen

Andererseits folgt das Profil eines Flightbogens im abgespannten Zustand eher einer gleichmäßigen Biegung, schon deswegen, weil der Kasan-Bereich bis zu 23 cm länger als beim Kriegsbogen ist, wobei der Übergang zwischen Kasan und Sal nicht so offensichtlich und abrupt wie bei den Kriegsbögen ausfällt.

Der Kasan-Bereich ist eher wenig gerundet, wobei die Dachform verschwindet und nahtlos in den Sal übergeht. Die höhere relative Dicke und somit höhere Steifigkeit im Übergang zwischen Kasan und Sal verhindert, dass der Bogen hier beim Trocknen ebensoviel Reflex annimmt. Wenn die Bogenenden zusammengebunden werden, damit er die „Brezel"-Form annimmt, ist die Biegung gleichmäßiger zwischen Sal und Kasan-Auge verteilt. Die allgemeine Form des abgespannten Flightbows ist dann als *„hilal kuram"* (Halbmond-Form) bekannt. Unter den von mir untersuchten Bögen hatten nur die Flightbögen den längeren Kasan-Abschnitt. Die Dicke im Übergang von Kasan zu Sal konnte größer als bei den Kriegsbögen sein, bis hin zur selben Dicke wie in der Mitte des Sal, was den Wurfarm zwingt, sich näher am Griff zu biegen.

Puta-Bogen

Die Puta-Bögen sind praktisch nicht von den anderen Bögen zu unterscheiden. Nach Illustrationen im Buch von Yucel ist die abgespannte Form praktisch dieselbe wie beim Flightbogen. Der Unterschied könnte die größerer Länge des Scheibenbogens sein. Anderseits waren nach Kani die Puta-Bögen von ähnlicher Form wie die Kriegsbögen.

Die Frage nach dem Zweck dieser Designs bleibt. Im Fall des Kriegsbogens führt der längere Sal-Bereich in Kombination mit dem dünneren Sal-Kasan-Übergang und der Dickenabnahme im Sal vom Griff ab dazu, dass sich der Wurfarm über einen längeren Bereich biegt.

Das heißt, dass die Biegezone funktional länger wurde und die Materialien im Kriegsbogen weniger stark belastet waren als beim Flightbogen, wo sich die Biegung dicht am Griff konzentrierte. Bei vollem Auszug wird sich beim Kriegsbogen der Kasan/Sal-Übergang etwas strecken, in extremeren Fällen sogar ganz gerade werden; nur die Tips behalten dann ihre Biegung.

Ein osmanischer Bogen für das Weitschießen (Flightbogen). Sammlung des Topkapi Palastes, Katalognummer 1/9186, © Topkapi Palast Museum

Neuer Kriegsbogen mit 137 lb Zuggewicht, abgespannt...

... und aufgespannt auf dem Tillerbrett.

Derselbe 137 lb-Bogen im Auszug.

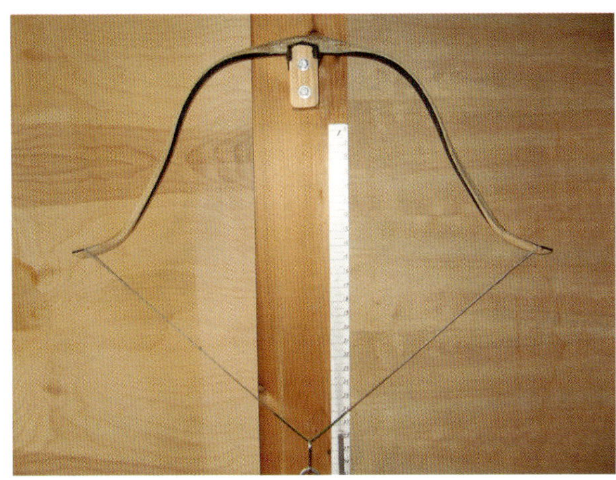

Beachte die Streckung der Siyahs im Vollauszug.

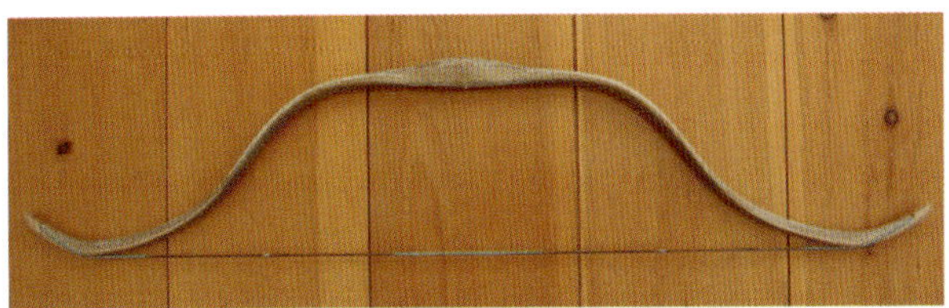

Flightbogen mit 139 lb (63 kg) Zuggewicht, aufgespannt und rechts ausgezogen.

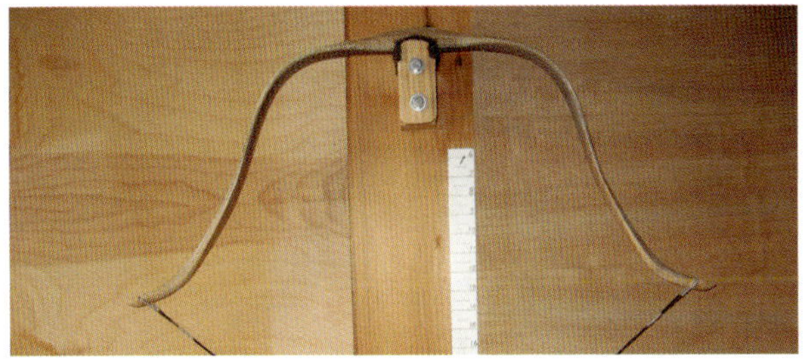

Beim Kriegsbogen ist die dadurch verringerte Belastung eine wünschenswerte Eigenschaft. Der Bogen würde im Gebrauch seinen Reflex besser halten und könnte bei minimaler Verschlechterung der Leistung länger aufgespannt bleiben – definitiv ein Aktivposten bei ausgedehnten militärischen Unternehmungen.

Auf der anderen Seite konzentriert der Flightbogen mit seinem längeren, starreren Kasan die Biegung im Auszug nah am Griff, was ein Maximum an Weg und Geschwindigkeit für die Wurfarmenden bedeutet. Dauerhaftigkeit und Stringfollow waren hier kein Thema, da die Flightbögen vor jedem kurzen Einsatz vorbereitet und klimatisiert (wärmebehandelt) wurden.

Kriegsbogen aus dem Militärmuseum in Istanbul. Foto: Metin Ateş.

Es ist wichtig sich klar zu machen, dass die im abgespannten Bogen sichtbare, je nach Typ unterschiedliche Krümmung jedes Teils des Bogens nicht notwendigerweise bedeutet, dass die Bogentypen sich im Vollauszug sehr unterscheiden. Das ist so, weil sich die Form des Bogens nicht nur durch die Dicke und den Grad an Reflex unterscheidet, sondern auch durch die Behandlung beim Tillern (gewöhnlich geschieht das mit Wärme).

Zum Beispiel kann der gebogene, aber steifere Kasan/Sal-Übergang eines Flightbogens alleine mit Hitze fast gerade gemacht werden, während beim Kriegsbogen die größere Flexibilität in diesem Bereich die Wurfarme durch den Gebrauch selber streckt. Auch wenn ein voll ausgezogener Bogen ähnlich aussieht verhält sich ein Flightbogen mit den längeren Siyahs anders als ein Kriegsbogen, da die Position und Länge der Biegezone unterschiedlich ist.

Darb-Bogen

Der Darb-Bogen konnte die “*kabza kuram*”-Gestalt (gebogener Griff) haben. Diese Form charakterisiert auch Übungsbögen (*meşk*, warscheinlich für Anfänger). Es ist schwierig zu sagen, ob die Bögen eher dem Krimtartarischen mit den Reflexgriff oder eher den türkischen Bögen mit einer vorsichtigen Rückwärtsbiegung im Griff ähnelten.

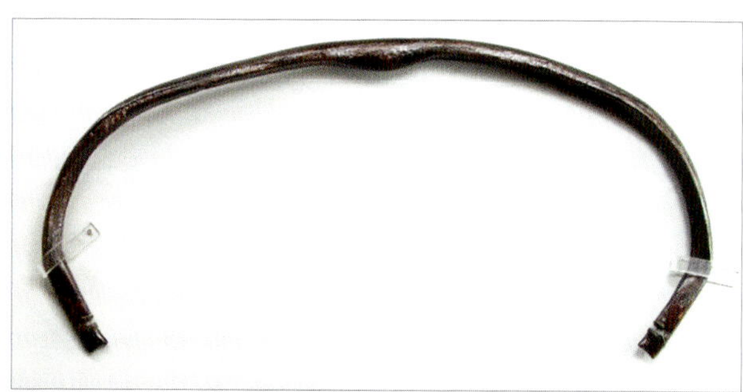

Ein Bogen mit hohem Zuggewicht („darb“)
Mit freundlicher Genehmigung von Metin Ateş.

Der Reflex im Griff der Türkischen Bögen ist entweder klein oder gar nicht vorhanden. Die *kabza -kuram*-Form könnte auch bedeuten, dass die Sal-Abschnitte, ähnlich wie bei den Unterschieden zwischen den Kriegsbögen und den Flightbögen, ganz nah am Griff besonders dünn waren.

Dadurch wäre die Form des Bogens im abgespannten Zustand an dieser Stelle nach dem Trocknen und der Wärmebehandlung stärker reflex und der Bogen würde sich dicht am Griff am stärksten biegen. Dies könnte allerdings für den Anfänger hilfreich sein, da so das Stacking minimiert würde. Diese Bögen würden auch mehr Stringfollow aufweisen, was wiederum das Aufspannen vor jeder Übungsphase erleichtern würde.

Ebenso gab es noch die *kepade*-Bögen, die gepolsterte Sehnen hatten und nur zum Üben des Auszugs verwendet wurden. Obwohl diese Bögen einen Recurve aufwiesen, konnten sie auch nur aus Holz und Sehne, ohne Einsatz von Horn, gebaut sein.

Im Allgemeinen unterscheiden sich die Dimensionen aller Bögen nicht sehr. Die Länge zwischen den Nockkerben, gemessen entlang der Außenseite, liegt im Schnitt bei 43 Zoll (107 cm).
Die Bögen haben symmetrische Wurfarme und der geometrische Mittelpunkt des Bogens liegt genau in der Mitte des Griffs.
Die Bögen für das Weitschießen scheinen allgemein etwas kürzer als die Kriegs- oder Scheibenbögen zu sein, jedoch stammen die kürzesten wohl aus einer späteren Periode.

Die Kriegs- und Scheibenbögen konnten genau so kurz wie die Bögen für das Weitschießen gebaut sein, wahrscheinlich weil die kurzen Kriegsbögen von den berittenen Bogenschützen bevorzugt wurden und die Puta-Bögen mit den kurzen osmanischen Pfeilen ebenfalls komfortabel geschossen werden konnten.

Bogenlänge

Natürlich hing die Länge des Bogens von der Statur und Auszugslänge des Schützen ab. Ein für den Auszug eines Schützen zu kurzer Bogen hätte ‚gestackt', was besonders beim Scheibenschießen sehr unkomfortabel gewesen wäre.
Aus diesem Grund bauten die Bogenbauer gezwungenermaßen oft längere Bögen, als für höchste Effizienz sinnvoll gewesen wäre – sogenannte „*bol-yay*" (angepasste, lockere Bögen), um die Kunden zufrieden zu stellen.
Es wird berichtet, dass die Bögen der Infanterie, warscheinlich der Jantischaren, vor der Einführung der Feuerwaffen länger als andere Bogentypen waren.
Allgemein variierte die Länge zwischen 38 und 52 Zoll (99–131 cm). Der längste unter mehreren hundert Bögen in der Sammlung des Topkapi Palastes ist 138 cm lang, der kürzeste 84 cm (beide incl. der Wurfarmenden gemessen).

Dimensionen

In den nebenstehenden Tabellen werden die Maße von 43 Bögen aus der Sammlung des Topkapi-Palast-Museums gezeigt. Die Griffbreite variiert von 19–26 mm, die Dicke von 21–43 mm.
Ältere Kriegsbögen haben größere, dickere Griffe mit einem stärker vorgreifenden „*metn*" (das bezeichnet den Grat, der sich am Rücken des Griffs entlang zieht), während die neueren Sportbögen kleinere und mehr gerundete Griffe haben. Sie sind besser geeignet, mit der Tuchwicklung („*muşamma*"), die für das Schießen mit dem „*siper*" benötigt wird, verwendet zu werden. (Siper = verlängerte Pfeilauflage zum Schützen hin, damit kürzere Pfeile, als es bei der Auszugslänge möglich wäre, verwendet werden können, A.d.Ü)

Die durchschnittlichen Sal-Dimensionen betrugen am Mittelpunkt 13,4 mm Dicke und 31,6 mm Breite (die Breite variiert von 24 bis 43 mm).
Der Übergang von Sal zu Kasan am Kasan-Auge war im Mittel 12,5 mm dick und 30,2 mm breit (die Breite variiert wieder von 27–39 mm).
Die Kasan-Abschnitte waren in der Mitte durchschnittlich 25,2 mm breit.

Der Übergang vom Kasan zum Wurfarmende war 18 mm dick und 17 mm breit, wobei der Winkel dazwischen von 135° bis 155° reichte und im Mittel bei 150° lag.
Die Wurfarmenden waren 18 mm dick und 13 mm breit und reichten 2,5 bis 3,5 cm über die Sehnennockschlitzen hinaus.
Alle Maße in diesem Buch beziehen sich auf die „nackten" Bögen nach Abzug der Stärke des Leder- oder Rindenüberzugs.

Bogen von Sultan Bayezid (1458–1512).
Kat. Nr. 1/1041,
© Topkapi Museum

Maße von Kriegs- und Scheibenbogen (SAMMLUNG TOPKAPI PALAST MUSEUM)

	Länge (n to n)			Griff		Sal in der Mitte		Sal / Kasan		Kasan		Kasan / Tip		Tip			
Kat.Nr.	(cm)	(in)	Masse (g)	Breite (mm)	Dicke (mm)	Breite (mm)	Dicke (mm)	Breite (mm)	Dicke (mm)	Breite (mm)	Dicke (mm)	Breite (mm)	Dicke (mm	Breite (mm)	Dicke (mm)	Länge (cm)	Zugge-wicht lb
1/1046	115	45.3	477.0	20.0	35.7	38.0	14.8	33.6	12.3	24.7	19.1	24.0	19.0	13.5	27.3	6.0	120
1/1044	107	42.1	368.0	24.6	35.5	30.0	12.9	27.6	11.5	23.0	17.2	16.6	17.5	12.0	17.0	5.0	90
1/1095	106	41.7	403.0	21.7	34.6	32.2	14.5	31.3	12.8	27.4	17.6	25.0	19.6	12.6	17.7	7.0	140
1/1048	128	50.4	625.0	24.8	40.8	43.4	15.0	38.6	13.9	28.5	20.9	19.1	22.6	15.0	24.2	5.0	130
1/9541	104.5	41.1	366.0	19.0	29.3	28.4	13.5		12.6			20.0	17.4	13.0		5.0	120
1/9344	107	42.1	405.0	21.5	43.3	31.2	13.2	28.8	12.1	24.5	15.8	16.9	17.8	12.9	16.4	6.5	110
1/1111	110.5	43.5	450.0	23.9	37.0	32.6	15.2	31.3	14.1	27.9	20.2	19.2	20.2	14.2	19.2	6.5	200
1/1146	103.5	40.7	344.0	20.3	32.1	31.0	12.1	34.4	11.9	24.2	16.1	14.7	15.8	11.8	17.9	6.0	120
1/1073	97	38.2	247.0	21.5	27.7	30.8	11.9	28.2	11.3	26.6	15.2	17.0	14.9	12.9	18.6	5.0	120
1/1110	103.5	40.7	348.0	21.0	31.0	28.2		23.3	12.0	23.3	15.6	15.7	14.8	11.9	18.0	6.0	110
1/9305	108.5	42.7	392.0	21.0	35.2	31.0	14.6	29.0	13.4	24.8	18.5	15.8	19.0	12.3	19.9	6.5	140
1/9166	106	41.7	363.0	20.8	35.8	32.3	12.7	29.0	12.5	24.8	16.4	16.0	16.5	11.7	19.7	6.0	130
1/1093	107.5	42.3	387.0	20.8	35.3	31.9	13.4	31.0	12.3	27.5	16.8	16.5	16.5	12.7	19.5	6.5	120
1/1085	104	40.9	323.0	20.6	32.5	27.8	13.2	26.2	11.9	21.3	15.1	13.6	16.1	11.1	16.2	5.5	100
1/1077	106	41.7		20.2	30.9	28.6	12.6	28.1	12.0	24.2	14.9	15.0	15.0	12.0	17.9	6.0	100
1/1134	118	46.5	444.0	20.5	33.2	35.9	13.4	33.7	11.6	25.8	18.2	17.4	21.3	13.0	23.2	7.5	90
1/1133	120	47.2	461.0	19.8	36.1	36.8	14.0	35.5	11.8	24.9	18.2	15.2	19.1	10.3	19.5	7.0	80
1/1079	114	44.9	445.0	20.4	33.5	33.4	14.0	33.5	13.0	27.4	17.8	18.0	17.3	13.2	19.4	7.5	140
1/1094	106.5	41.9	356.0	21.3	34.7	30.0	12.1	30.3	11.3	25.6	16.5	14.5	17.6	12.3	16.1	6.5	90
1/1082	108	42.5	441.0	22.2	36.8	35.2	13.1	34.6	13.1	30.0	19.0	19.5	19.8	13.5	21.0	7.0	160
1/8848	108.5	42.7	391.0	21.6	35.0	32.2	12.4	31.2	10.5	25.2	16.1	16.4	17.5	11.8	18.8	6.5	70
1/9125	106	41.7	284.0	19.6	26.9	28.5	10.4	27.7	9.7	22.0	14.0	13.7	15.0	10.7	17.6	6.0	50
1/9062	105	41.3	410.0	24.2	35.6	32.3	16.1	31.5	15.1	27.6	20.7	19.5	20.3	12.4	17.5	6.0	240
1/9123	102.5	40.4	349.0	21.0	30.6	29.4	13.2	28.8	13.2	24.8	17.0	14.5	16.0	12.0	16.2	5.5	150
1/9088	99	39.0	353.0	22.4	29.6	27.6	15.8	26.1	14.7	23.8	17.1	18.4	17.0	13.1	17.7	5.0	220
1/9016	104	40.9	336.0	20.1	32.7	29.8	12.5	29.0	12.0	24.8	16.0	14.5	16.1	12.1	16.0	6.0	110
1/8844	107	42.1	409.0	25.5	36.0	31.2	14.4	31.8	13.5	26.1	17.7	16.5	18.9	11.1	19.0	6.0	190
1/8965	108.5	42.7	390.0	22.5	35.0	32.9	12.1	29.6	11.0	25.5	17.8	16.3	19.2	13.3	19.6	7.0	80
1/8996	106.5	41.9	333.0	20.3	28.8	27.9	12.7	26.4	12.7	22.9	15.6	15.9	16.2	11.5	18.1	5.5	120
1/8969	104.5	41.1	362.0	21.8	33.3	30.0	14.1	29.3	13.2	23.5	17.1	14.8	15.0	12.5	17.7	5.5	150
1/8931	111	43.7	440.0	20.8	35.3	33.4	12.1	32.8	12.3	26.5	18.2	19.2	17.3	14.1	18.7	6.5	130
1/8998	123	48.4	513.0	24.3	40.3	34.9	14.0	33.0	12.9	26.0	21.0	18.5	22.4	13.5	19.5	7.0	100
1/8928	108.5	42.7	505.0	22.9	33.5	31.8	16.7	30.4	15.6	27.2	18.5	18.7	18.7	14.3	21.4	7.0	230
1/9021	101	39.8	312.0	20.4	34.6	29.1	12.4	27.9	11.0	20.9	16.2	15.2	16.2	8.7	16.2	5.5	90
1/8883	103.5	40.7	311.0	20.5	27.3	26.6	10.7	25.8	10.6	23.0	14.0	15.7	16.1	10.8	18.3	5.0	70
1/9105	108	42.5	405.0	21.1	36.3	36.2	13.4	30.8	11.8	26.8	19.1	16.5	20.2	13.1	19.5	7.0	120
1/9064	104.5	41.1	333.0	21.7	30.5	27.2	12.4	26.4	12.2	23.0	15.6	15.0	16.0	10.8	19.3	6.0	110
1/9087	111	43.7	335.0	19.5	32.1	32.4	14.1	31.6	13.8	25.7	18.8	16.0	19.5	12.4	17.8	7.0	180
Durch-schnitt	108.0	42.5	389.6	21.5	33.8	31.6	13.4	30.2	12.5	25.2	17.3	17.0	17.8	12.4	18.9	6.2	127

Flightbogen

1/8885	98	38.6	220.0	19.7	26.2	24.0	7.9	23.8	8.0	21.3	11.9	15.0	14.5	11.2	16.8	5.5	40
1/9114	96.5	38.0	237.0	25.9	21.2	28.7	11.4	27.2	11.2	24.3	14.4	16.7	15.2	11.2	17.8	5.5	110
1/9186	107	42.1		20.7	26.4	29.5	12.7	28.7	10.4	27.3	14.3	21.0	15.6	10.5	17.8	6.0	70
1/8890	108	42.5	257.0	19.0	26.8	28.0	11.6	28.0	11.2	24.8	12.3	16.8	12.7	11.1	16.9	6.0	80
1/9118	103.5	40.7	242.0	23.4	28.0	24.4	11.1	29.0	10.5	26.2	14.3	18.5	15.0	12.4	18.2	6.0	60

Die Dicke eines Leder- oder Rindenüberzugs wurde notwendigerweise bei allen Messungen abgezogen. Die Länge des Bogens wurde von Sehnennocke zu Sehnennocke, die Länge der Wurfarmenden (Tips) vom Scheitelpunkt der Biegung am Bauch bis zur Nocke gemessen.

Maße

Es folgen die Maße eines typischen osmanischen Bogens mit einer Länge von 47 Zoll (119,4 cm, ntn). Die Dicke und Breite wurden in Abständen von 5 cm von der Mitte des Griffes ausgehend entlang der Wurfarme gemessen.

Dieser Bogen hat bei einem längeren Kasan-Abschnitt von ca. 20 cm ein Zuggewicht von 60–70 lb bei 28" Auszug.

Für andere Zuggewichte kann die Dicke des Sal angepasst werden, für 50–60 lb wären es ca. 1 mm weniger.

Maße eines typischen Osmanenbogens 47" lang

	Breite	Dicke	
0 cm	24 mm	33 mm	Griffmitte
5 cm	21 mm	22 mm	am Griffhals (schmalste Stelle des Griffes)
10 cm	29 mm	17,5 mm	
15 cm	29 mm	14 mm	
20 cm	29 mm	12,5 mm	
25 cm	28 mm	12 mm	
30 cm	27,5 mm	12 mm	
35 cm	26 mm	13 mm	
40 cm	25,5 mm	14 mm	
45 cm	23 mm	15 mm	
50 cm	21 mm	15 mm	
52,5 cm	18 mm	17 mm	Scheitelpunkt Kasan/Tip *
60 cm	10 mm	17 mm	Messung an der Sehnennocke

* Hier wird der Kasan, von der Bauchseite her gesehen, halbrund und endet ca. 1 cm jenseits dieses Punktes.

Als nächstes die Messwerte für einen sehr kurzen Bogen, 41" (106,7 cm, ntn) mit ca. 45 lb@26" Auszug. Dies ist ein sehr schmaler, wenig stabiler Bogen mit biegendem Kasan-Auge, aber für das leichte Gewicht ein leistungsfähiger Bogen. Für mehr Stabilität kann die Breite vergrößert werden.

Falls dieses dein erster Kompositbogen werden soll, schlage ich vor, die Breite des Kasan um 2–3 mm zu erhöhen, was der Stabilität zugute kommt und das Tillern einfacher macht. Ich gebe absichtlich das Beispiel eines leichten Bogens, da dieses von den meisten Bogenbauern bevorzugt werden wird.

Für stärkere Bögen können die Breite und Dicke, die Breite der Tips eingeschlossen, entsprechend der Tabelle erhöht werden, um den stärkeren Originalbögen näher zu kommen.

Maße für einen kurzen Osmanenbogen 41" lang

	Breite	Dicke	
0 cm	22 mm	30 mm	Griffmitte
5 cm	20 mm	21 mm	am Griffhals
10 cm	23,5 mm	17,5 mm	
15 cm	22,5 mm	14 mm	
20 cm	22 mm	12,5 mm	
25 cm	20 mm	12 mm	
27 cm	20 mm	8,8 mm	Dünnste Stelle des Wurfarms gerade unterhalb des Kasan.
30 cm	19,5 mm	10 mm	
35 cm	18 mm	12,5 mm	
40 cm	17 mm	12,5 mm	
45 cm	15,5 mm	12,5 mm	Scheitelpunkt der Kasan/Tip Biegung. Der Kasan-Bauch ist hier halbrund und endet 1 cm später.
51,5 cm	9 mm	14 mm	

Zusammensetzung

Der Gewichtsanteil von Horn, Sehne, Leim und Holz wurde im Verhältnis 1 : 0,5 : 0,5 : 1 bestimmt. Sehne und Leim zusammen machen einen Gewichtsteil aus.
Kani führt ein Beispiel für einen ungetrockneten und noch nicht fertig gebauten Bogen von 417 Gramm an:
Der Bogenbauer soll 138 g Horn,
138 g Holz,
69 g Sehne und
69 g Leim nehmen.
Nach dem Trocknen wird der Bogen bei einem Zuggewicht von 100 bis 120 lb (45–54 kg) 320 bis 350 g wiegen.

Ein Bogen aus dem Militärmuseum mit Rillen *(şişhane)* in der Hornschicht. Mit freundlicher Genehmigung von Cem Dönmez.

Die geringe Sehnenmenge ist interessant. Ich bin mir aber sicher, dass diese Angabe stimmt und stütze mich dabei auf Querschnitte von Bögen, wo der Sehnenbelag außen an den Kanten ziemlich dünn ist. Es kann auch bedeuten, dass der Sehnenbelag nach dem Trocknen nicht durch Abraspeln eben gemacht wurde, sondern indem er mit einem Werkzeug gerieben wurde, um die Fasern zusammenzupressen. Bei der Methode wäre keine Sehne verschwendet. Es wird berichtet, dass die Bögen mit mehr Holz im Kern als Kriegs- oder Scheibenbögen besser geeignet gewesen seien.

In der Tat macht ein höherer Holzanteil den Bogen stabiler im Gebrauch. Auf der anderen Seite wurden die Flightbögen mit mehr Sehne gebaut (sogenannte „*sinirsek yay*"), die auf dem Rücken des Sal schichtweise aufgebaut wurde, um eine runderen Querschnitt zu erhalten. Diese Bögen sprachen besser auf den Vorbereitungsprozess vor dem Schießen an, waren aber auch weniger stabil im Gebrauch.

Bei den von mir untersuchten Bögen veränderte sich die Dicke der Hornlage von 2 mm im Griffbereich bis zu 8 mm am Sal und wurde im Kasan dann dünner. Der Holzkern hatte in der Mitte des Sal annähernd dieselbe Dicke wie das Horn, während die Sehnenlage in der Mitte des Wurfarms fast immer 2–3 mm dick war.

Ich habe die Erfahrung gemacht, dass Bögen mit einer dickeren Hornschicht belastbarer sind und weniger Stringfollow zeigen, aber weniger stabil als Bögen mit einem dickeren Holzkern sind.

Die Gesamtdicke der Sal-Zone kann auf die Komponenten wie gewünscht aufgeteilt werden. Dem beginnenden Bogenbauer empfehle ich, die drei Schichten für den besten Ausgleich zwischen den guten Eigenschaften und der Stabilität gleich dick zu machen.

Das Zuggewicht

Die Maße eines Bogens in der Sal-Zone geben uns gute Hinweise auf sein Zuggewicht. Bei bekanntem Zuggewicht eines authentischen Nachbaus lassen sich die Zugewichte alter Bögen mit ausreichender Genauigkeit berechnen.
Die folgende Formel ergibt das Zuggewicht eines unbekannten Bogens, vorausgesetzt, die Auszugslänge ist gleich.

$$Z = Z_0 \bullet (L_0 / L)^3 \bullet (B / B_0) \bullet (D / D_0)^3$$

Z ist die Zugkraft des unbekannten Bogens
L ist die Länge des Bogens (ntn)
B ist die Breite in der Mitte des Sal
D ist die Dicke nahe dem Kasan/Sal Übergang (die dünnste Stelle des Wurfarms)
L_0, D_0 und B_0 sind die Maße des Bogens mit bekanntem Zuggewicht

Ich habe diese Berechnung für mehrere Dutzend osmanische Bögen durchgeführt (siehe die Tabelle und meinen Artikel in Antiquity, 81, 2007, pp 675–685), da das Zuggewicht der alten Bögen nicht direkt gemessen werden konnte. Ich verwendete obige Formel und die Maße meiner Bögen ähnlicher Größe.
Für den Auszug wurden 28" angenommen, was im normalen Bereich liegt, da die Pfeile für die meisten osmanischen Bögen zwischen 26 und 29" lang sind. Auch die Flightbögen hatten einen Auszug von 28", wobei die Pfeilspitze dann im Siper lag.
Die Zuggewichte wurden mit einer Bogenwaage bei 28" gemessen. Die Dicke des Überzugs (1 mm Rinde oder Leder) wurde bei den Messungen an den alten Bögen abgezogen: 2 mm von der Breite am Griff und 3 mm von der Breite an Sal und Kasan (mehr als das Doppelte der Dicke des Überzugs wegen der Unsicherheit an den relativ scharfen Kanten). Von der Dicke wurde 1 mm abgezogen. Die Länge wurde zwischen den Sehnenkerben gemessen, ohne die weiter außen liegenden Wurfarmenden.

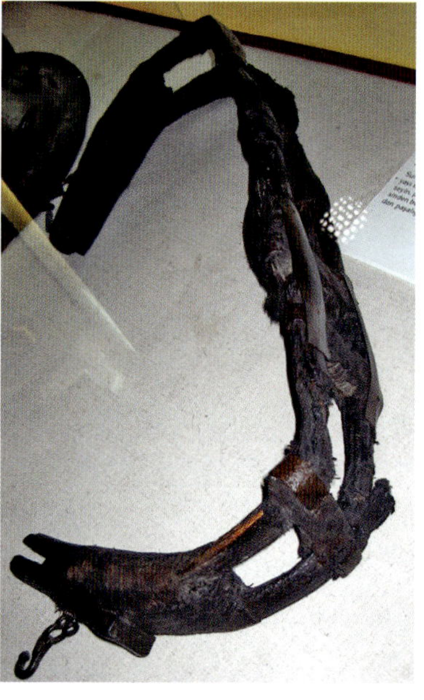

Ein enormer Doppelbogen aus Persien. Aufgespannt und gezogen von *Deli Hüseyin Paşa.* Das Zuggewicht kann etwa bei 300 lb liegen. Sammlung des Topkapi-Palastes. (Die Metallteile wurden später angebracht.)

Man beachte den berechneten Bereich der Zuggewichte: von 40 lb bis 240 lb. Das mittlere Zuggewicht liegt bei 120 lb (54 kg)! Diese Methode kann für sich keine sehr hohe Genauigkeit beanspruchen, deshalb habe ich die Werte auf die nächsten 10 lb (4,5 kg) abgerundet. Ich habe selbst durch Versuche festgestellt, dass das Zuggewicht von Bögen, deren Maße auf Millimeterbruchteile übereinstimmten, um bis zu 10 lb differieren kann.

Fehlerquellen gibt es viele: Messungenauigkeiten, unterschiedliche Materialeigenschaften, Unterschiede in den Proportionen bei den im Wurfarm verwendeten Materialien, Unterschiede im Biegewiderstand vom Wurfarmabschnitten und die Aufspannhöhe. Insgesamt sind die hohen Zuggewichte aber nicht überraschend. Payne Gallwey, der alte Flightbögen aus seiner Sammlung geschossen hat, deren Wurfarmdicken vergleichbar waren, fand in der Tat sehr hohe Zuggewichte.

Ich glaube nicht, dass Bögen unter 70 lb (32 kg) für ausgewachsene Männer jener Zeit gebaut wurden, sondern eher für Frauen, Jungendliche und Ältere oder zum Scheibenschießen gedacht waren.
Fünf Bögen, die als für das Flightschießen bestimmt identifiziert werden konnten, ohne Überzug oder Dekoration, sind separat aufgeführt. Diese Flightbögen erscheinen etwas leicht. Das kann aber eine Täuschung sein, da diese Bögen vor dem Gebrauch vorbereitet wurden, was das Zuggewicht beträchtlich erhöhen konnte.
Um auf Nummer sicher zu gehen, glaube ich, dass Bögen jenseits von 150 lb (68 kg) wahrscheinlich Übungsbögen oder Darb-Bögen waren und nicht im Krieg verwendet wurden.

Um das mögliche Zuggewicht der Kriegsbögen abzuschätzen, können die Flightbögen aus der Statistik herausgenommen werden. Ebenso können 3 Bögen mit unter 70 lb (31,7 kg) und die Bögen jenseits der 150 lb (68 kg) herausgenommen werden. Das mittlere Zuggewicht der 26 verbleibenden Bögen beträgt 112 lb (50,7 kg) bei einer Standardabweichung von 18 lb (8,2 kg).
Demnach ist die Chance sehr hoch, dass das Zuggewicht der meisten Kriegsbögen zwischen 90 und 130 lb bei 28" Auszug lag.

Diese Zuggewichte liegen jenseits dessen, was moderne Bogenschützen gewöhnt sind. Aber es gibt Gründe, warum diese in der Tat so hoch waren. Der Zuggewichtsbereich von 90 bis 130 lb (40,8 bis 59 kg) ist genau derselbe oder liegt sogar etwas unter dem der englischen Bogenschützen des 16. Jahrhunderts. Erfahrene Bogenschützen bestätigen, dass für einen ausreichend sportlichen, mittleren Mann ohne gesundheitliche Beeinträchtigungen die 100 lb (45,5 kg) nicht unerreichbar sind. Das ist auch meine Einschätzung und ich konnte nach einem Jahr Training mit geringer Intensität Bögen dieses Gewichtes ziehen. Jetzt stelle man sich ein Kind vor, im Bogenschießen von frühestem Alter unterwiesen und sich wohl bewusst, das sein zukünftiges Leben davon abhängt, aufgewachsen zwischen Gleichgesinnten in der Gruppe und unter den Altersgenossen – das schließlich zu den Berufssoldaten stößt, die alle den Bogen als ihre Waffe zum Überleben und Erobern verwenden.
Die ganze Zeit bei harter Arbeit, ohne Fernsehen, Bücher oder Computer zur Unterhaltung. Ich wäre überrascht, wenn Männer mit so einer Biographie keinen 150-lb-Bogen (68 kg) ziehen könnten. Weiterhin gäbe es genügend Möglichkeiten zur Übung bei Wettbewerben oder im Krieg.
Die osmanischen Soldaten waren keine eingezogenen Wehrpflichtigen. Ein guter Teil wurde aus Kindern von Sklaven rekrutiert und im „*devşirme*“ Vorgang als die körperlich fittesten ausgewählt, um nach Jahren harter körperlicher Arbeit und im Waffenhandwerk hart trainiert zu Jantischaren oder den berittenen „*Kapikuku*“-Truppen zu werden. Die meisten der übrigen berittenen Bogenschützen waren „*sipahis*“, deren Hauptbeschäftigung der Krieg war, da sie sonst riskiert hätten, das ihnen zugewiesene Land an den Sultan zu verlieren.

Ich sehe ein, dass Freizeit-Bogenschützen, die mit einem 60-lb-Bogen (27,2 kg) zu kämpfen haben, das nur schwer akzeptieren werden. Es ist, als ob man sich fragt: „Ich jogge jedes Wochenende – warum kann ich nicht so schnell wie ein Olympialäufer ein?“ Die Antwort ist: Versuche es und gib dir einen Tritt. Ich garantiere dir, dass du nach ein paar Monaten Übung dein Zuggewicht um 20 lb erhöhen kannst – und sich deine Sicht auf diese Sache für immer ändert.

Leistungsfähigkeit

Es gibt eine eine Reihe von Büchern und Artikeln über die legendäre Leistungsfähigkeit der osmanischen Flightbögen. Die türkischen Quellen sind genauer und deshalb glaubwürdiger, mit Angaben zu der ausgefeilten Organisation der Wettbewerbe und der Existenz von dauerhaften in Steinsäulen gemeißelten Aufzeichnungen, „*nişan paşi*".

Der berühmteste Bogenschütze, Tozkoparan Iskender, schoss am Anfang des 16. Jh. einen Rekord von 1281,5 gez (925 Yards, 846 m), während sein Hauptkonkurrent Bursali Şüca 1279 gez (844,4 m) erreichte.
Andere Bogenschützen standen dem nicht viel nach: Lenduha Cafer (15./16. Jh., 798 m), Mir-I Alem Ahmed Aga (16. Jh., 839 m), Çullu Ferruh (16. Jh., 807 m), Parpol Huseyin Efendi (16. Jh., 797 m, er verwendete einen Bambuspfeil), Haci Beçir Ağa (18. Jh., 730 m), Sultan Selim III (18. Jh., 668 m), Sultan Mahmud II (19. Jh., 810, 808, 804 und 740 m, mit einem kleinen 240 Gramm schweren Bogen geschossen). Ältere Bogenschützen, die die Marke von 900 gez (594 m) nicht länger erreichten wurden aus der Meisterklasse gelöscht.

Rekordsteine auf dem Okmeydan, Istanbul. Mitte: Der Stein von Sultan Mahmoud II

Rechts der Stein von *Şeyh Hamdullah* (1505, der älteste in Istanbul).

Die Entfernungsberechnung basiert auf 66 cm / gez in Übereinstimmung mit Yucel. Wenn der Gez 68 cm enstpricht, wie von Inalcik, einem sehr bekannten Historiker, angeführt wird, würden die Entfernungen nochmals steigen. Anderseits glaube ich, dass die oft zitierten 972 Yards, die Sultan Selim I 1798 geschossen hat, nicht zutreffend sind.

Diese Rekorde werden manchmal angezweifelt. Anderseits erreichte Harry Drake mit einem 115 lb-Kompositbogen über 600 Yards und Dan Perry mit einem verhältnismäßig leichten Komposit von 70 lb 521 Yards, in beiden Fällen nicht mit dem Daumenring-Release sondern mit dem mediterranen 3-Finger-Auszug.

Im Lichte dieser Ergebnisse gibt es keinen Grund, an den Leistungen der professionell trainierten türkischen Bogenschützen mit ihrer großen Kraft zu zweifeln. Schließlich bedeutet der Spitzname Tozkoparan *„er kann einen Bogengriff zu Staub zerdrücken“.*

Mir-i Alem Ahmed Aga, ein berühmter Ringkämpfer (*pehlivan*) konnte einen Esel auf seinen Rücken heben. Die Ernsthaftigkeit des Trainings und der Vorbereitung war nicht geringer als bei den heutigen Olympioniken. So musste z.B. ein Begleiter Tozkoparan im Schlaf beobachten, damit er vor dem Wettbewerb nicht auf den Schießarm lag.

Das Können und die Stärke des Bogenschützen in Verbindung mit dem über viele Jahre perfektionierten Flightbogen waren der Schlüssel. Nach meiner Einschätzung könnte ein 140-lb bis 150-lb-Flightbogen die Weite von 900 Yards erreichen.

Man beachte auch, dass die modernen Rekorde (jetzt bei 1200 m) nicht nur mit schweren Bögen aus Materialien des Raumfahrtzeitalters erreicht wurden, sondern auch mit leichten Karbonpfeilen, die nur die Hälfte der türkischen Holzpfeile wiegen. Zudem sind die Maße der Karbonschäfte viel kleiner: Der Durchmesser beträgt nur die Hälfte oder ⅓ der alten Pfeile, die Länge ca. ⅔ und die Befiederung besteht sogar oft aus Rasierklingen.

Diese leichten und kleinen Pfeile werden mit größerer Geschwindigkeit geschossen, bieten einen geringeren Luftwiderstand und können offensichtlich weiter fliegen. Weiterhin verwenden die modernen Bögen die leichten, hochfesten und steifen Sehnenmaterialien, von denen bekannt ist, dass sie die Leistungsfähigkeit aller Bögen stark erhöhen.

Es gibt wenig Nachweise für den Gebrauch im Krieg. Hansard berichtete vom doppelten Durchschlag – den Kopf eingeschlossen – durch einen Helm, der gebaut war, um Pistolenschüssen zu widerstehen. Schüsse durch 2" (5 cm) Metall wie auch durch ½" (1,2 cm) Bretter auf 100 Yards sind aufgezeichnet. Eine hölzerne, in ein Kettenhemd gekleidete Puppe wurde komplett durchschossen. Es war bekannt, dass türkische Pfeile die Plattenpanzerung der österreichischen Kürassiere des 17. Jahrhunderts durchdrangen.

Meine Ergebnisse von Tests der Pfeilgeschwindigkeit wurden vor ein paar Jahren publiziert (siehe Anhang 1). Trotz Verwendung einer Schießmaschine war der Ablass nicht in jedem Fall ‚sauber‘. Der Bogen lag horizontal in der Schießmaschine und die Pfeile wurden durch einen Abschnitt eines Plastikrohrs geschossen, um alle Pfeillängen einsetzen zu können.*

Da die Pfeile deutlich an dem Rohr anschlugen, kann angenommen werden, dass die Werte bei einem geübten Bogenschützen höher liegen. Es wurden Dacron-Sehnen von gleichem Gewicht wie die originalen Seidensehnen verwendet.

* Das Rohr entspricht also dem Siper. (A.d.Ü)

Ich bin mir auch sicher, dass bessere Handwerker, wie es die türkischen gewiss waren, auch bessere Bögen bauen konnten. Speziell die Flightbögen waren zuvor nicht durch Trocknen in trockener Wärme vorbereitet, was die Leistung erhöht. Umgekehrt wäre die Leistung der Kriegsbögen, wenn man sie mit Leder belegt hätte, etwas geringer. Andererseits war die Zeit für den Auszug mit ca. 2 Sekunden relativ gering und ist am besten mit dem Begriff ‚snap shooting'* beschrieben.
Im Ganzen sehe ich die türkischen Bögen auf Augenhöhe mit den modernen glasbelegten Bögen der besseren Sorte.

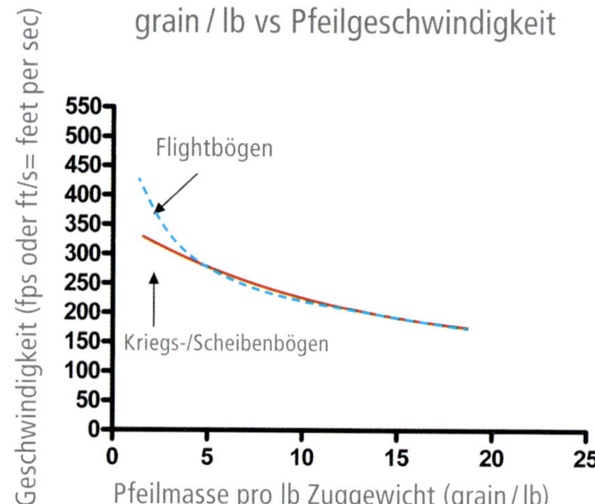

Die Unterschiede zwischen nicht speziell für das Weitschießen vorbereiteten Flightbögen und Kriegs- oder Scheibenbögen sind nicht groß.
Allgemein sind die kürzeren Flightbögen bei leichten Pfeilen besser als die Kriegsbögen, während der Umkehrschluss nicht stimmen muss, solange der Kriegsbogen nicht mehr Energie speichert. Der entscheidende Faktor ist die Wurfarmlänge – leichte und kurze Wurfarme können sich schneller bewegen – und das ist beim Flightschießen mit leichten Pfeilen besonders wünschenswert.

Ein Flightbogen mit längeren Wurfarmen kann mit schweren Pfeilen genauso gut sein wie ein Kriegsbogen. Geschossen von einem starken oder einem schwachen Bogen wird derselbe Pfeil beim starken Bogen schneller fliegen. Aber wir würden nicht wissen, welcher der Bögen der leistungsfähigere ist.

Um dieses Problem auszuschließen ist es sinnvoll, die Pfeilgeschwindigkeit verschiedener Bögen zu vergleichen, wenn die Pfeilmasse proportional zum Zuggewicht ist.
Hierzu betrachte man das Diagramm eines Flightbogens und eines längeren Kriegs- bzw.Scheibenbogens.

Die Kurven trennen sich unterhalb von ca. 5 Grain Pfeilmasse pro pound (lb, 452 Gramm) Zuggewicht. Das entspricht einem 500 grain Pfeil für einen 100 lb Bogen (500/100=5).
Bei einem größeren Pfeilgewicht/Zuggewicht-Verhältnis ist die Wurfgeschwindigkeit der Bögen ähnlich.

---

4) snap shooting (Schnappschießen) = Ziehen und Lösen geschehen in einer flüssigen Bewegung, ohne merkliches Anhalten im Vollauszug.

Die Graphik zeigt, wie sich die Pfeilgeschwindigkeit (in ft/sec – gemessen 3 Fuß (ca. 90 cm) vor dem Bogen) in Abhängigkeit von der Pfeilmasse ändert. Dargestellt in grain/pound Zuggewicht.

Die Bögen sind gut gebaute, mittlere Kriegs-, bzw. Scheibenbögen und Flightbögen mit B50-Sehne. Getestet wurde in der Schießmaschine bei 35 % relativer Feuchte. Mit einem Leder- oder Rindenbezug und von Hand geschossen wird sich die Leistung um ein paar ft/sec verringern.

Das Verhältnis von Pfeilgeschwindigkeit zu Pfeilmasse pro pound Zuggewicht

Ausgelesen aus nebenstehender Grafik (grain / lb fettgedruckt).

Kriegs- oder Scheibenbögen

0,9	306,9	**3,0**	271,7	**5,0**	242,4	**7,0**	218,1	**9,0**	197,9	**11,0**	181,1	**13,0**	167,2	**15,0**	155,7	**17,0**	146,0
1,1	304,4	**3,1**	269,5	**5,1**	240,6	**7,1**	216,6	**9,1**	196,7	**11,1**	180,1	**13,2**	166,4	**15,2**	155,0	**17,2**	145,5
1,2	301,8	**3,2**	267,4	**5,2**	238,9	**7,2**	215,2	**9,3**	195,5	**11,3**	179,1	**13,3**	165,5	**15,3**	154,3	**17,3**	144,9
1,3	299,3	**3,4**	265,4	**5,4**	237,2	**7,4**	213,7	**9,4**	194,3	**11,4**	178,1	**13,4**	164,7	**15,4**	153,6	**17,4**	144,3
1,5	296,9	**3,5**	263,3	**5,5**	235,5	**7,5**	212,3	**9,5**	193,1	**11,5**	177,2	**13,6**	163,9	**15,6**	152,9	**17,6**	143,8
1,6	294,4	**3,6**	261,3	**5,6**	233,8	**7,7**	210,9	**9,7**	192,0	**11,7**	176,2	**13,7**	163,1	**15,7**	152,2	**17,7**	143,2
1,7	292,0	**3,8**	259,3	**5,8**	232,1	**7,8**	209,6	**9,8**	190,8	**11,8**	175,3	**13,8**	162,3	**15,8**	151,6	**17,9**	142,7
1,9	289,6	**3,9**	257,3	**5,9**	230,5	**7,9**	208,2	**9,9**	189,7	**11,9**	174,3	**14,0**	161,6	**16,0**	150,9	**18,0**	142,1
2,0	287,3	**4,0**	255,4	**6,0**	228,9	**8,1**	206,8	**10,1**	188,6	**12,1**	173,4	**14,1**	160,8	**16,1**	150,3	**18,1**	141,6
2,1	285,0	**4,2**	253,4	**6,2**	227,3	**8,2**	205,5	**10,2**	187,5	**12,2**	172,5	**14,2**	160,0	**16,2**	149,7	**18,3**	141,1
2,3	282,7	**4,3**	251,5	**6,3**	225,7	**8,3**	204,2	**10,3**	186,4	**12,3**	171,6	**14,4**	159,3	**16,4**	149,0	**18,4**	140,5
2,4	280,4	**4,4**	249,7	**6,4**	224,1	**8,5**	202,9	**10,5**	185,3	**12,5**	170,7	**14,5**	158,5	**16,5**	148,4	**18,5**	140,0
2,6	278,2	**4,6**	247,8	**6,6**	222,6	**8,6**	201,6	**10,6**	184,2	**12,6**	169,8	**14,6**	157,8	**16,6**	147,8	**18,7**	139,5
2,7	276,0	**4,7**	246,0	**6,7**	221,1	**8,7**	200,4	**10,7**	183,2	**12,8**	168,9	**14,8**	157,1	**16,8**	147,2	**18,8**	139,0
2,8	273,8	**4,8**	244,2	**6,8**	219,6	**8,9**	199,1	**10,9**	182,2	**12,9**	168,1	**14,9**	156,4	**16,9**	146,6	**18,9**	138,5

Flightbögen

1,0	401,0	**2,2**	328,6	**3,5**	281,6	**4,7**	250,2	**5,9**	228,4	**7,2**	212,3	**8,4**	199,8	**9,7**	189,4	**10,9**	180,5
1,1	395,1	**2,3**	324,8	**3,5**	279,1	**4,8**	248,5	**6,0**	227,1	**7,3**	211,4	**8,5**	199,0	**9,7**	188,8	**11,0**	179,9
1,2	389,3	**2,4**	321,1	**3,6**	276,7	**4,9**	246,9	**6,1**	225,9	**7,3**	210,4	**8,6**	198,3	**9,8**	188,2	**11,1**	179,3
1,2	383,8	**2,5**	317,5	**3,7**	274,3	**5,0**	245,3	**6,2**	224,8	**7,4**	209,5	**8,7**	197,6	**9,9**	187,5	**11,1**	178,8
1,3	378,4	**2,6**	314,1	**3,8**	272,0	**5,0**	243,7	**6,3**	223,6	**7,5**	208,7	**8,8**	196,8	**10,0**	186,9	**11,2**	178,2
1,4	373,2	**2,6**	310,7	**3,9**	269,8	**5,1**	242,1	**6,4**	222,5	**7,6**	207,8	**8,8**	196,1	**10,1**	186,3	**11,3**	177,7
1,5	368,1	**2,7**	307,4	**4,0**	267,6	**5,2**	240,6	**6,4**	221,4	**7,7**	206,9	**8,9**	195,4	**10,2**	185,7	**11,4**	177,1
1,6	363,2	**2,8**	304,2	**4,0**	265,5	**5,3**	239,1	**6,5**	220,3	**7,8**	206,1	**9,0**	194,7	**10,2**	185,1	**11,5**	176,6
1,7	358,4	**2,9**	301,1	**4,1**	263,4	**5,4**	237,7	**6,6**	219,2	**7,8**	205,3	**9,1**	194,0	**10,3**	184,5	**11,6**	176,0
1,7	353,7	**3,0**	298,1	**4,2**	261,4	**5,4**	236,3	**6,7**	218,2	**7,9**	204,4	**9,2**	193,4	**10,4**	183,9	**11,6**	175,5
1,8	349,2	**3,1**	295,2	**4,3**	259,4	**5,5**	234,9	**6,8**	217,2	**8,0**	203,6	**9,2**	192,7	**10,5**	183,3	**11,7**	175,0
1,9	344,8	**3,1**	292,3	**4,4**	257,5	**5,6**	233,5	**6,9**	216,1	**8,1**	202,8	**9,3**	192,0	**10,6**	182,8	**11,8**	174,4
2,0	340,6	**3,2**	289,5	**4,5**	255,6	**5,7**	232,2	**6,9**	215,2	**8,2**	202,1	**9,4**	191,4	**10,6**	182,2	**11,9**	173,9
2,1	336,5	**3,3**	286,8	**4,5**	253,8	**5,8**	230,9	**7,0**	214,2	**8,3**	201,3	**9,5**	190,7	**10,7**	181,6	**12,0**	173,4
2,1	332,5	**3,4**	284,2	**4,6**	252,0	**5,9**	229,6	**7,1**	213,2	**8,3**	200,5	**9,6**	190,1	**10,8**	181,0	**12,1**	172,8

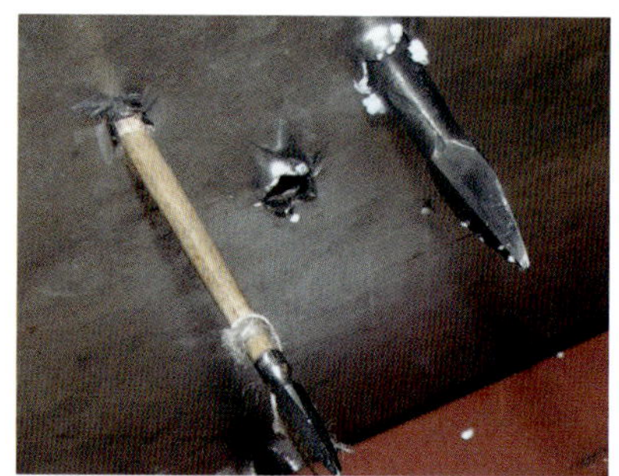

Im Vergleich zu massiveren englischen Pfeilen zeigen die dünneren türkischen Pfeile eine höhere Eindringtiefe in Schießgelatineblöcke (Simulation von Fleisch) und können tiefer in Metallpanzer eindringen, vorausgesetzt der Schaft bricht nicht. Fotos: Jaroslav Belza.

Um ein Gefühl dafür zu bekommen, welche Kraft diese Bögen im Felde entfesseln können, ist es hilfreich, die Energie der Pfeile beim Verlassen des Bogens nach der allgemeinen Formel für die kinetische Energie (halbe Pfeilmasse x Geschwindigkeit im Quadrat) zu bestimmen.

Die Kriegspfeile der Osmanen waren mit bis zu 600 grain (39 Gramm) ziemlich leicht. Ein solcher Pfeil von 600 grain wird, geschossen von einem 130 lb-Kriegsbogen (4,6 grain / lb) eine Energie von 115 Joule haben, bei einem leichteren Bogen von 90 lb (6,7 grain / lb) eine Energie von 89 Joule. Ein schwererer Bogen von 150 lb (4 grain / lb) würde 118 Joule ergeben.

Für den Schützen wäre es nicht schwer, den Feind und sein Pferd auf dem Schlachtfeld auszuschalten, denn ca. 55 Joule werden ja als ausreichend angesehen, um ein großes Wild wie einen Elch oder einen Wapitihirsch zu töten. Der Pfeil verliert im Flug Energie, da der Luftwiderstand (hauptsächlich an der Befiederung) ihn bremst. Auf ca. 50 m würde die Energie eines türkischen Pfeils um ca. 25 % fallen (nach von Belza durchgeführten Tests).

Der Energieverlust ist sogar für die schlanken Pfeile der Osmanen beträchtlich, da die Kraft des Luftwiderstands bei den leichten und mit sehr hoher Geschwindigkeit geschossenen Pfeilen besonders wirksam ist.

Schwere und langsamere Pfeile verlieren weniger Energie, wobei die Pfeile der englischen Langbögen durch ihre Dicke und Größe der Befiederung in ungefähr demselben Verhältnis Energie verlieren.
Nur die schwersten Pfeile mit ca. 100 Gramm (1500 grain) besitzen auf 50 m noch 80 % ihrer Ausgangsenergie. Jedoch ist, wie zuvor bemerkt, die Eindringtiefe der dünnen Schäfte höher.

Der ziemlich steile Abfall der Pfeilenergie auf längere Distanzen legt nahe, dass die Effektivität in der Schlacht, wenn auf größere Entfernungen geschossen wird, nicht allzu eindrucksvoll gewesen sein mag. Während die Pfeile auf ungeschützte Körper und auf Kettenhemden tatsächlich tödlich gewesen sein mögen, konnte die Eindringtiefe in Plattenpanzer jenseits von ca. 50 m nicht ausreichen. Die Taktik der Osmanen in der Schlacht war jedoch nicht, den Feind aus der Entfernung zu belästigen.

Ein eisernes Darb-Ziel. Militärmuseum Istanbul.

Die berittenen Bogenschützen griffen normalerweise die gegnerische Formation an, schossen, parallel dazu reitend, Soldaten und Berittene mit tödlicher Sicherheit aus der Schlachtreihe heraus, bis die Verteidigung zusammengebrochen war.

Wurden sie verfolgt, setzten sie im Sattel rückwärts gewandt den berühmten „Partherschuss" auf die ahnungslosen Verfolger ab und kehrten dann zurück, um die in Unordnung geratenen Truppen niederzumachen. Aus großer Entfernung geschossene Pfeilwolken, so beeindruckend sie auch sind, wurden eher gegen ungepanzerte Feinde, bei Belagerungsfeldzügen oder zum Testen von unbekannten Gegnern eingesetzt.

Andere Darb-Ziele: Glasbecher und Metallglocken. Militärmuseum Istanbul. Foto: Dr. Murat Özveri.

Materialien

MATERIALIEN

Die vier im Kompositbogen verwendeten Materialien haben jeweils spezifische Eigenschaften, die die Funktion des Bogens ermöglichen.
Alle vier weisen, wie die meisten organischen Stoffe, gewisse Ähnlichkeiten auf. Sie sind innerhalb eines gewissen Belastungsbereichs elastisch, zeigen jedoch außerhalb dieses Bereiches plastische (irreversible) Veränderungen, bevor sie brechen. Dies wird als Hysterese bezeichnet, was bedeutet, dass das Material, einmal belastet, ein wenig weicher oder weniger steif ist und nach dem Ende der Belastung eine gewisse Verzögerung bei der Rückkehr in die Originalgestalt zeigt.
Eine wichtige Eigenschaft von Holz, Horn und Sehne ist, dass ihre mechanische Festigkeit in einer Richtung (Vorzugsrichtung) höher ist: Ihre Steifigkeit ist in Faserrichtung größer als in der Richtung senkrecht dazu.

Die mechanischen Eigenschaften sind in der Tabelle auf der nächsten Seite aufgeführt. Der Wert für Holz, Sehne und Leim beschreibt die Zugfestigkeit, der für Horn den Wert für die Druckfestigkeit.

Die gerundeten Daten für Horn basieren auf meinen eigenen Tests und auf den folgenden Quellen:

Die Werte für Hartholz sind typische Werte für Holz dieser Dichte. In der Realität kann das Elastizitätsmodul (Steifigkeit) von 1.300.000 psi (8.963 MPa) für relativ weiches Eibenholz bis zu 2.000.000 psi (13789 MPa) für Holz wie Hickory reichen.

Die Eigenschaften können sich mit dem Feuchtigkeitsgehalt ändern, was die Unterschiede zwischen den verschiedenen Quellen erklärt.
Es ist sinnvoll davon auszugehen, dass die Steifigkeit von Horn und Sehne in einem Bogen ziemlich ähnlich ist und bei ca. 2000 MPa* liegt.
Die Mischung von Sehne mit Leim verringert die Werte nicht stark – die getrocknete Sehnenlage mit einer Leimkonzentration von 50% zeigt nur eine wenig geringere Steifigkeit als die getrocknete Rohsehne. Es sollte hervorgehoben werden, dass die Materialien, besonders Sehne und Horn, visko-elastisch sind. Das bedeutet, dass, wenn sie schnell belastet werden, ihre Steifigkeit höher ist als wenn die Belastung langsam gesteigert wird. Diese Eigenschaft hat wichtige Konsequenzen für den Bogenschützen.

* MPa = N/mm²

D. G. Hepworth, J. P. Smith: *The mechanical properties of composites manufactured from tendon fibres and pearl glue (animal glue), Composites: Part A 33 (2002), 797–803*
A. Kitchener: *The effect of water on the linear viscoelasticity of horn sheath keratin", Journal of Materials Science Letters, 6(1987),321–322.*
B. W. Kooi: *On the Mechanics of some Replica Bows, in Journal of the Society of Archer-Antiquaries, 1993, 36:14–18.*
J. Colville et al: *A Finite element analysis of multilayered orthotropic membranes..., Science and Technology in the Service of Conservation, IIC Congress 1982, 146–150.*

	Spezifisches Gewicht g/cm3	Elastizitätsmodul MPa (psi)	Bruchdehnung %
Hartholz	0.65–0.90	11000 (1600000)	1–1.5
Horn	1.2	2000–3900 (310000–570000)	4
Sehne	1.2	900–2400 (130000–350000)	8–25
Leim	1.2	1550–2000 (225000–290000)	3

Tabelle der Materialeigenschaften. Der Wert von 4% Bruchdehnung für Horn ist zu niedrig angesetzt, er wurde vermutlich bei sehr schneller Belastungsänderung gemessen.

Der Bogen wird, wenn er schnell gezogen und schnell gelöst wird, ein höheres Zuggewicht haben und den Pfeil schneller werfen. Jeder traditionelle Bogenschütze kennt das, und dieses Phänomen wird besonders beim Flightschießen genutzt. Beim Weitschuss-Wettbewerb haben die Türken die Sehne auf den letzten Zentimetern bis zum vollen Auszug ruckartig gezogen (dieser Schießstil ist bekannt als *„mefrule“*), während heutzutage für den selben Zweck eine besonders dynamische Lösetechnik verwendet wird.

Ebenso wird die Steifigkeit kontinuierlich abnehmen, wenn der Bogen in höherem Maße belastet wird – die Materialien werden gleichmäßig weicher. Zum Beispiel erreicht eine Sehne, deren Zugfestigkeit bei einer Dehnung von 1% bei 2.400 MPa liegt, bei einer Dehnung um 5% nur noch 1.400 MPa.

Die Materialien ändern ihre Eigenschaften in hohem Maße mit dem Feuchtigkeitsgehalt. Einer neuen Umgebung ausgesetzt, werden sie entweder trocknen oder Feuchtigkeit aufnehmen, bis ein neues, stabiles Gleichgewicht mit der Feuchtigkeit der Umgebung erreicht ist. So liegt zum Beispiel bei einer Luftfeuchtigkeit von 50% (50% relative Luftfeuchte rF) der Feuchtigkeitsgehalt in den Materialien zwischen 12 und 15%. Ein ungeschützter Bogen wird ca. eine Woche brauchen, um wieder dieses Gleichgewicht zu erreichen. Die Steifigkeit kann in der neuen Umgebung also deutlich unterschiedlich sein. Nach Untersuchungen an Leim kann sich der Festigkeitswert beim Trocknen von 50% rF auf 20% rF auf das Doppelte steigern.

Es ist möglich, dass sich eine Sehnenlage mit Leim ähnlich verhält. Interessant ist, dass die Verringerung der Steifigkeit nicht linear mit der Luftfeuchtigkeit geht. Jenseits von 75–80% rF erfolgt die Feuchtigkeitsaufnahme deutlich schneller. Dadurch sinkt die Festigkeit von Leim – und vermutlich auch Sehne – dramatisch.

Die Festigkeit von Leim bei 90% rF beträgt nur ca. 1/20 der Festigkeit bei 50% rF. Für Horn scheint das so nicht zuzutreffen. Völlig durchnässtes Horn hätte immer noch 50% der Festigkeit trockenen Horns.

Der Prozess der Wasseraufnahme verläuft bei allen Materialien deutlich schneller als der Feuchtigkeitsverlust beim Trocknen. Ein Bogen, der eine Woche in feuchter Umgebung lagerte, benötigt länger als eine Woche um wieder auf den niedrigen Feuchtigkeitswert zu trocknen, den er zuvor hatte. Das hat für Bögen, die im Freien, besonders auf der Jagd, verwendet werden, seine Konsequenzen. Ein ganzer Tag draußen wird durch Trocknen im Haus über Nacht nicht ausgeglichen, wenn nicht die Temperatur gleichzeitig erhöht wird, um die Trocknung zu beschleunigen.

Horn

Horn setzt sich aus Keratin zusammen, einem der wesentlichen Proteine der Tierhaut. Es tritt auch in Hufen, Fingernägeln, Klauen, Haar und Baleen (Fischbein bzw. Wal-Barten) auf. Wie alle Proteine besteht es aus langen Ketten von Proteinmolekülen, die in einem Netzwerk aus spiralig gewundenen Fasern angeordnet sind. Die Fasern orientieren sich größtenteils entlang der Achse des Horns, was die mechanische Stärke und Steifigkeit bewirkt.

Trotzdem ist Horn in Querrichtung ziemlich belastungsresistent, da die Festigkeit zwischen den Fasern ungefähr halb so hoch ist wie in Faserrichtung. Andere Keratine, mit Ausnahme von Baleen, haben eine zufällige Struktur und sind deswegen nicht so fest.

Horn ist für den Bogenbauch außerordentlich gut geeignet, da es dank der sehr kompakten Struktur, die durch chemische Bindung zwischen den Molekülen zusammengehalten wird, auch starke Kompression aushält. Obwohl es im Wasser aufquillt und weicher wird, besitzt es im nassen Zustand doch noch ca. die Hälfte der Steifigkeit des trockenen Zustands.

Es kann in kochendem Wasser weich gemacht werden, wobei manche der chemischen Bindungen aufbrechen, die sich aber, wenn es in eine neue Form gepresst wird, beim Abkühlen wieder bilden. Frisches Tierhorn enthält eine Menge Wasser und muss daher mehrere Monate trocknen, bevor es verwendet werden kann.

Die beste und am meisten verwendete Sorte war immer schon Wasserbüffelhorn. Das Horn besitzt eine große Länge, hohe Wandstärke und ist in einer Ebene ohne Verdrehung gebogen.
Türkische Bogenbauer verwendeten meistens Wasserbüffelhorn oder Ochsenhorn aus einer bestimmten Gegend des Landes.

Wasserbüffel, Quelle Wikipedia Creative Common Licence

Ich habe eine Zeitlang mit Rinderhorn als Ersatz experimentiert. Dieses Horn hat jedoch eine zu geringe Wandstärke für schwere Bögen, ist in der Regel verdreht und, was noch schlimmer ist, tendiert dazu, in Lagen aufzuspalten. Das kann auch mit Wasserbüffelhorn passieren, allerdings meist nur bei Streifen, die aus der inneren Biegung des Horns geschnitten wurden. Ein Aufbrechen der einzelnen Lagen („delaminieren") wie hier darf bei einem fertigen Hornstreifen für den Bogenbauch nicht auftreten, wohingegen Längsrisse bis ca. 8 cm (3 Zoll) Länge entlang der Wurfarmachse im Allgemeinen unkritisch sind.

Die Beschreibung der Verarbeitung des Horns ist in Kanis Text ein wenig unklar. Es scheint jedoch, dass nur Material von der längeren, äußeren Seite des Horns verwendet wurde.
Der erste Streifen wurde von dieser Seite geschnitten (*kapak* – Abdeckung), der zweite darunter (*karın* – Bauch) wurde als nächstes geschnitten, wieder von derselben Seite des Horns.

Der *karın*-Streifen wurde als weicher angesehen und für Flight-Bögen verwendet, die später noch einer Behandlung (*timar*) unterworfen wurden. Demnach wurde das Material von der Innenseite der Krümmung des Horns nicht verwendet. Ich habe keine größeren Unterschiede zwischen den *kapak*- und den *karın*-Streifen beobachtet, obwohl der *karın*-Streifen stärker gekrümmt ist und den Reflex im fertigen Bogen besser hält.
Auch ist der *karın* kürzer und so am besten für Flight-Bögen geeignet, bei denen nicht der ganze Bogenbauch mit Horn bedeckt ist. Der *kapak*- und der *karın*-Streifen können nicht im selben Bogen gemischt werden.

Es ist gut möglich, dass der erste Kompositbogen aus dem Horn des zentralasiatischen Steinbocks hergestellt wurde. In der Tat ist die Form der frühen skythischen Bögen der Form des Steinbock-Horns sehr ähnlich, und daher wurden diese höchstwahrscheinlich auf dieser Basis gebaut.

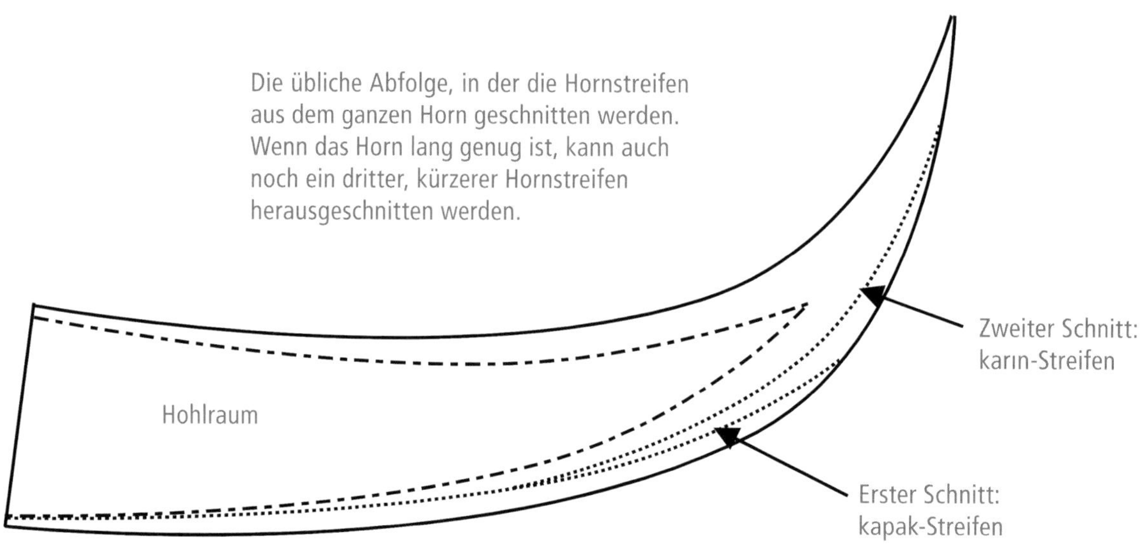

Die übliche Abfolge, in der die Hornstreifen aus dem ganzen Horn geschnitten werden. Wenn das Horn lang genug ist, kann auch noch ein dritter, kürzerer Hornstreifen herausgeschnitten werden.

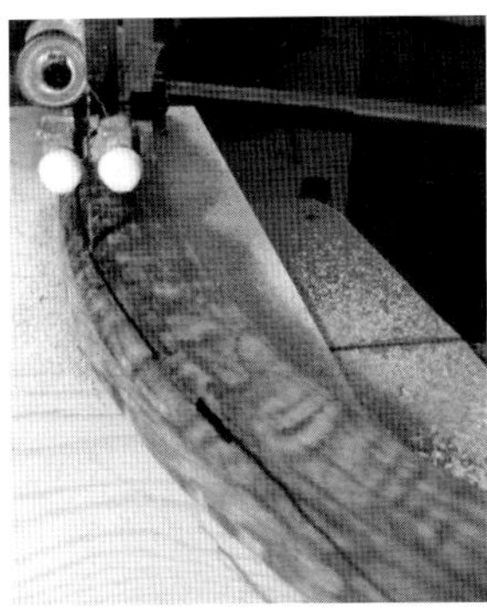

Das Horn ist auf eine Sperrholzunterlage geklebt, um die *kapak*-Streifen nacheinander zu schneiden. Aus zwei Hörnern wurden vier Streifen geschnitten.

Ziegenhörner verschiedener Arten können mit Erfolg verwendet werden, obwohl nur sehr schmale Streifen daraus geschnitten werden können, die zudem noch einer Wärmebehandlung bedürfen, um die Verdrehung zu entfernen.

Hörner des Spießbocks sind ebenfalls verwendet worden, jedoch sind die daraus gewonnenen Streifen völlig gerade. Mein Rat ist, Büffelhorn zu verwenden, das jetzt aus Südostasien importiert wird oder einfach aus europäischen Quellen erhältlich ist. Für den Hobby-Bogenbauer ist es wohl am ökonomischsten ganze Hörner zu kaufen und diese in der Werkstatt aufzuschneiden. Auf diesem Weg können aus einem Paar Hörner zwei oder sogar drei Paar Hornstreifen gewonnen werden.

Das ganze Horn befestigt man am besten mit Schmelzkleber auf einer Sperrholzplatte, und die Streifen werden dann mit einer Bandsäge von außen nach innen, einer nach dem anderen, geschnitten, solange es die Dicke des Horns erlaubt (siehe meine Artikel auf www.atarn.org). Reste der Hörner kann man für andere Projekte wie Tip-Verstärkungen oder Daumenringe verwenden. Wenn man viele Bögen baut, sind vorbereitete Streifen eventuell die bessere Option, da die Versandkosten nicht so hoch sind.

Manchmal tritt auch beim Büffelhorn eine leichte Verdrehung auf, und man neigt dazu, dieser beim Aussägen zu folgen um einen breiteren Streifen zu bekommen in der Hoffnung, ihn durch Heißbiegen zu begradigen. Ich würde das jedoch vermeiden, da die Streifen die Tendenz haben, mit der Zeit zu ihrer verdrehten Form zurückzukehren und der Bogen so eventuell schwierig zu stabilisieren sein wird.

Man kann versucht sein, auch die Seiten der Hörner zu verwenden. Natürlich laufen die Fasern des Horns bzw. die Faserrichtung bei diesen Stücken nicht länger parallel zum Wurfarm, so dass die mechanische Steifigkeit geringer und der Bogen schwächer wäre. Andererseits macht das aber nicht so viel aus, da die Steifigkeit wahrscheinlich um nicht mehr als die Hälfte abnehmen würde und der Bogen immer noch perfekt funktionieren könnte.

Es sollte beachtet werden, dass die Verringerung der Steifigkeit nur einer Bogenkomponente das Zuggewicht nicht sehr verändern würde. Sogar wenn die Hornlage nur noch die halbe Steifigkeit hätte, würde das Zuggewicht nur um ca. 10% sinken. Ich habe aber nur zwei Bögen mit Hornstreifen aus der Seite des Horns gebaut und nicht genug Erfahrung, dieses Vorgehen zu bewerten.

Es wurde viel Aufhebens über die paarweise Verwendung der Hörner des gleichen Tieres gemacht. Ich sehe in der Verwendung von Hörnern von zwei verschiedenen Tieren kein Problem, solange die Hörner eine ähnliche Biegung und Gestalt und aus ästhetischen Gründen auch dieselbe Farbe haben. Der Tillerprozess wird leicht alle kleinen Unterschiede in den Eigenschaften korrigieren.

Einige der alten Bögen, die ich gesehen habe, hatten nahezu durchsichtiges, bernsteinfarbiges Horn. Es gibt weißes Horn (allerdings ist es viel teurer als schwarzes), jedoch ist seine Farbe eher grau-weiß und gewöhnlich nicht so durchsichtig. Da diese Bögen neueren Datums sind, frage ich mich, ob nicht hier an sich schon helles Horn gebleicht wurde um diesen Effekt zu erreichen.

Ich habe einen Bogen mit Horn, das von einem Händler kam, der die Hornstreifen bleichte, gebaut. Die Farbe war der der alten Bögen sehr ähnlich, ich habe allerdings keine Ahnung, wie das gemacht wurde. Weißes Horn wird dabei bernsteinfarben, schwarzes Horn braun.

Ich vermute, der einfachste Weg wäre die Verwendung von hochkonzentriertem Wasserstoffsuperoxyd, da die Verschlechterung des Materials geringer als mit anderen Chemikalien, besonders mit Laugen, wäre. Auf jeden Fall waren die Eigenschaften des gebleichten Horns denen des unbehandelten Horns sehr ähnlich (es war ein wenig brüchiger) und der Bogen war funktionsfähig. Es ist aber ebenso möglich, dass das bernsteinfarbige Horn der alten Bögen von einem anderen Tier, wie z.B. einer Ziege, stammt.

Es sollte noch erwähnt werden, dass Selfbows auch allein aus Horn gebaut werden können. Ich habe einen weißen „Nur-Horn-Bogen“ mit recurven Wurfarmenden und nahezu geraden Wurfarmen in der Sammlung des Topkapi-Palast-Museums gesehen.*

Es gibt auch aus Java Bögen aus Büffelhorn. In Anbetracht des hohen spezifischen Gewichts des Horns zweifele ich jedoch, dass sie dieselbe Leistung wie Selfbows aus Holz erreichen.

---

* A.d.Ü: Auch aus 2 zusammengesteckten Ibex-Hörnern können Selfbows gebaut werden (s. Traditionell Bogenschiessen Nr. 39, 2006). Für die Wurfleistung gilt allerdings das oben Geschriebene.

Sehne

Die Achillessehnen, wie auch andere Sorten von tierischen Materialien wie Haut und Knochen, setzen sich aus Kollagenen zusammen – ein sehr starkes und elastisches Material, ohne das der Bau von Kompositbögen nicht möglich wäre.
Die Proteinmoleküle von Kollagen, die aus Aminosäuren bestehen, bilden eine linksdrehende Spirale, die sich mit anderen wiederum zu einer rechtsdrehenden Spiralstruktur verdrillen. Das ergibt ein unglaublich stabiles und widerstandsfähiges, seilähnliches Netzwerk, ähnlich einem modernen Polymer. Die Moleküle wie auch dieses „Protein-Garn" werden durch sogenannte „Wasserstoff-Brückenbindungen" zusammengehalten.

Die mechanischen Eigenschaften der Sehnen verschiedener Tiere unterscheiden sich nicht sehr. Es wird berichtet, dass für die türkischen Kriegsbögen Ochsensehne verwendet wurde und für die Flightbögen Kuhsehne. Ich bezweifele, dass die Unterschiede in einem Bogen wirklich nachweisbar wären. Sehnen von jungen Tieren hingegen sind etwas heller gefärbt und ein wenig flexibler.

Die Oberflächenstruktur der Sehne kann von Tierart zu Tierart unterschiedlich sein* und es gibt auch kleine Unterschiede zwischen den Sehnen von den Vorder- und Hinterläufen. Die Sehnenfasern sind in eine Leim-Matrix eingebettet.

Diese Kombination, wie auch bei anderen Materialien dieser Art (zum Beispiel Fiberglas-Epoxy-Kompositmaterialien) widersteht einem zerstörenden Bruch besser als die reinen Werkstoffe. Wenn eine Faser unter der Belastung bricht, wird der sich bildende Riss der Faser sofort von der Leim-Matrix gestoppt. Bricht der Leim, als der sprödere Werkstoff von beiden, setzt sich der Bruch nicht durch das ganze Laminat fort, sondern wird von einer Faser abgelenkt und aufgefangen und lässt so den Kompositwerkstoff als Ganzes intakt. Das ermöglicht es im Endeffekt dem Laminat, einer stärkeren Dehnung ohne Bruch stand zu halten. Die weißliche Verfärbung der Sehnenlage im am stärksten beanspruchten Bereich auf den Bögen zeigt diesen Bruch im Leim und zwischen Leim und Sehne an, die Sehne bleibt jedoch intakt.

Sehne hat eine enorme Dehnbarkeit und geht doch wieder elastisch auf ihre Ursprungslänge zurück. Eine Dehnung von 5–6 % hat nur eine sehr kleine irreversible Verlängerung der Sehne zur Folge und auch durch eine Dehnung von 10 % verringert sich die Elastizität (also die Fähigkeit, Energie elastisch zu absorbieren) nur um ca. 5 %. Da die Dehnung in typischen Bögen 10 % nicht übersteigt, bedeutet das, dass die Sehnenlage kaum an der Entstehung von Stringfollow beteiligt ist.

* A.d.Ü: So lässt sich Rindersehne deutlich einfacher auffasern als z.B. Hirschsehne

Frische, zum Trocknen aufgehängte Sehnen

Nutzbares Sehnenmaterial kommt von vielen Tierarten. Für meine ersten Bögen verwendete ich normale Rindersehne. Ich fand die Kuhsehne ziemlich kurz und fettig, also versuchte ich es mit Elchsehne.

Der Unterschied war offensichtlich: sie war viel länger (Elchbeine sind auch in der Tat länger), hatte weniger eingelagertes Fett und war fester.

Von da an verwendete ich immer Elchsehne, die ich während der Jagdsaison vom Schlachter geholt habe. Die Sehnen aller wildlebenden Tiere sind einen Versuch wert.

Trotzdem können auch Rindersehnen, wenn man sie gründlich entfettet, erfolgreich verwendet werden. Ich habe gehört, dass Straußensehnen den Leim nicht gut annehmen. Das mag auch ein Fall zum Entfetten sein, ich selbst habe diese Sehnen selber noch nicht verwendet.

Metzger können Beine, am „Knie" abgetrennt, liefern. Das Entfernen der Achillessehne ist sehr einfach und benötigt mit etwas Übung etwa 15 Sekunden pro Bein.

Die Haut und das verbindende Gewebe werden auf der Rückseite des Beins mit der Spitze eines scharfen Messers aufgetrennt. Das freigelegte Sehnenbündel wird in der Mitte gehalten und vom Knochen darunter abgeschnitten. Die Gabelung am Huf wird ebenfalls, bis ca. 5 cm unterhalb des Verbindungspunktes, verwendet. Es können die Sehnen von Vorder- wie Hinterlauf verwendet werden, wobei die Hinterläufe dickere Sehnen haben.

Vom Elch können bis zu 36 cm lange Sehnen gewonnen werden, noch längere, wenn die Sehnen von ganzen Bein (nicht nur vom Teil ab dem Knie) genommen werden. Kürzere Sehnen sind für Bögen genauso nutzbar oder können zu Leim verarbeitet werden – es kann also alles verwendet werden.
Ich verwende keine Rückensehnen, da ich, wo ich lebe, schwerer daran komme und mir ihre Struktur zu grob ist.

Die Beinsehnen können in dünne Einzelstränge aufgetrennt werden, was die weitere Verarbeitung erleichtert. Schließlich verwendeten die Osmanischen Bogenbauer auch nur die Beinsehnen (Achillessehnen).

Payne-Gallwey schrieb, das er die Sehne eines Bogens, den er wieder in seine Einzelteile zerlegte, in kurzen, gummiartigen Stücken vorfand. Er meinte, es seien Nackensehnen verwendet worden, die in der Tat eher gummiartig sind und sich sehr von den Beinsehnen unterscheiden. Ich vermute aber, dass er die Sehne beim Zerlegen zu sehr erhitzt hatte, was sie zu weichen, angeschwollenen Stücken zusammenschnurren lässt, wie es bei allen tierischen, aus Collagen aufgebauten Materialien eintritt, wenn sie in zu heißem Wasser liegen.
Auf jeden Fall sind Nackensehnen, anders als die Rückensehnen, zu gummiartig, um für den Bogenbau verwendet zu werden.

Die frisch geschnittenen n Sehnen bestehen beim Hinterlauf aus zwei, beim Vorderlauf aus mehreren einzelnen Teilen. Ich trenne die Sehne in ihre einzelnen Teile auf und entferne so viel von den Sehnenscheiden wie möglich. Die Sehnen hänge ich dann an Fäden mit Drahthaken auf. Das Trocknen dauert, abhängig von der Luftfeuchtigkeit, eine bis drei Wochen.

Die getrockneten Sehnen sind bernsteinfarben und transparent. Sie haben immer noch einzelne „Fetttaschen“, hauptsächlich an der Gabelung, die mit einem Messer abgeschnitten werden müssen.
Ich tauche die schmierigen Enden dann zum Waschen für ca. 1 Std. in Aceton. Die Sehnen können jetzt in einzelne Sehnenfasern aufgetrennt werden.
Ich wähle die Sehne, die ich für einen Bogen verwenden möchte, nach Länge und Gewicht aus (mehr dazu später).

Von der getrockneten Sehne zur Sehnenfaser

Um die Sehnen soweit zu klopfen, bis sie weiß und weich sind (was bedeutet, dass die Verbindungen zwischen den einzelnen Fasern aufgebrochen sind) kann ein Hammer und ein Hartholzblock verwendet werden.
Die türkischen Bogenbauer verwendeten einen Hartholzhammer und eine Marmorplatte.

Der schwierigste Teil ist es, die Fasern an der Gabelung, wo die Fasern sich kreuzen, zu trennen. Ich beginne an der Außenseite der Sehne, in der Mitte zwischen den Enden, indem ich eine Ahle verwende, um von der Sehnen einen Strang von halber Bleistiftdicke abzuspalten.
Dann ziehe ich die Teile, manchmal mit Hilfe einer Zange, auseinander. Das wird solange fortgesetzt, bis die ganze Sehne in handhabbare Streifen zerlegt ist.
An den Enden sind die Fasern durch das Klopfen gewöhnlich nicht gut aufgebrochen worden, so dass es das Beste ist, die letzten 5 mm an jedem Ende abzuschneiden. Die einzelnen Streifen werden dann, wieder in der Mitte beginnend, aufgefasert und in zwei Hälften geteilt, solange, bis die einzelnen Streifen im Querschnitt noch 1–2 mm stark sind. Bis dahin kommt man gewöhnlich – bei dünneren Fäden besteht die Gefahr, dass sie reißen. Je dünner die Fäden sind, desto besser ist es, da sie weicher sind und den Leim besser annehmen.

Die Arbeit mit den Sehnen ist ziemlich nervtötend, langweilig und geht langsam voran. Mit etwas Übung kann man jedoch an einem Abend genug Sehnenfasern für einen Bogen gewinnen. Der Verlust beträgt ca. 10–15 % (gerissene Stücke oder lose Stücke) und kann zur Herstellung von Leim verwendet werden.

Die fertigen Fasern werden zu Gruppen gleicher Länge zusammengefasst. Da die Fasern nicht exakt gleich lang sind, ergibt das eine natürliche Verjüngung (einen „*Taper*“) am Ende der Bündel.

Es ist sinnvoll, die Enden der einzelnen, zum Verleimen vorbereiteten Bündel durch einen Kamm zu ziehen, so dass sie glatter auf dem Bogen auslaufen bzw. besser ineinander übergehen.

Leim

Eine entscheidende Komponente neben Holz, Horn und Sehne ist der Leim. Die in einem Kompositbogen verwendete Menge Leim ist beträchtlich – ungefähr gleich dem Gewicht an Sehnen plus 20 Gramm. Er wird zum Verleimen des Kerns und zum Aufleimen des Horns verwendet und macht fast 50% der Sehnenschicht aus.

Der einzige jemals für diese Bögen verwendet Leim stammt von tierischen Materialien (Häuten usw.), die größtenteils aus Kollagenen bestehen. Kollagene, einmal in Wasser erhitzt, brechen zu einer Leimlösung auf. Dieser Leim, der seit Jahrtausenden überall auf der Welt bekannt ist, wird aus rohen Tierhäuten, Sehnen, Fischblasen, Fischhaut und Knochen gewonnen.
Nicht alle diese Leime sind für den Bogenbauer geeignet. Wir brauchen nur den allerstärksten, da der Leim beim Biegen enorme Kräfte aufnehmen muss – und zugleich einen, der die Arbeit des Bogenbauers einfacher macht.

Rohmaterial für den Leim: vier verschiedene Arten von Schwimmblasen und ganz rechts Sehnenabfälle.

Die beste Garantie für die mechanische Festigkeit des Leims ist seine Fähigkeit, beim Abkühlen ein Gel zu bilden. Der Gelierprozess ist eine Folge davon, dass die Proteinmoleküle, die im Wasser ungeordneter umher schwimmen, sich zu Kollagenen zusammenfinden und wenigstens teilweise wieder in der netzartigen Struktur des Gels formieren. Das Wasser ist in diesem „molekularen Netz" gefangen und immobilisiert. Die zukünftige mechanische Festigkeit und Steifigkeit hängt von der Fähigkeit der Moleküle ab, sich über die Wasserstoff-Brückenbindungen, also dieselbe Bindung wie im Gel, zu vernetzen. Je fester und steifer nun das Gel ist, desto stärker wird der Leim nach dem Trocknen sein.
Warum das Gelieren auch aus anderen Gründen notwendig und wünschenswert ist, werde ich später noch erläutern.

Der Gelierprozess setzt ein, wenn die Temperatur des Leims, je nach Herkunft, unter 20 bis 35° sinkt. Je höher die Konzentration der Lösung, desto geringer die Abstände zwischen den Leim-Molekülen und desto schneller geliert er. Für unsere Zwecke sollte eine Lösung aus Leim oder einer Mischung von Leimen mit ca. 3 % Gehalt nach 1 bis 2 Stunden bei ca. 10° C (im Kühlschrank) gelieren, sonst ist sie für den Bogenbau nicht geeignet.
Die Fähigkeit zu gelieren hängt von der Tierart und dem Klima (in dem das Tier lebt, A.d.Ü.) ab. So ergibt die Haut von warmblütigen Säugetieren einen Leim, der besser geliert als der aus dem Kollagen von Süßwasserfischen, während Leim aus Gewebe von Fischen, die in besonders kalten Gewässern leben, eventuell überhaupt nicht geliert.

Fischblasenleim

Die Schwimmblasen der Fische sind eine Ausnahme, da der Leim daraus für gewöhnlich geliert, wenn auch unterschiedlich stark.

Viel wird über die großartigen Eigenschaften von Leim aus der Schwimmblase des Störs (Hausenblasenleim) erzählt. Da dies ein in der Tat in vieler Hinsicht exzellenter Leim ist, der zudem noch die Fähigkeit zum Gelieren besitzt, wird von manchen behauptet, dass er eine stärkere Verklebung ermöglicht, da er die Eigenschaft besitzt, besonders gut zu benetzen, was ein besseres Eindringen in die Oberfläche ermöglicht. Ich muss gestehen, dass ich das bei meinen Experimenten nicht so klar erkennen konnte und auchnandere Arten von Schwimmblasen für ziemlich gut geeignet gefunden habe.

Wels, Kreuzwels und Adlerfisch (wie von den koreanischen Bogenbauern verwendet) sind alle gut geeignet, während die Schwimmblasen vom Karpfen zu fettig sind und der für ihre Reinigung nötige Aufwand sich nicht lohnt.

Ich glaube, jede Schwimmblase von größeren Fischen (wegen der Größe und Leimausbeute), ist einen Versuch wert. Diese Kriterien wurden von den alten Bogenbauern höchstwahrscheinlich auch berücksichtigt. Ich empfehle, in einem asiatischen Lebensmittelgeschäft getrocknete Schwimmblasen von großen Fischen zu kaufen und es selber auszuprobieren. Leim aus Fischhaut, in der Regel aus Häuten vom Kabeljau, geliert überhaupt nicht und ist für den Bogenbau nicht geeignet.

Leim aus Schwimmblasen scheint klebriger zu sein und der Feuchtigkeit besser widerstehen zu können, wenn er getrocknet ist. Es kann sein, dass das langsamere Gelieren es dem Leim ermöglicht, die Oberfläche besser zu benetzen, was eine festere Bindung ergibt, während auf der anderen Seite die Leichtigkeit, mit der dieses Gewebe zu Leim schmilzt, es ermöglicht, dass das Molekulargewicht hoch bleibt, was die Festigkeit des getrockneten Leims erhöht.

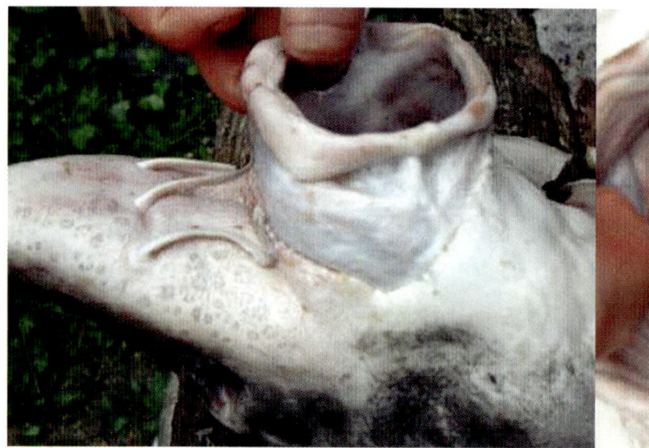

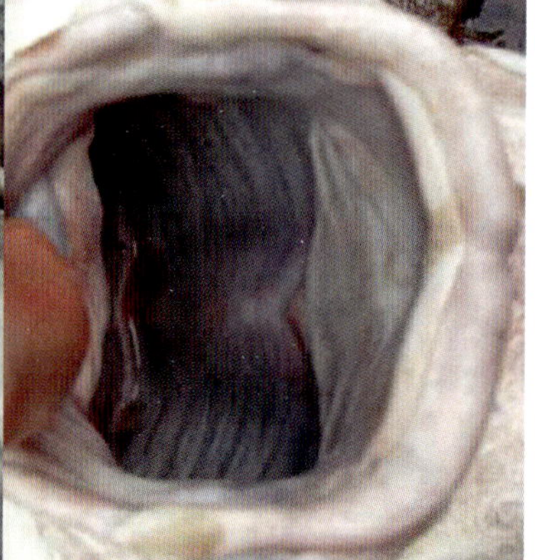

Bilder vom Maul eines Störs und dem Gaumen. Der Fisch muss 1,8 m lang sein um eine Haut von ‚doppelter Handflächengröße' (nach Kani) zu liefern. (Fotos: Jano Nagy)

Zerstampfte Gaumenhaut.

Hautleim

Andererseits scheint ein schnell gelierender Leim wie Hautleim, wenn er völlig durchgetrocknet ist, trockener Hitze besser zu widerstehen. Das kann daher kommen, dass er ein effektiveres Netzwerk aus Wasserstoffbrückenbindungen aufbauen kann, was dem getrockneten Leim einen besseren Zusammenhalt gibt. Jedoch zieht Hautleim angeblich in einem höheren Ausmaß Feuchtigkeit an.

Es wird berichtet, dass Bögen für warme Klimazonen mit Hautleim, solche für kältere, wahrscheinlich feuchtere Klimazonen, mit Fischleim gebaut wurden. Es mag sein, dass die Bogenbauer die unterschiedlichen Eigenschaften ausnutzten.

Hinsichtlich der Leime aus dem Gewebe von Säugetieren sind Leime aus Haut und aus Sehnen einander ähnlich. Diese Leime gelieren am schnellsten, so dass das Haftvermögen genau im Auge behalten werden sollte. Diese Leime sollten in niedrigerer Konzentration oder bei höherer Temperatur verwendet werden, da sich erst bei niedrigerer Viskosität ein besseres Benetzungsverhalten ergibt. Ich mische diese Leime fast immer mit Leim aus Schwimmblasen, um die benötigten Eigenschaften zu optimieren: Die Fähigkeit, innerhalb der gewünschten Zeit zu gelieren, kombiniere ich mit der stärkeren Klebekraft.

Gelatine, ein handelsübliches Produkt, wird aus Häuten gewonnen, die zuvor chemisch behandelt wurden, um eine bessere Ausbeute zu erhalten und die Extraktion des Leims zu erleichtern. Damit erhält man größere, weniger abgebaute Moleküle mit der Tendenz, schneller zu gelieren.

Wenn ich dieses schnelle Gelieren bei meinen Leimen erreichen möchte, verwende ich stattdessen Haut- oder Sehnenleim.
Gelatine, die überwiegend aus Schweinehäuten gewonnen wird, erscheint mir für Bögen aus einem orientalischen Land, in dem die vorherrschende Religion der Islam ist, nicht angebracht.
Ich sollte noch hinzufügen, dass Knochenleim, da er zu sehr verunreinigt und zu schwach ist, für Bögen nicht verwendet werden kann. Seine Festigkeit ist, wie die des Leims aus Fischhäuten, nur ungefähr halb so hoch wie die des Haut- oder Schwimmblasenleims.

Abhängig von den örtlichen Wetterbedingungen kann man erleben, dass derselbe Leim sich unterschiedlich verhält. Wenn die Temperatur in der Werkstatt im Bereich von 30° liegt und der Leim gelieren soll, kann mehr vom schnell gelierenden Leim beigemischt werden. Wenn, wie in meiner Werkstatt im Winter, die Temperatur bei 15° liegt, verschafft mir die Beimischung von Leim aus Schwimmblasen mehr Zeit, bevor der Leim geliert.

Die türkischen Bogenbauer verwendeten den reinen Sehnenleim (*çige*) und einen importierten, aus dem Gaumen des Störs (von der Donau, dem Dnjepr oder der Wolga) gewonnenen Leim, den sogenannten „*yaruk yelim*“-Leim.
Reiner, handwerklich hergestellter Sehnenleim ist allerdings dünnflüssiger als kommerzielle Produkte wie Hautleime, da die Kollagenfasern durch die verlängerte Erwärmung, um einen langsamer gelierenden Leim zu erhalten, stärker abgebaut sind.

Die türkischen Bogenbauer verwendeten auch einen Sehnenleim von etwas geringerer Qualität (*parça*), der aus den sich gabelnden Sehnenabschnitten in den Hufen stammte. Leim wurde auch aus Häuten und Ohren (also aus Knorpel) gewonnen, obwohl der beste Leim der „*çige*“ war, gefolgt vom „*parça*“. Es wurde eine helle Farbe des Leims angestrebt, da sie einen reinen, nicht überhitzen Leim anzeigt. So waren zum Beispiel der Störgaumen-Leim und die besseren Qualitäten des Sehnenleims beide weiß.

Gaumenleim

Für diesen Leim wurde nur die Gaumenhaut und keine sonstige Fischhaut verwendet, obwohl diese wahrscheinlich für andere Zwecke eingesetzt wurde. Obwohl ich bisher noch keinen Bogen mit dem Leim aus der Gaumenhaut gemacht habe (Experimente sind jedoch schon im fortgeschrittenen Stadium), konnte ich vorläufige Tests mit Proben, die ich von Jano Nagy erhalten habe, durchführen. Der Leim wird durch Klopfen der nassen Haut mit dem Hartholzschlegel auf einer Marmorplatte, bis die Haut eine teigige Konsistenz annimmt, gewonnen.
Der Schlegel wird regelmäßig angefeuchtet um zu verhindern, dass die Haut am Schlegel festklebt, und um dafür zu sorgen, dass sie gut durchfeuchtet bleibt. Es wird empfohlen, den Schlegel hierfür abzulecken anstatt ihn mit Wasser nass zu machen. Ich konnte jedoch keinen wirklichen Unterschied feststellen.

Das Zerstampfen der Haut erhöht die Ausbeute deutlich und erlaubt es, den Leim in kürzerer Zeit auszuschmelzen, was die Eigenschaften verbessert.
Der Gaumenleim und der reine Hausenblasenleim (die beste Qualität des Leims aus der Schwimmblase des Russischen Störs) gelieren langsamer als der Sehnen- und der Hautleim, während der Schwimmblasenleim des Welses bei der Gelierfähigkeit irgendwo zwischen den anderen Leimen liegt. Die Klebekraft am Horn scheint bei Gaumenleim und Wels-Leim am besten zu sein, die am zähesten sind und eine Art viskoser Masse bilden. Die Haut- und Sehnenleime sind härter, aber die Klebekraft war nicht so groß.

Der Gaumenleim, der Hausenblasenleim und der Welsleim bilden ein weiches Gel, das sich bei Kontakt mit Wasser teilweise anlöst, während der Haut- und Sehnenleim massiv aufquillt.
Bei 100% Luftfeuchtigkeit werden der Gaumen-, der Hausenblasen- und der Welsleim weicher als die anderen Arten. Auch werden Haut- und Sehnenleime bei längerem Erwärmen (50°C, über mehrere Stunden) deutlich härter.

Zusammenfassend kann man sagen, dass sich der Gaumenleim sich nicht sehr von den Schwimmblasenleimen zu unterscheiden scheint – weicher, zäher und klebriger, in der Hitze nicht so spröde. Die Eigenschaften hängen allerdings zu einem großen Teil von der Herstellungsweise ab, insbesondere von der „Kochzeit“, die aufgewendet wird um den Leim aus der Haut zu lösen.

Herstellung

Der Leim wird hergestellt, indem die Materialien wie Sehne, Haut und Schwimmblase im Wasser erwärmt werden. Am besten beginnt man mit frischem Material, um eine maximale Ausbeute zu erreichen. Ich lege in der Regel die nicht ganz so guten Sehnen zum Einfrieren beiseite, bis sie benötigt werden.

Die Schwimmblasen werden jedoch schon getrocknet gekauft. Das trockene Material wird in sauberem, kaltem Wasser mindestens 24 Stunden lang, oder sogar 48 Stunden bei dickerem Material (die Schwimmblase kann bei großen Exemplaren bis zu 6 mm dick sein), eingeweicht.

Die Schwimmblasen werden dann in kleinere Stücke geschnitten und kurz im Wasser erwärmt, bis die Stücke weich und gummiartig sind, was bei einer Temperatur von wenigstens 60° C geschieht, und dann im elektrischen Mixer zerkleinert und vermischt. Frisches Material muss nicht in den Mixer, sondern wird nur zerschnitten und in Wasser gelegt. Die Mischung wird dann in einem doppelwandigen Topf (Simmertopf) mit Deckel bis zu 12 Stunden lang erwärmt, oder bis der größte Teil des festen Materials geschmolzen und in Lösung gegangen ist. Im Fall von Schwimmblasen kann das Ganze auch viel schneller gehen. Die Temperatur im doppelwandigen Topf ist nicht hoch genug, als dass die Mischung kochen würden

Das ist wichtig, da gekochter Leim für unseren Zweck zu schwach sein kann. Ebenso kann zu langes Erwärmen einen zu schwachen Leim ergeben. Die „zerbrochenen" Moleküle in einem zu stark oder zu lange erwärmten Leim können nicht länger gelieren, um den Zusammenhalt der Werkstücke zu garantieren und sind für Kriechen und Bruch anfällig. Um die verbliebenen Stückchen aus dem Leim zu entfernen, gieße ich ihn durch ein Sieb, bevor er eindickt.

Die Leimlösung sollte am Ende des Prozesses ungefähr einen Gewichtsanteil von 35 bis 40 % Leim enthalten. Das ist die höchste Konzentration, die im Bogenbau verwendet wird, und sie wird entweder so, wie sie ist, oder mit Wasser verdünnt verwendet. Das bedeutet, dass das trockene Ausgangsmaterial für den Leim gewogen werden und das Volumen der Leimlösung abgeschätzt werden muss, um den Gehalt abschätzen zu können. Natürlich wird sich nicht das ganze Material auflösen, aber der Rest kann ebenso abgeschätzt werden – gewöhnlich lösen sich ungefähr 10–20 % des Ausgangsgewichtes nicht. Im Fall der im Mixer zerkleinerten Schwimmblasen wird fast alles als milchige Suspension in Lösung gehen.

Ich seihe die gemischte Lösung gegen Ende des Erhitzens gerne ab, solange der Leim noch ziemlich dünnflüssig ist und nehme dann den Deckel vom Topf, um den Überschuss an Wasser verdampfen zu lassen, bis die Konzentration ungefähr 30 % erreicht hat.

Es ist besser, bei der Leimherstellung fettiges Material wie Rohhaut zu vermeiden und auf ein fertiges Produkt zurückzugreifen. Falls irgendein Fett auf der Oberfläche aufschwimmt, muss es sorgfältig abgeschöpft werden. Da wir gerade über Fett sprechen: Vom sogenannten Hasenleim (A.d.Ü.: aus Hasenhäuten hergestellt), der von Künstlern verwendet wird, wird gesagt, dass er mehr Fett als Hautleim enthält und daher nicht die beste Wahl für den Bogenbau ist, obwohl der Fettgehalt ihn elastischer macht.

Die konzentrierte Leimlösung kann für den späteren Gebrauch eingefroren werden. Falls das nicht möglich ist, wird der heiße Leim in eine flache Schale, die mit einer Plastikfolie ausgelegt ist, gegossen. Dort lässt man ihn gelieren. Dann wird er in Streifen geschnitten und, am besten frei an einem Faden hängend, getrocknet.

Vor Gebrauch wird der trockene Leim 24 Stunden lang gewässert und dann erwärmt, um wieder die Leimlösung zu bekommen. Der Kollagenleim ist ein exzellenter Klebstoff, der ein Steifigkeitsmodul besitzt, das nahezu so hoch wie bei Sehne oder Horn ist. Das bedeutet, dass ein Stück getrockneter Leim sich fast so schwer biegen lässt wie ein entsprechendes Stück Horn. Der Unterschied liegt in der Belastbarkeit, der Fähigkeit, gebogen zu werden ohne zu brechen.
Der Leim wird bei einer geringeren Belastung als Sehne brechen, bei immer noch beachtlichen 3 %, während Sehne bis zu 20 % Dehnung verträgt und Horn wahrscheinlich in etwa demselben Ausmaß komprimiert werden kann.

Glücklicherweise ist der Kleber, der das Horn mit dem Kern verklebt, dichter an der neutralen Ebene im Bogen, wo die Spannungen geringer sind. Nicht alle Kleber jedoch widerstehen Brüchen. Wenn ihnen nicht die Gelegenheit gegeben wurde, innerhalb ihrer Struktur die Bindungen für die höhere Festigkeit auszubilden, sind sie spröde und bruchanfällig. Leim, der geliert, bevor er trocknet, bildet solche Bindungen aus.
Das ist auch der Grund, warum die Fähigkeit des Leims zu gelieren so wichtig ist. Die Bindungen bilden sich nicht in demselben Ausmaß, wenn der Leim bis zum Trocknen flüssig gehalten wird, z.B. wenn die Klebeflächen bis zum Trocknen warm gehalten werden. Der Leim ist tendenziell schwächer, wobei das an den Teilen, die im Bogen bestimmungsgemäß fast starr bleiben, wie zum Beispiel bei der Verleimung der Bestandteile des Kerns, kein Problem sein sollte. Ich würde jedoch die Horn-Holz-Verbindung nicht mehr erwärmen, nachdem die Teile zusammengesetzt und verpresst wurden. Das ist genau der Grund, warum die sogenannten „flüssigen Leime“, die nicht gelieren, für uns nicht die beste Wahl sind. Diese Leime können die Sehnenlage zwar gut genug zusammenhalten (andere Gründe, warum die Flüssigleime für die Sehnenlage generell nicht verwendet werden sollten, werde ich später aufführen), aber sie sind nicht stark genug um das Horn mit dem Kern zu verbinden.

Überhitzte, verdorbene oder durch chemische Zusätze flüssig gehaltenen Leime gelieren nicht und dürfen für keine wichtige Verklebung verwendet werden. Derartige zersetzte bzw. schwächere Leime können jedoch als Binder für das Gold und Farben bei der Dekoration ausreichen und sogar für das Aufleimen des Leders auf den Bogen verwendet werden.

Synthetische Kleber wie Epoxy sollten nicht verwendet werden, da diese Kleber die beim Tillern benötigte Wärme nicht aushalten und möglicherweise der Belastung im Bogen nicht standhalten. In den überdimensionierten Bögen mit breiten Wurfarmen kann Epoxy für die Verklebung von Horn und Holzkern verwendet werden, da diese Bögen inhärent stabil sind und wahrscheinlich keiner derartigen Korrekturen bedürfen.

Ich habe gehört, dass Kasein-Leim für die ungarischen Bögen empfohlen wird. Ich kann nicht glauben, dass dieser Leim für irgendwelche biegenden Komponenten geeignet ist, da er dafür zu spröde ist. Er mag für Möbel sehr gut geeignet sein, da er nach dem Trocknen eine fast wasserfeste Verbindung ergibt und dank seiner Alkalinität eine gute Bindung zu etwas fettigen Materialien, wie z.B. Knochen, aufweist.

Die „feuchte" Trockenzeit

Der Leim muss, bevor der Bogen gebogen wird, erst voll durchgetrocknet sein, da der Leim sonst nicht die mechanische Festigkeit hat, der Belastung zu widerstehen. Während der Leim trocknet und das Wasser die Struktur verlässt, nähern sich die Moleküle aneinander an und bilden neue Bindungen aus. Das sind wieder dieselben Wasserstoffbrückenbindungen. Das ist keine Polymerisation, bei der echte Bindungen zwischen Molekülen, sogenannte kovalente Bindungen, aufgebaut werden, die viel stärker als die Wasserstoffbrückenbindungen sind.

Auf der anderen Seite sind diese Wasserstoffbrückenbindungen stark genug, um das gewisse „mehr“ an Kraft bereitzustellen. Es sind dieselben Bindungen, die in den Proteingeweben dafür sorgen, dass unser Körper zusammen gehalten wird. Je mehr dieser Bindungen sich bilden, desto stärker ist der Leim. Also sollten wir die Bildung dieser Bindungen im Leim möglichst gut unterstützen. In sehr trockener Umgebung wird die Struktur des Leims besonders steif, da das Wasser, das als Weichmacher dient, nicht mehr in ausreichender Menge vorhanden ist. Die unbeweglich gewordenen Moleküle in sehr trockenem Leim können sich gewissermaßen nicht länger in die beste Lage „hineinkuscheln“, um Bindungen einzugehen. Das bedeutet, dass für eine Maximierung der Eigenschaften des Leims ein langsames, allmähliches Trocknen besser ist.

Es wird berichtet, dass die türkischen Bogenbauer ihre Bögen in Höhlen mit hoher (und sehr konstanter, A.d.Ü.) Feuchtigkeit aufbewahrten und der Leim so nicht zu stark austrocknete. Vielleicht können auch wir aus diesen Eigenschaften einen Vorteil ziehen und den Leim bei höherer Luftfeuchtigkeit langsam trocknen lassen?

Natürlich wird es keine gute Idee sein, einen frisch belegten Bogen bei 80% Luftfeuchtigkeit zu halten, da der feuchte Leim verderben könnte. Ich verlängere die Trockenzeit allerdings gerne, indem ich die Bögen zuerst im eher feuchten und kühleren Keller und dann bei einer Luftfeuchte von nicht unter 50% aufbewahre.
In meiner Werkstatt verwende ich im Winter auch einen Luftbefeuchter.

Ich bin zu dem Schluss gekommen, dass eine großzügig bemessene Trocknungs- oder „Reife“-Zeit sehr gut für einen Bogen ist: er wird steifer und damit effizienter. Nach zwei Jahren ist der Unterschied aufgrund der gestiegenen Steifigkeit und Stabilität schon deutlich spürbar, obwohl sich diese Eigenschaften auch später noch weiter verbessern können. Weitere interessante Aspekte zum Reifeprozess eines Bogen werde ich in diesem Buch später noch behandeln.

Der Kern

Das Holz für den Kern muss einige wichtige Bedingungen erfüllen.
Zum Ersten muss es fest oder zäh sein, das heißt, es darf nicht spröde sein, sondern muss sich beträchtlich biegen lassen ohne zu brechen. Zum Zweiten muss es der schlagartigen Belastung durch die Bogensehne widerstehen ohne Schaden zu nehmen.

Acer saccharum (Foto: Jean-Pol Grandmont, Wikipedia)

Und drittens muss es einfach zu verleimen sein, das heißt, es muss durch die Leimlösung gut benetzt werden. Und zum Schluss muss es noch gut zu bearbeiten sein, besonders beim Herstellen der geriffelten, zum Verleimen nötigen Oberfläche.
Diese Bedingungen schließen alle weichen Hölzer mit Ausnahme der Eibe, die fest, biegsam und plötzlichen Belastungen gut gewachsen ist, aus. Allerdings ist Eibe nicht so einfach zu verleimen wie Hartholz, was besondere Sorgfalt bei der Vorbereitung erfordert. Die meisten Harthölzer mit einer Dichte von mehr als 0,65 sind widerstandsfähig genug und für den Bogen geeignet. Einige der Harthölzer sind von der Verarbeitung her nicht so günstig. So haben z.B. Hölzer mit ausgeprägt porösem Frühholz wie Eiche, Esche oder Ulme nicht die Gleichförmigkeit im Gefüge, die das Schnitzen von Kerben gut möglich macht. Die besten Hölzer sind die, die als „diffusporig" bezeichnet werden, bei denen man die Jahresringe also kaum erkennen kann.

Eines der bekanntesten Kernhölzer ist ***Ahorn,*** wobei nur die harten Ahornarten schwer und fest genug dafür sind. Der nordamerikanische Zuckerahorn (acer saccarum) ist sehr gut geeignet. Nach den türkischen Quellen wurde der tatarische Ahorn (acer tataricum*) von den Türken verwendet. Das ist ein kleiner, schnell wachsender Baum, und die Bogenbauer verwendeten Stämme von ca. 8–10 cm Durchmesser (doppelter Durchmesser des Handgelenks) aus Wurzeltrieben.

* Auch als Steppenahorn bekannt. Strauchförmig bis 10m Wuchshöhe. Eine Unterform ist der Feuerahorn.

Die eigentlichen Bäume wurden dicht am Boden abgeschnitten, damit die dann entstehenden Schösslinge dick genug werden (dieser Prozess wird Stockausschlag genannt). Solche Schösslinge wachsen, mit wenigen Verzweigungen, gerade nach oben (und zweifellos wurden die Zweige sofort nach Erscheinen abgeschnitten).
Die Stämmchen werden in ca. 40 cm Höhe in der benötigten Länge des Bogens geschnitten und dann gespalten. Jede Hälfte gibt genug Holz für einen Bogen. Dünnere Stämmchen ergeben bekanntermaßen elastischeres Holz. Dünne Stämme von Zuckerahorn haben, da dies unglücklicherweise ein langsam wachsender Baum ist, viele Knoten, was bedeutet, dass man größere Stämme braucht und der Stockausschlag somit keine Option ist.
Trotz allem ist der kanadische Ahorn eine hervorragende Wahl für den Bogen.

Meiner Erfahrung nach sind auch andere Holzsorten geeignet. Ich bin besonders von ***Hopfenbuche*** („Hop Hornbeam“, *Ostriya virginiana*), einem in Nordamerika heimischen Holz, beeindruckt. Ich habe die stärksten Bögen aus diesem harten und außerordentlich festen Holz, das an Elfenbein erinnert, gebaut.
Eine andere lokale Art, die ich als ebenso gut wie Ahorn einstufe, ist die ***„gelbe“ Birke*** (Betula alleghaniensis, nicht mit der häufigeren weißen Birke oder Papierbirke zu verwechseln).

Für leichte Bögen unter 50 lb kann man es sogar mit leichterem Hartholz versuchen. Ich habe Hartriegel und Kirsche mit gutem Erfolg verwendet.
Bei allen Hölzern, die den Anforderungen genügen, wird die Leistungsfähigkeit der Bögen ähnlich sein, da die größeren Unterschiede aus dem Design resultieren. Wir sollten im Gedächtnis behalten, dass der Holzkern zwischen Sehne und Horn liegt und nicht so sehr seine Zug- oder Kompressionsfestigkeit, sondern seine Scherfestigkeit von Bedeutung ist. Es ist gar nicht so gut, den Sicherheitsfaktor zu hoch anzusetzen. Schwere Hölzer machen den Wurfarm zu schwer, als dass er sich noch schnell genug bewegen kann. Solche Hölzer sind als Grifflaminate am besten.

Zum Beispiel verwendeten manche türkische Bögen dafür ***Kornelkirsche*** (Cornus mas), ein sehr schweres und hartes Holz.
In Kanis Buch wird erwähnt, dass das Holz im Leim eingeweicht werde, um es elastischer zu machen. Meine Experimente haben das nicht bestätigt, da die Eindringtiefe des Leims in das Holz minimal ist. Ich habe auch keinen wirklichen Unterschied zwischen Splint- und Kernholz feststellen können.

Bögen aus Indien konnten einen Bambuskern haben. Meine Erfahrungen mit Bambus sind jedoch auf ein oder zwei Bögen begrenzt. Bambus hat den Vorteil großer Festigkeit und einen geraden Faserverlauf. Das spezifische Gewicht ist ziemlich hoch, da die Bereiche dicht unter der äußeren Oberfläche verwendet werden. Aus demselben Grund ist der Bambuskern, selbst für die dicksten Rohre, auf 10 mm Stärke begrenzt, was für große Zuggewichte nicht ausreichend sein mag.
Wie im Sino-Koreanischen Stil ist beim Bambuskern immer ein eingespleißter Tipbereich notwendig. Ich sehe im Bambuskern keinen Vorteil, da der Beitrag des Kerns zur Leistung geringer als der von Horn oder Sehne ist.

Konstruktion

KONSTRUKTION Werkzeuge

Es haben sich eine Anzahl von einfachen Werkzeugen zum Bau eines Kompositbogens entwickelt. Unabhängig davon, wo auf der Welt die Bögen gebaut wurden, sind die meisten Werkzeuge entweder exakt gleich oder arbeiten nach demselben Prinzip.

Die Bogenbauer hockten auf dem Boden oder auf niedrigen Bänken und hielten die Werkstücke manchmal mithilfe der Füße fest. Ein Anfänger im Bogenbau ist gut beraten, das Video von T.homas Duvernay zu studieren, das die Technik eines koreanischen Bogenbauers zeigt, die mit der türkischen fast identisch ist (www.hornbow.com/video.html).

Für einen ergebnisorientierten Handwerker, der auf das Endergebnis fixiert ist, ist die Wahl des Werkzeugs, solange die Arbeit schnell und mit einem Minimum an Mühe erledigt werden kann, kein großes Thema. Auf der anderen Seite ist jemand, der Freude am Bau an sich hat, wählerischer in der Auswahl seiner Werkzeuge. Die meisten, mich eingeschlossen, liegen zwischen beiden Kategorien.

Für das primäre Aussägen und Formen können die alten Werkzeuge durch elektrische ersetzt werden. Ich verwende eine Bandsäge, moderne Schraubzwingen und den Bandschleifer, aber bei anderen Tätigkeiten kann das alte Handwerkszeug nicht ersetzt werden. Die Arbeitsgeschwindigkeit mit Handwerkszeug hängt sehr von den Fähigkeiten ab. Auf das Bogenbauen lässt sich, wie für andere Handwerksarbeiten, das Grundprinzip des Handwerkers anwenden: Verwende die großen Werkzeuge für die große Arbeiten.

DIE TRADITIONELLEN WERKZEUGE

- Bogenbauer-Werkbank *(tezgahi)* mit Löchern zum Biegen des Holzes
- Säge, Dechsel und Beile
- Raspeln und Feilen
- Auswahl an Ziehklingen und Schaber
- Seile mit dem speziellen hölzernen Werkzeug *(tendiyek)*, um das Horn an den Kern zu pressen
- Hohlbeitel zum Schnitzen des Kerns
- ein Kamm für die Sehne
- Biegeschablonen für die Wurfarme *(teplik)*
- Tillerstock *(asa gezi)*
- Leimtopf mit Pinsel

Herstellung des Kerns

Auswahl der Teile und das Biegen

Das Holz für den Kern muss völlig frei von Defekten wie Knoten, Wirbeln im Faserverlauf, Insektenlöchern und Rissen sein. Man kann mit kleineren Abweichungen im Faserverlauf leben, solange sie in den nicht-biegenden Teilen auftreten, aber im Sal muss das Holz nahezu perfekt sein.
Manchmal tritt ein Knoten nicht offensichtlich auf. Ich sah einmal einen alten Bogen mit zwei kleinen Knoten im Kasan Abschnitt, die für den Bogenbauer nicht so ohne weiteres erkennbar waren. Der Bogen ist genau an dieser Stelle gebrochen.

Für Stadtbewohner ist es schwierig, luftgetrocknetes oder frisches Holz zu finden. Mit genügend Hartnäckigkeit kann frisches Holz aber aufgetrieben werden. Eventuell wird ein Ausflug auf das Land hilfreich sein. Das Holz des Kernes muss ziemlich enge Biegungen aushalten, und frisches oder nicht zu lang an der Luft getrocknetes Holz ist dafür am besten. Ich meine, dass kammergetrocknetes Holz steifer und schwieriger zu biegen ist – und zudem etwas spröder. Es ist viel sicherer und einfacher, luftgetrocknetes Holz zu verwenden.

Der Faserverlauf der Wurfarme verläuft entlang der Längsachse wobei die Rindenseite des Baumes immer auf der Bauchseite ist. Da die Wurfarme mit liegenden Jahresringen geschnitten sind und damit das Holz beim Biegen der Wurfarme und der Tips nicht bricht, ist diese Lage des Holzes wichtig, besonders wenn es sich um dünne Stämmchen mit rundem Rücken handelt.

Ein weiterer Grund für die flach verlaufenden Jahresringe ist, dass die Wurfarme so eine geringere Tendenz haben, sich zu verformen, da die Steifigkeit in tangentialer Richtung größer ist. Ich fand dies bei einem Bogen bestätigt, der mit schiefen und auslaufenden Jahresringen im Kern gebaut wurde. Es war schwierig, ihn zu stabilisieren.
Wie man auf computertomographischen Aufnahmen von alten türkischen Bögen im Design-Kapitel dieses Buches sehen kann, ist es möglich, den Kern trotzdem mit leicht schräg verlaufenden Jahresringen zu bauen.

Es gibt zwei Methoden, den Kern zu montieren:

- **Die dreiteilige Methode**, bei der die beiden Wurfarme mit dem getrennten Griffstück verbunden werden (bei den türkischen Bögen die am meisten verwendete Methode).
- **Die fünfteilige Konstruktion**, bei der die Tips mit den Wurfarmen, die dann jeweils mit dem Griffstück verklebt werden, verbunden werden.

Bei der ersten Methode (drei Teile) wird das Holz in den scharfen tip/Kasan Winkel gebogen, was die Verwendung von Grünholz oder luftgetrocknetem Holz fast zwingend macht.

Bei der zweiten Methode (fünf Teile) muss nur die Biegung im Sal und dem Kasan-Auge gemacht werden. Die getrennten Tips werden einfach aus einem Stück Holz, das bereits einen gebogenen Faserverlauf hat, geschnitten. Die beste Quelle für dieses Holz ist eine Gabelung eines Baumes oder die Stelle, an der ein dicker Ast aus dem Hauptstamm abzweigt. Der Zweig sollte mindestens die dreifache Dicke und Breite des fertigen Tips haben, da das weichere Holz aus der Mitte des Stamms oder Astes verworfen werden muss. Der Faserverlauf ist für die Tips egal, solange er parallel zur Außenseite verläuft. Kleine Stücke wie diese können am besten in einer Mikrowelle getrocknet werden. Ich heize gewöhnlich 30 Sekunden lang und lasse das Holz dazwischen wieder abkühlen.

Der indo-persische Bogen hatte eine 7-teilige Konstruktion mit einem eigenen Stück für den Kasan Bereich. Da die Biegung in diesem Bereich bei den „Krabben-Bögen" ziemlich scharf ist, wurde hierfür ein passend gebogenes Holzstück ausgewählt. Ich bezweifle, dass die persischen Bögen dieser Konstruktion folgten, da die Biegung zwischen Kasan und Sal nicht so viel stärker als bei den türkischen Bögen ist.

Das Kernholz wird immer an zwei Stellen in den Reflex gebogen:

- Am **Kasan-Tip-Übergang**
- und in geringerem Ausmaß und mit einem größeren Radius am **Kasan-Auge**, mit einer gewissen Biegung im Kasan selber.

Griff und Sal können auch etwas gebogen sein.

Es gibt im Buch von Kani eine Zeichnung von einem zusammengesetzten Kern, auf der gar keine Biegung im Kasan-Auge vorhanden ist. Ich vermute, es handelt sich hier um einen Fehler, da es unmöglich ist, einen Bogen, der abgespannt eine C-Form hat, zu bauen, dessen Reflex nur von der Sehnenschicht gehalten wird. Der Bogen würde sich nach einigem Gebrauch öffnen und fast gerade werden.
Die Zeichnung mag jedoch einen Bogen zeigen, bei dem die Kasan-Sal-Biegung später gebogen wurde, nachdem die Tips an den Kasan montiert worden waren.

Die traditionelle Methode frisches Holz für die Wurfarme zu biegen.

Alte, unfertige Bögen, die ich untersuchte, haben mir die traditionelle Methode, wie der Kern gebaut und die Teile geformt wurden, enthüllt.

Das Holz der Tips wurde gewöhnlich lang und dick belassen, mit einer Kerbe oder dünneren Stelle an der Tip-Kasan Biegung am zukünftigen Bogenrücken. Diese Kerbe schwächt das Holz absichtlich um die Biegung in dieser Stelle zu konzentrieren. Das Tip-Holz war länger und dicker als beim fertigen Bogen. Der Rest des Kerns behielt überall ungefähr die gleiche Dicke und war eventuell höchstens am Sal etwas dünner, beginnend mit dem Übergang zwischen Kasan und Sal, um das Biegen hier ebenfalls zu unterstützen.

Dann, nachdem der Kern in kochendem Wasser aufgeheizt worden war, wurde der Tip in ein Loch der Werkbank des Bogenbauers eingesetzt und durch Druck auf das Sal-Ende gebogen. Das formte die Tip-Kasan-Biegung.
Der Rest des Wurfarms wurde höchstwahrscheinlich geformt, indem die Latte über die Teplik-Form* gelegt und erwärmt wurde.

Wenn die Biegung gut genug ausgebildet war, wurde das Sal-Ende auf die Bogenbauer-Werkbank gebunden.

* Teplik: Form zum Aufspannen des Bogens.

Diese Methode, wenngleich erfolgreich, erlaubt keine Kontrolle, wie sie von einer speziell für die gewünschte Bogenform gebauten Form geboten wird. Da wir nicht das beim Bau von hunderten von Bögen erworbene Können haben, ist eine solche Kontrolle ziemlich notwendig.

Ich baue meine Formen aus verleimtem Sperrholz oder massiven Holzbrettern. Um ein Brechen der Form im am meisten beanspruchten Teil, am Tip, zu vermeiden verstärke ich die Form hier mit zwei seitlich angebrachten Holzstücken.

Ein Sortiment an Kernformen

Die Tip-Kasan-Biegung wird mit einem Radius von maximal 3 Zoll (7–8 cm) gemacht, wobei weniger besser ist, während die Biegung des Kasan und des Kasan-Auges von der gewählten Bogenform abhängt.

Die Biegung variiert bei den alten Bögen etwas und manchmal bildet die Wurfarmbiegung eine gleichförmige Kurve vom Tip bis zum Griff.

Am besten ist es, die Form eines entspannten Museumsbogens zu kopieren, die Zeichnung maßstäblich anzupassen und damit zu beginnen. Es sollte allerdings bedacht werden, dass der Kasan im fertigen Bogen eine weitere, leichte Biegung annimmt, nachdem der Sehnenbelag getrocknet ist.

Für die zukünftige Stabilität des Bogens ist es besser, wenn der Kasan auf ca. 7 cm vom Tip aus gerade oder fast gerade gemacht wird. Dadurch hat die Bogensehne am fertigen Bogen nur am Tip, nicht aber am Kasan Kontakt, was die Gefahr eines Umspringens des gespannten Bogens verringert, da die Hebelwirkung an den Tips verringert wird.

Die Verwendung einer Form erfordert, dass die Kernbrettchen von gleichmäßiger Dicke sind, andernfalls folgt das Holz der Form beim Biegen nicht. Für die dreiteilige Konstruktion bedeutet dies auch, dass das Holz ungefähr die endgültige Dicke der Tips haben muss oder die Tips dicker gelassen werden und an der Tip-Biegung abrupt dünner werden. Die Dicke der Tips variiert bei den fertigen Bögen zwischen 15 und 20 mm.

Wenn man das Gefühl hat, dass so dickes Holz nicht ohne zu brechen gebogen werden kann, kann auch später ein Holzkeil auf den Tip geleimt werden um die Dicke am Nock aufzubauen.

An der Tip-Kasan-Biegung und im Kasan-Bereich kann die Dicke bis auf 12 mm herunter gehen, da Horn und Sehne beim fertigen Bogen noch ein paar Millimeter bringen werden. Der Sal-Abschnitt des Kerns wird später sowieso noch dünner gemacht. Das bedeutet, dass die Latten für den Biegebereich, vom Tip bis zum Ende der Biegezone, im Rohschnitt ca. 12–13 mm dick sein müssen.

Man kann fragen, warum man den Sal-Bereich nicht von Anfang an, wie später benötigt, 3–4 mm dick macht. Zum einen wäre es, wie ich schon erwähnt habe, schwierig, die Biegung zu kontrollieren. Es gibt aber einen weiteren, sehr wichtigen Grund, die Dicke des Kerns jetzt noch gleichmäßig zu halten.

Die Form des Kerns gibt dem fertigen Bogen im abgespannten und entspannten Zustand seine endgültige Biegung. Das Horn, das nicht so steif wie das Holz ist, wird dieser Kurve beim späteren Verleimen folgen. Das gibt den Wurfarmen den benötigten Reflex und die benötigte Symmetrie. Der Bogen wird besser funktionieren, da die Wurfarme in dieser gebogenen Form laminiert werden.

Dünnere Wurfarme würden anderseits der Form der Hornstreifen folgen, die nicht immer gleichförmig genug sind und meist eine geringere Biegung als der Kern haben, weshalb sich der Kern beim Verleimen öffnen würde.

Wenn man also einen effizienten Bogen mit der endgültigen, abgespannten Form der alten Bögen haben will, ist es besser, den Kern jetzt noch dick zu lassen. Er wird später noch dünner gemacht und ausgearbeitet, bevor er mit der Sehne belegt wird. Man kann natürlich eine weitere Form zum Aufleimen des Horns einsetzen, aber das wäre eine Verschwendung an Zeit und würde das Festspannen des Horns erschweren.

Im Moment haben die Kernleisten durchgängig dieselbe Dicke und Breite; sie sind an den Tips eventuell etwas breiter, aber trotzdem so breit wie der Rest. Es ist wichtig, die Leisten etwa 0,5 bis 1 cm breiter als die endgültige maximale Breite der Wurfarme zu schneiden. Man kann diese zusätzliche Breite brauchen um Korrekturen durchzuführen, wenn sich später beim Biegen des Kerns Verdrehungen zeigen oder das Holz sich nicht wie gewünscht verhält.

Im Fall eines Bogens mit angenommenen 3 cm Breite am Sal sollte die Breite der Leisten nicht weniger als 3,5, besser aber 4 cm betragen. Die Dicke kann, abhängig vom angestrebten Zuggewicht und dem Feuchtigkeitsgehalt des Holzes, bei 12 bis 20 mm liegen.

Die Längenreserve ist wenigstens 5 cm bei den Tips und das Ende des Sal wird ebenso ca. 10 cm länger gelassen*.

Das bedeutet für die Formen, dass sie für die gegenüber den endgültigen Maßen 5 cm längeren Tips passen müssen. Auch muss die Form ausreichend Länge jenseits der Tip-Kasan-Biegung aufweisen, um Platz für Sal und Kasan, plus 10 bis 15 cm, zu haben.

* A.d.Ü.: Die Angabe zum Sal bezieht sich nicht auf die endgültige Gesamtlänge des Wurfarms, sondern auf die Länge der Leiste für den Sal. Durch das „Einspleißen“ der im fertigen Bogen deutlich schmaleren Endstücke fällt diese „Extra-Länge“ bei der weiteren Bearbeitung des Kerns dann als (seitliches) unnötiges Holz weg.

Beispiel 1: Bogen mit Gesamtlänge 120 cm (48 Zoll)

Die Gesamtlänge des Bogens zwischen den Nocken, gemessen entlang der Biegung, ist 120 cm (48"). Die fertigen Tips sind von der Tip-Kerbe bis zur Tip-Kasan-Biegung 7,5 cm lang.
Also sollte in der Form diese Kerbe mindestens 12,5 cm von der Tip-Kasan-Biegung entfernt sein (7,5 plus 5 cm extra). Der Griff ist 10 cm lang, so dass die vollständige Wurfarmlänge 55 cm (120–10 cm: 2) beträgt. Also ist die Form ab der Kasan-Tip-Biegung 52,5 cm lang (55+5–7,5 cm).
Die Leiste für einen Wurfarm misst also 65 cm (55+5+5 cm), wie auch die Form.
Die Form weist am Kasan-Auge eine weitere Biegung auf. Diese Biegung ist aber schwächer, mit einem größeren Biegeradius (10 bis 15 cm) als die Tip-Kasan-Biegung, und ihr Scheitelpunkt liegt auf der Form 15 bis 17 cm ab der Tip-Kasan-Biegung. Der Sal-Bereich kann sich ebenfalls, wenn gewünscht, über die ganze Länge der Form etwas biegen.

Beispiel 2: Bogen mit Gesamtlänge 107 cm (42 Zoll)

Ein kurzer Bogen von 106 cm (42") Länge, mit 7,5 cm langem Griff und 6,5 cm Abstand zwischen Tip-Kasan-Biegung und Nocke.
Die grob ausgeschnittenen Wurfarmstücke sind also [(107–9) : 2]+5+5 = 59 cm lang.
Die Form wird dieselbe Gesamtlänge haben, aber die Kerbe für die Tips wird 6,5 +5 = 11,5 cm weit laufen.
Das Tip-Ende der Form kann sogar mehr als 5 cm Überlänge gegenüber der Endlänge aufweisen, wobei auch die Kernleisten entsprechend verlängert werden, was die spätere Arbeit leichter machen wird. Die hier angegebenen Maße sind die Mindestmaße.

Wenn der Bogen entsprechend der fünfteiligen Konstruktion gebaut wird, sind die Leisten kürzer. Auch die Form ist kürzer, wobei die Kerben zum Halten der Leisten in diesem Fall für die Kasan-Enden bestimmt sind.

Brettchen für den Kern

Die Kanten der Leisten oder die ganzen Leisten verrunde ich an der Außenseite (der späteren Bauchseite) immer, was hilft zu verhindern, dass sich am Tip-Kasan Winkel unter der Spannung des Biegens Späne abheben. Ebenso bringe ich, um das Holz bei dem kleinen Radius einfacher biegen zu können, zwei gerundete Kerben auf der Innenseite der Tip-Kasan-Biegung an.
Die Tip-Enden der Leisten werden mit einem Permanentmarker gekennzeichnet. Beim Biegeprozess wird keine Zeit sein, über die Orientierung der Teile zu grübeln.

Auch für den Griff wird ein Stück Holz benötigt. Im Falle der türkischen Bögen ist das Stück normalerweise gerade oder weist höchstens leichten Reflex auf.

Bei den krimtatarischen und den „Krabben-Bögen“ ist der Griff schon deutlich reflex gebogen, es ist aber für das Griffholz nicht notwendig, der strengen Biegung genau zu folgen. Das Stück muss nicht lang sein, nur ca. 2,5 x 2,5 cm stark und 25–30 cm lang. Auch hier soll die Rindenseite zum Bauch weisen und das Holz darf keine Fehler haben. Wenn der Griff aus Laminaten aufgebaut werden soll, wird ein Stück mit derselben Dicke wie der Wurfarm, 2–5 cm breit und 25–30 cm lang sowie ein zweites mit gleichen Maßen, aber etwas kürzeres Stück, das auf dem Rücken verleimt wird, benötigt. Da hier nicht gebogen wird, kann auch kammergetrocknetes Holz verwendet werden, vorausgesetzt, der Faserverlauf passt.

Das Tip-Ende in der Kerbe der Form.

Wenn zwei identische Formen für die Wurfarme gebaut und die Stücke für die Wurfarme ausgeschnitten sind, ist es Zeit für die Vorbereitung zum Biegen. Das Holz für die Wurfarme wird, wenn noch grün, für 3 Tage in Wasser eingeweicht. Wenn das Holz luftgetrocknet ist wird es mindestens eine, wenn kammergetrocknet (nicht zu empfehlen) mindestens zwei Wochen eingeweicht. Die Holzstücke werden mit einem Stein beschwert um sie ganz unterzutauchen. Gewöhnlich besprühe ich die Oberfläche mit Desinfektionsmittel oder ich gebe etwas Alkohol hinzu.

Das eingeweichte Holz wird dann für ca. 1 Stunde im Wasser gekocht. Das Biegen muss so schnell wie möglich erfolgen. Formen und Klammern müssen für den schnellen Zugriff bereitliegen. Die Leisten werden in die Tip- (oder Kasan-) Aufnahme in der Form gesteckt, Rindenseite nach außen, und dann in der Form heruntergebogen. Für dickere, zuvor getrocknete Stücke kann eine erkleckliche Kraft nötig sein. Bei frischem Holz geschieht das Biegen fast mühelos.

Die Sal-Enden werden an der Form festgeklemmt. Es kann notwendig sein, zwei Zwingen abwechselnd festzuziehen, bis die Leiste satt an der Form anliegt. Beim ersten Mal kann ein Helfer an den Zwingen nützlich sein, während die Leisten gebogen werden. Wenn wir soweit fertig sind, wird eine zweite Zwinge knapp unterhalb der Tip-Kasan-Biegung angesetzt, um sicherzustellen, dass der zukünftige Kasan-Bereich nicht zu sehr gebogen ist und sicheren Kontakt zur Form hat.

Es können sich beim Biegen ein paar Späne abheben. Falls das so ist, wird eine weitere Zwinge angesetzt, um die Späne niederzuhalten.

Links: Gebogene Wurfarmkerne. Die Formen im Vordergrund sind mit Leisten für die 5-teilige Bauweise bestückt

Leisten beim Trocknen.

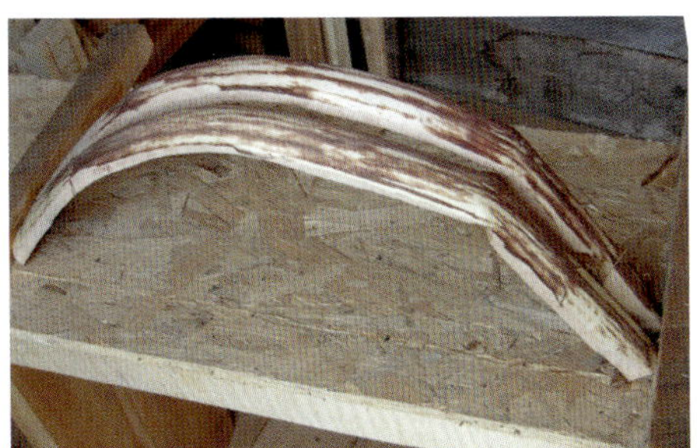

Den Kern lassen wir dann mit der Schablone eine Woche lang trocknen. Danach, besonders wenn das Holz grün war und sich noch werfen will, kann der Kern zwischen auf einem Brett montierten Holzblöcken eingekeilt werden, um die Biegung zu erhalten.

Die Teile des Kerns können jetzt nochmals drei Monate (für grünes Holz) oder drei Wochen (für kammergetrocknetes Holz) weiter trocknen.

Türkische Bogenbauer lassen die Teile des Kerns für ein Jahr oder länger an einem heißen, trockenen Platz trocknen.

Wie zuvor angemerkt kann das Holz, auch wenn das selten geschieht, etwas splittern. Die alten Bögen hatten dieses Problem genauso, besonders an der Tip-Kasan-Biegung. Die Bruchstellen wurden einfach festgeleimt. Bei einem Bogen mit schwereren Schäden wurde einfach ein Holz-Einsatz eingeleimt, mitten im Kern vom Bauch in Richtung auf den Rücken. In die Spalte kann verdünnter Leim eingespritzt werden.

Besser noch wird die ganze Biegung in Leim eingetaucht und dann werden die Zwingen angesetzt um sich abhebende Teile wieder mit dem Kern zu verbinden. Auch Cyanacrylatkleber (Sekundenkleber) kann mit gutem Erfolg verwendet werden.

Bambus wird am besten als frische, noch grüne Leiste gebogen. Zuerst werden die Nodien auf der Innenseite flach geraspelt und dann wird das Stück anschließend über einem Ofen bei hoher Temperatur, über 200°C, erhitzt, bis die äußere, glänzende Seite zu schwitzen beginnt, sich Saft-Tröpfchen bilden und die Farbe gelb wird.

An diesem Punkt lässt sich der Bambus sehr leicht biegen oder im Fall von Leisten aus dünneren Halmen, flach pressen.

Koreanische Bogenbauer zogen die Leisten unter einer runden Metalldose durch, die sie sich auf den Fuß gesteckt hatten, um beide Arbeitsabläufe in einem zu erledigen.

Das Verbinden der Bogenkernteile

Alle Teile des Kompositbogens werden schon seit jeher mit einem V-Spleiß verbunden, der vom Rücken zum Bauch eingesägt wird.
Diese Verbindung hat sich als die beste für Holz, das einer Biegebelastung ausgesetzt ist, erwiesen. Für die dreiteilige Konstruktion werden zwei Spleiße am Griff benötigt, für die fünfteilige sind zwei weitere Verbindungen für die Tips nötig.

Die Öffnung des „V“ wird so breit wie die entsprechende Gegenstelle des schmäleren, einzufügenden Werkstücks. Am Griff ist der Bogen an der schmalsten Stelle, wo der Pfeil anliegt, nur ca. 17–22 mm breit. Bei den meisten türkischen, indopersischen oder Tataren-Bögen waren die Griffe an dieser Stelle ca. 20 mm breit.
Die Tips sind an der Basis ca. 14–16 mm breit. Für leichtere Bögen unter 50 lb können diese Maße um ein paar weitere Millimeter verringert werden. Die Länge des „V“ ist beim Griffspleiß länger (ca. 10 bis 12,5 cm) und beim Tip-Spleiß kürzer mit ca. 7,5 bis 10 cm.

Bevor die Verbindungen ausgesägt werden, muss eine Mittellinie über alle Teile gezeichnet werden. Dieser Schritt ist entscheidend, da jede Abweichung von der Geraden im fertigen Bogen eine Instabilität zur Folge haben kann.

Ich stelle die Teile mit der Längskante auf eine ebene Fläche (die zuvor mit einem Haarlineal auf Ebenheit geprüft wird). Dann wird mit einem Abstandshalter, auf dem ein Bleistift befestigt ist, auf jedem Teil die Mittellinie angezeichnet. Damit die Linie alle Teile exakt in der Mitte schneidet, kann die eine oder andere Aufffütterung notwendig sein.

Manchmal kann die Linie nicht durch die genaue Mitte gezeichnet werden, da die Teile sich verdreht oder deformiert haben. In dem Fall muss die Mittenlinie weit genug weg von den Kanten gezeichnet werden, damit der fertige Wurfarm an den fehlerhaften Stellen breit genug bleibt. Jetzt wird man die überschüssige Breite zu schätzen wissen.

Natürlich sind die Wurfarme jetzt noch nicht auf die endgültigen Maße zurecht geschnitten, da der Überstand noch für die späteren Arbeiten benötigt wird. Nur die Mittenlinie für die Verbindungen wird jetzt eingezeichnet.

Wenn soweit fertig, werden die Leisten am Sal-Ende unter Berücksichtigung der gewünschten Bogenlänge und der Grifflänge „auf Länge“ gesägt. Die überlangen Tip-Enden werden gelassen, wie sie sind.

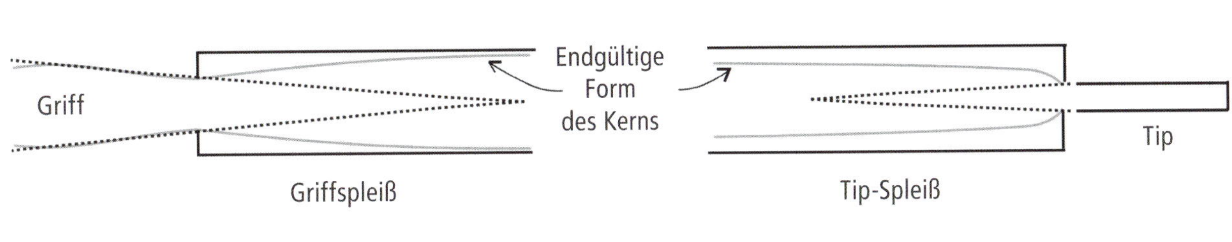

Der Griffabschnitt und die Tips werden bei der 5-teiligen Konstruktion immer als der männliche Teil der V-Verbindung geschnitten.

Die Griffverbindungen werden als erstes gemacht. Die Länge des Spleißes (10–12,5 cm, die Höhe des „V“) wird vom Ende des Sal her markiert.

Dann wird der Griff in der Mitte des Griffstücks markiert (gewöhnlich 7,5 bis 10 cm), die Länge der Verbindung auf beiden Seiten hinzugefügt und der Griffabschnitt auf Länge gesägt.

Dann wird die halbe Spleißbreite auf beiden Seiten der Mittellinie an der Spitze des „V“ markiert – jeweils am Ende des Sal und auf dem Griffstück eine Länge des V-Spleißes vom Ende entfernt.

Die Markierungen werden verbunden, der aufnehmende („weibliche“) Spleiß wird in den Wurfarm gesägt und der Griff in die Verbindungen an beiden Enden eingepasst. Der Schnitt muss genau vertikal und parallel zur Biegeebene des Bogens liegen. Wenn zum Aussägen eine Bandsäge verwendet wird, muss die Unterseite der Teile eben gemacht werden und rechtwinklig zum Schnitt liegen.

Die Tip-Verbindungen werden jetzt noch nicht eingeschnitten (bei der 5-teiligen Konstruktion), das wird erst erledigt, wenn der Griff mit den Wurfarmen verbunden ist.

Griff-Verbindungen

Die zusammengehörigen Oberflächen werden, wenn die Verbindung ausgesägt ist, geglättet, gerade und passend gemacht. Ich verwende eine Feile und das Blatt einer Bügelsäge um die Oberfläche der aufnehmenden Spleiße zu formen.
Immer wieder mal presse ich die Teile zusammen und schaue, ob Licht durch die Verbindungslinien dringt. Die Oberfläche wird bearbeitet, bis sie perfekt passt und es keinen Spalt von mehr als 0,5 mm gibt. Wenn die Teile mit Zwingen zusammengepresst werden, sollte keine Lücke mehr erkennbar sein.
Es ist wichtig, dass beim Zusammenpressen keine Verdrehung auftritt und die Mittenlinie gerade bleibt. Knicke oder Verwindungen müssen sofort korrigiert werden. Am Ende des Einpass-Prozesses muss die Spitze des „V" den Boden des aufnehmenden Teils im Sal erreichen.

Manchmal ist es schwierig, eine saubere Verbindung, die den eben genannten Kriterien genügt, zu erreichen. Glücklicherweise kann die Verbindung perfektioniert werden, indem beide Teile für ein paar Minuten in kochendes Wasser gehalten, anschließend zusammengepresst und in der passenden Lage zusammengeklammert werden. Wenn sie dann trocken sind, sollten die Teile gut genug passen.

Die letzte Arbeit ist, das Blatt der Bügelsäge entlang der zusammengehörigen Oberflächen zu ziehen und zueinander passende Riefen zu erzeugen. Die Kratzer können hier flach sein und müssen auch nicht so gleichmäßig wie die der Holz-Horn-Verbindungsfläche sein. Die Rillen (oder besser Kratzer) helfen jedoch die Teile kraftschlüssig aneinander zu passen.

Der dreiteilige Bogenkern ist zusammengesetzt.

Das Verleimen folgt dann ziemlich schnell, möglichst innerhalb eines Tages, da die Holzoberfläche oxydiert und mit der Zeit schlechter wird.

Zuerst wird 10–15 % iger Leim von der gut gelierenden Sorte erwärmt. Die Teile des Kerns werden ebenfalls über einem elektrischen Heizelement erwärmt und alle Oberflächen mit Leim eingestrichen. und dann, damit der Leim schneller trocknet, erneut erwärmt. Die Hitze sollte nicht zu hoch sein, da zu viel Hitze den Leim Blasen werfen lässt. Das wird wiederholt, bis die getrocknete Oberfläche glänzt und ganz mit Leim gesättigt ist. Dann werden die beiden zusammenzufügenden Teile erwärmt und mit konzentrierterem Leim (ca. 25 – 35 %) eingestrichen. Die Teile werden sofort, bevor der Leim geliert, zusammengefügt und in der korrekten Ausrichtung zusammengepresst. Es ist am besten, wenn die Teile am Bauch bündig ausgerichtet werden.

Es sollte eine Menge Leim herausgepresst werden, und dieser Überschuss bildet Perlen oder einen Wulst entlang der Verbindung. Wenn eine Lücke entsteht wird mehr Leim aufgestrichen, damit sich ein guter Wulst bildet. Die zusammengesetzten Teile werden von Hand zusammengehalten, bis der Leim zu gelieren beginnt.

Es besteht kein Grund zur Eile beim Ansetzen der Zwingen, da der gelierte Leim, wenn er kalt ist, die Teile sehr gut zusammenhält. Nach ein paar Minuten ist der Leim genügend geliert, so dass die Teile zusammengeklammert werden können.
Wenn das Klemmen zu früh durchgeführt wird, ist der Leim noch halb flüssig und die Teile rutschen wieder auseinander. Diese Gefahr besteht nicht, wenn der Leim geliert ist. Das ist für mich einer der großen Vorteile im Vergleich zu künstlichen Klebern wie Epoxy.

Die Teile können jetzt zusammengespannt werden (3 C-Zwingen genügen) oder dieser Arbeitsschritt kann aufgeschoben werden, bis auch die zweite Verbindung in genau derselben Weise durchgeführt wurde – aufheizen, mit Leim bedecken, verbinden und warten bis der Leim geliert ist. Die ganze Zeit über werden die Verbindungen auf Lücken untersucht, die bei Bedarf sofort mit Leim verfüllt werden.
Bevor der Leim fertig geliert ist, wird das ganze Ensemble auf Verdrehungen untersucht und gegebenenfalls korrigiert. Die zusammengepressten Abschnitte werden mindestens einen Tag lang zum Trocknen beiseite gelegt.

Mit einiger Übung läuft die ganze Prozedur, dank der Fähigkeit des Leims zu gelieren, in einer ungezwungenen und ruhigen Weise ab. Die alten Bogenbauer haben wahrscheinlich überhaupt keine Klemmen verwendet und den trocknenden Leim die Teile zusammen ziehen lassen. Solange an der Verbindung genügend Leim aufliegt, um die Bildung von Lücken zu vermeiden, ist das in der Tat möglich. Ebenso müssen die zusammengefügten Teile dann ziemlich gut passen.

Zwei zusammengesetzte Kerne von Flight-Bögen

Wenn die Verbindungen einmal trocken sind, werden die Zwingen entfernt und der dreiteilige Bogen ist jetzt fertig, um für die Hornlage vorbereitet zu werden.

Beim fünfteiligen Bogen werden jetzt die Tips mit dem Kasan-Abschnitt verleimt. Es wird wieder eine Mittellinie gezogen Es kann sein, dass beim Verkleben eine Verschiebung oder Verdrehung aufgetreten ist, die jetzt mit der neuen Mittellinie korrigiert wird.
Nachdem die Mittenlinie erneut eingezeichnet wurde, werden die Tip-Spleiße genau wie die Griff-Spleiße hergestellt und in Übereinstimmung mit der neuen Mittenlinie aufgezeichnet. Erneut wird der eindringende Teil in den Tip-Abschnitt und der aufnehmende im Kasan-Bereich eingeschnitten.

Wie vorhin schon erwähnt, ist die Länge des „V" hier kürzer, sie liegt zwischen 7,5 bis 10 cm, und die Breite entspricht der der fertigen Tips; um Korrekturen anbringen zu können, lassen wir sie eventuell etwas breiter. Und wie vorher sollte diese Verbindung einen Kern ohne Verdrehungen oder seitliche Abweichungen ergeben.

Man beachte die Abfolge der Verbindungen:

- zuerst am Griff,
- dann an den Tips.

Auf diesem Weg ist, in Übereinstimmung mit der Mittenlinie, die Ausrichtung der Teile einfacher zu kontrollieren. Wenn die Tips zuerst verbunden werden ist die Gefahr eines in sich verdrehten Kerns größer.

Wenn ein laminierter Griff geplant ist, kann das jetzt oder nach dem Aufleimen des Horns geschehen. Das obere (äußere) Stück der Laminats sollte genügend dick sein, damit eine Gesamtdicke von ca. 2,5 cm in der Mitte erreicht werden kann.

Zuerst wird der Rücken des Kerns eben und glatt gemacht und dann das Teil genau eingepasst, so dass es ca. 4 cm über den Beginn des Griffspleißes hinausragt. Für einen guten Kontakt ist es hilfreich, das aufzuleimende Stück nass zu machen und aufzupressen. Die nassen Stellen auf dem Rücken des Kerns müssen dann noch mit der Feile entfernt werden. Sobald sie einander angepasst sind, werden die beiden Oberflächen mit einem Sägeblatt oder einem Zahnhobel eingekerbt und genau wie die anderen Verbindungen verleimt.

Es ist nicht notwendig, die Kanten des aufgeleimten Griffstücks abzuschrägen. Das Anpassen geschieht später, und solch eine Steigung könnte beim Festklemmen des Horns stören.

Das Grifflaminat kann aus schwererem Hartholz als der Kern gemacht werden um mehr Stabilität zu erreichen und um den Griff steifer zu machen. Bei manchen osmanischen Scheiben- oder Kriegsbögen wurde Kornelkirsche für den Griff verwendet. Es ist jedoch nicht klar, ob das Grifflamiat aus zwei oder drei Lagen aufgebaut war. Die Grundlage, die mit den Tips verklebt wurde, könnte aus dem Holz des Bogenkerns gemacht geworden sein, die mittlere Lage aus Kornelkirsche, eventuell aus zwei in der Mitte stumpf verleimten Stücken, und die dritte Lage wieder aus Kornelkirsche. Warum es drei Lagen waren, ist schwierig zu sagen. Vielleicht machten die drei Lagen den Griff noch starrer.

Einem Bogenbauneuling mag es eventuell nicht möglich zu sein, die Mittellinie durch den ganzen Kern, über alle Verbindungen hinweg zu zeichnen und zugleich eine ausreichende Breite des Bogens zu erhalten. Der einzige Weg das Problem zu lösen ist, den Wurfarm zu „entdrehen" oder im Griff seitwärts zu biegen. Es bedarf beträchtlicher Hitze um das Holz für eine permanente Korrektur genügend zu erweichen.

Oft werden die Wurfarme, sogar im fertigen Bogen, dazu tendieren in die alte Lage zurück zu kriechen.

Mein Vorschlag lautet deshalb, die Verbindungen wieder aufzusägen und die Teile sicher zu verbinden. Es ist nicht die Mühe wert, mit einem solchen „missgestalteten" Bogen zu kämpfen und Zeit und Geld für die Komponenten zu verschwenden.

Vorbereitung von Horn und Kern

Bei den alten Bögen wurde das Horn mit der konkaven Seite auf den Kern, der hier im Querschnitt konvex war, aufgeklebt. Auf diese Weise konnten, da der hohle Teil des Horns auch verwendet werden kann, kürzere Hörner eingesetzt werden.
Der ursprünglich flache Teil des Horns konnte durch Pressen in spezielle Formen auch konkav geformt werden. So konnte für die benötigte Gesamtdicke des Wurfarms auch dünneres Horn noch verwendet werden.

Die schwach konkave Form konnte ebenso während des Verleimens hergestellt werden, wenn der flache Hornstreifen auf den konvexen Kern gepresst wurde. Das ist gut möglich, wenn der Hornstreifen zuvor ordentlich erhitzt wurde und die Schnur-Technik zum Zusammenpressen verwendet wird. Ein weiterer Vorteil der Schnurmethode wäre die bessere Druckverteilung auf dem gerundeten Wurfarm, besonders wenn der Hornstreifen gerader als der Kern ist, da der Poisson-Effekt im gebogenen Horn weiteren Druck entlang der Mittellinie ausüben würde.

Ich habe die Erfahrung gemacht, dass beim Pressen der Hornstreifen in der Form, um eine konkave Oberfläche zu erreichen, die Gefahr von Längsrissen besteht. Ich konnte den Ursprung dieser Risse nicht nachvollziehen. Es ist möglich, dass der verringerte Feuchtigkeitsgehalt nach dem Erhitzen das Horn spöder machte.

Formen, um konkave Hornstreifen zu herzustellen. Ein Ende der Formteile ist mit einem Scharnier verbunden, die andere Seite wird, wenn der Hornstreifen eingelegt ist, mit einer Zwinge zusammengepresst.

Unabhängig vom Grund für die Kombination vom konkaven Horn mit dem konvexen Kern ist es einfacher, die Oberflächen flach zu machen. Heutzutage leimen die meisten Bogenbauer flache Hornstreifen auf einen flachen Bauch des Kerns. Die Hornstreifen sind in jedem Fall ursprünglich flach ausgesägt.

Die Hornstreifen stoßen normalerweise in der Mitte des Griffs stumpf aufeinander und verlaufen von da in Richtung der Tips. Da Horn schwerer als Holz ist, haben viele ältere Bogenbauer die Streifen im Kasan-Abschnitt hin zu den Tips dünner gemacht, um die Siyahs leichter zu machen.

Bei Flightbögen ging man noch weiter, hier endeten die Hornstreifen ungefähr in der Mitte des Kasan um die Wurfarme noch leichter zu machen. Es klingt verführerisch, das Horn schon in der Mitte des Kasan-Auges enden zu lassen, um weiter Gewicht einzusparen. Unglücklicherweise stehen die Wurfarme so sehr unter Spannung, dass das Horn hier delaminieren würde, wenn sich der Bogen biegt. Das heißt, das Horn muss wenigstens 7,5 cm in den Kasan Bereich hinein verlaufen, wo man es dann verjüngt und in das Holz des Kerns übergehen lässt.

Es gab Versuche, die Hornstreifen stumpf an das Holz anzusetzen, entweder als separate Holzstreifen, die auf den Kasan aufgeklebt wurden oder in den Kern des Kasan eingeschnitten.
Das hat unweigerlich die Delaminierung zwischen Holz und Horn an der Verbindung zur Folge, da im Kasan immer noch zu viel Biegung auftritt.
Diese Art von Stoßfuge führt an jeder biegenden Stelle des Wurfarms, so gering die Biegung auch sein mag, zu einer Fehlstelle. Das kann zur völligen Zerstörung des Bogens führen, falls die Sehne eines gespannten Bogens bricht, da die Kompressionskräfte im Bogenbauch sich dann in Zugkräfte umkehren.

Es ist möglich, die Wurfarme an der Verbindungstelle schräg mit Sehnen zu umwickeln, um einen Bruch zu verhindern. Jedoch wird sich diese Stelle im Gebrauch schrittweise verschlechtern.
Noch wichtiger, solche Wicklungen wurden an den Originalbögen, die wir nachbauen wollen, nie verwendet.

Anderseits bricht die Stoßfuge im Griff, der sich praktisch nicht biegt, nie. Diese vergleichsweise Abwesenheit von Belastung hier erlaubt es, in der Mitte des Griffs ein längeres Insert, ein eingesetztes Stück aus Horn, Holz oder Knochen einzufügen. Ich habe bei einem älteren Bogen solch einen Einsatz (*çelik*) von 2 cm Länge gesehen, bei einem anderen Bogen zwei Inserts. Die Einsätze sollten aber jedoch enden, bevor der Griff dünner wird (also vor den so genannten „fadeouts").
In der Praxis können die Einlagen bei einer typischen Grifflänge bis zu 6 cm lang sein.

Der jetzt grob zusammengesetzte Kern wird nun weiter bearbeitet, um ihn für die Hornlage vorzubereiten. Zuerst muss auf der Bauchseite eine flache Oberfläche geschaffen werden. Diese Oberfläche muss exakt senkrecht zur geometrischen Ebene der Bogenbiegung liegen.

Es treten nach dem Zusammensetzen unweigerlich kleinere Verdrehungen und Verformungen auf; und wenn der Bogenbauch der bestehenden Fläche folgte, würden die Hornstreifen, den Verdrehungen folgend, ebenfalls verdreht.
Um es klar auszudrücken, ich spreche nicht von größeren Verdrehungen – solche Probleme, wie oben erwähnt, können nicht korrigiert werden. Die verwundene Oberfläche wird später im fertigen Bogen verdrehte Wurfarme zur Folge haben. Ich finde es am einfachsten, diese Stellen zu korrigieren, indem ich den Kern wieder auf eine ebene Fläche stelle und ein ebenes, rechteckigen Stück Holz vertikal zur Fläche an den Bogen lege.

Auf diesem Weg, indem der Würfel entlang des Wurfarms geführt wird, kann ich leicht jede nicht rechtwinklige Stelle finden. Diese wird dann eben gefeilt. Wenn ich damit fertig bin, wird die jetzt flache Oberfläche des Bogenbauches als Vorbereitung für die Kerben glatt geschabt. Die Kerben werden nicht jetzt, sondern später eingebracht, zusammen mit den Hornstreifen.

Die Vorbereitung des konvexen Kerns für die konkaven Hornstreifen geschieht ähnlich, aber hier ist ein weiterer Arbeitsschritt notwendig um sicherzustellen, dass beim Ausschneiden der konvexen Form keine Abweichung von der Geradheit entlang des Wurfarms auftritt.
Dafür sollte, mit derselben Methode, wie sie bereits für die Mittenlinie beschrieben wurde, eine Referenzlinie in der Mitte des Wurfarmbauches gezogen werden.
Dann wird der Kern auf beiden Seiten der Linie zurechtgefeilt um ihn konvex und passend zu den Hornstreifen zu machen.

Die entweder aus dem ganzen Horn geschnittenen oder als Streifen gekauften Hornstreifen werden jetzt zugerichtet. Die Dicke im Sal-Bereich, wo sich der Wurfarm biegt, ist am wichtigsten. Das Horn, das den Kasan bedeckt wird dünner gemacht.

Bei den türkischen und Tatarenbögen hängt die Dicke der Streifen von der Stärke des Bogens ab. Bögen mit geringerem Zuggewicht wurden mit weniger Horn gebaut. Bei starken Bögen ist eine dickere Hornschicht im Allgemeinen besser, wenn auch bei den alten Bögen die Dicke deutlich variiert. Normalerweise war bei allen türkischen

Hornstreifen und der Kern.

Bögen im Sal das Horn die dickste Komponente, was auch sinnvoll ist, da Horn belastbarer als die anderen Materialien ist.
Anderseits ziehen die Flightbögen einen Vorteil aus einem Überschuss an Sehnenbelag und bei diesen Bögen waren die Hornschicht sowie der Kern normalerweise dünner.
Es wird kein Fehler sein, für Bögen bis ca. 60 lb dünneres, ca. 3 mm starkes Horn zu verwenden und für die stärksten Bögen von 200 lb bis zu 8 mm Horn. Bei den indo-persischen Bögen ist die Dicke des Horns allgemein geringer. Der indische „Krabben"-Bogen hatte eine Hornlage von nur 3 mm.

Die Hornstreifen werden vorläufig am besten ungefähr 5–10 mm breiter als beim fertigen Bogen ausgeschnitten. Sie werden ebenso um ca. 3–4 cm länger geschnitten, um bei der Verarbeitung an den Enden eingespannt werden zu können. Dann werden beide Streifen, durch Feilen oder Schmirgeln, über die ganze Länge exakt gleich dick gemacht. Die Dicke ist in Griff und Sal ungefähr gleich und verringert sich dann gleichmäßig am Kasan hin zu den Enden auf 3 mm. Diese Dickenabnahme (Taper) kann auch nach dem Aufleimen geschehen, allerdings kann die Dicke jetzt besser abgeschätzt werden. Ich mache mir nicht die Mühe einen Messschieber zu verwenden, da das menschliche Auge Dickenunterschiede von Bruchteilen eines Millimeters sehr gut erkennen kann.

Werkzeuge zum Formen der konkaven Hornstreifen: Dechsel und Flott

Eine flache Ziehklinge zum Bearbeiten von flachen Hornstreifen

Jetzt wird die Biegung der Hornstreifen mit der Form des Kerns verglichen. Es ist besser, wenn die Hornstreifen etwas weniger gebogen als der Kern sind da, wenn die Streifen stärker gebogen sind, beim Aufleimen die Gefahr besteht, Luftblasen zwischen Horn und Kern einzuschließen. Ich mache die Streifen jetzt durch Kochen (nicht länger als 10 Minuten, um eine Verschlechterung des Horns zu vermeiden) in Wasser gerader und spanne sie zum Abkühlen gerade aus oder halte sie in gestreckter Form unter kaltes Wasser.

Wenn nach der Methode „konkaves Horn-konvexer Bauch" gearbeitet wird kann die Höhlung entlang der inneren Oberfläche des Horns eingeschnitzt werden. Es ist einfacher, an der bereits konkaven, hohlen Seite des Horns zu beginnen. Die Dicke des massiven Horns in der Mitte der Streifens wird, genauso wie beim flachen Hornstreifen, eventuell einen Tick dünner, gemacht. Für mich ist ein Dechsel mir gerundeter Klinge das beste Werkzeug um die Höhlung zu schaffen, gefolgt von schmirgeln und schaben.

Das chinesische Schab-Werkzeug, das aussieht wie ein alter englischer Flott mit mehreren, gerundeten, in einen Holzgriff eingelassenen Klingen ist sehr gut geeignet, nach dem Dechsel verwendet zu werden und alle Erhebungen im Horn zu entfernen. Als Alternative können die Streifen, wie oben beschrieben, durch Hitze in eine konkave Form gebracht werden. Die Hornstreifen werden für 10 Minuten in kochendes Wasser gelegt, dann über einem Ofen weiter erhitzt und zwischen den Hälften einer Form gepresst, worauf man sie einen Tag lang auskühlen lässt.

Die Streifen werden jetzt mit der zu verklebenden Seite nach oben an den überlangen Enden auf ein flaches Brett geklemmt. Die Oberfläche wird nun mit einem Schaber glatt und gleichmäßig gemacht, die flachen Streifen mit einer geraden Ziehklinge, die konkaven mit einem gerundeten Ziehklinge. Das Schaben muss alle Ungleichmäßigkeiten im Material eliminieren. Von jetzt an darf die Klebefläche nicht mehr mit der bloßen Hand berührt werden.

Einkerben

Das Einkerben in Kern und Horn wird immer parallel zum Wurfarm, nie quer dazu oder kreuzweise gemacht. Ich sah einen alten Bogen mit solch einem Fehler – die Kerben liefen diagonal zum Wurfarm, was zu Delaminierung in dem Bereich führte.

Diese Einkerbungen parallel zum Wurfarm wurden schon in den ältesten Bögen, zum Beispiel bei den skythischen Bögen, angebracht. Es gibt also einen sehr guten Grund, warum die Kerben längs des Wurfarms gemacht wurden. So werden keine Holzfasern durchschnitten, was zu Schwachstellen im Kern führen würde.

Ebenso kann sich ein Fehler, falls er in der Klebefläche auftritt, nicht quer zum Wurfarm fortpflanzen, sondern wird in der nächsten mit Leim gefüllten Kerbe gestoppt. Der Leim würde, da diese Komponente elastischer als das Holz ist, nicht brechen.

Dieses Phänomen, nämlich dass die Ausbreitung von Brüchen gestoppt wird, ist bei modernen Kompositmaterialien, bei denen Glasfasern in einer Matrix aus synthetischen Leimen eingebettet sind, ebenfalls bekannt.

Es gibt zwei Arten von Kerben – ineinander passende und nicht ineinander passende.

Im Fall der passenden Kerbung passen die Kerben des einen Teils genau in die vorspringenden Kanten der anderen Hälfte. Das bedeutet, dass die eingekerbten und erhabenen Elemente dieselben Querschnittsdimensionen haben und von der Gestalt her gleichschenklige oder gleichseitige Dreiecke bilden.

Das erlaubt eine deutlich größere Klebefläche und hervorragende Bindung. Keiner der alten Bögen war jedoch mit passenden Kerbungen gebaut.

Die Zahnung der Schaber, die verwendet wurden um die Kerben einzuschneiden, war offensichtlich nicht für solche Kerbungen gemacht. Das kann auch bei älteren, delaminierten Böger gesehen werden – die Erhebungen der einen Seite greifen nicht in die Kerben der anderen Oberfläche.

Diese Fehlanpassung kann bei vielen Querschnitten von alten Bögen beobachtet werden. Ich habe nur einen einzigen Abschnitt mit passenden Rillen gesehen. Dies war bei einem Bogen aus den 1930ern von dem deutschen Bogenbauer Mebert, offensichtlich also eine neuere Erfindung.

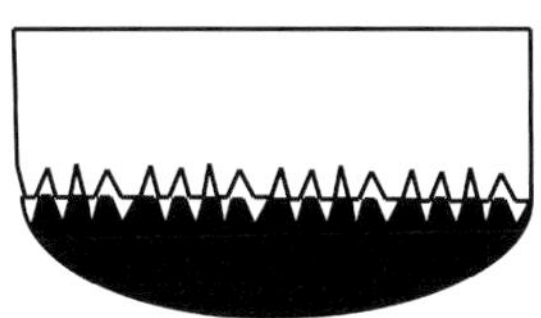

Querschnitt durch einen Wurfarm mit passenden (links) und nicht passenden Kerben (rechts).
Bei der nicht-passenden Verbindung besteht nur eine minimale Verzahnung der Teile. Die Lücken sind mit Leim gefüllt.

Bei meinen eigenen Projekten habe ich diese Methode für Bögen jenseits der 80 lb und für Bögen mit experimentellem Design reserviert, um eine mögliche Schwachstelle auszuschließen.

Man mag sich wundern, warum diese Kerbungen überhaupt gemacht wurden. Bei der „nichtpassenden“ Methode ist die bindende Oberfläche zwischen Horn und Holz, genau genommen, nicht größer. Nur die Leimkanten erstrecken sich in beide Materialien. Es gibt hierfür jedoch gute Gründe.

Der getrocknete Leim hat beim Biegen ein Elastizitätsmodul (Biegesteifigkeit) ähnlich wie Horn. Der Leim ist nicht so fest und elastisch wie das Horn, aber dieses Manko zeigt sich nur, wenn der Leim bricht. Ansonsten „erkennt“ oder „fühlt“ der Bogen keinen Unterschied zwischen dem Leim und dem Horn. Die Leimfuge liegt zwischen Horn und Holz wo die Belastung gering ist.

Das bedeutet, dass der Leim nicht bricht und sich in allen praktischen Belangen wie Horn verhält, vielleicht marginal weicher. Somit haben wir hier eine perfekte Passung vom Horn zu den Riefen im Holz. Zusätzlich, da die Erhebungen in dem Leim sich in beides, Holz wie Horn, erstrecken ist die „Verzahnung“ perfekt, und der Effekt einer Fremdlage zwischen beiden Schichten wird minimiert.

Der Abstand der Zähne im Schaber für die Rillen beträgt ca. 2 mm (ca. 10 bis 16 Zähne / 2,5 cm). Für zusammenpassende Rillen werden die Zähne als gleichschenkliges Dreieck geformt. Für die „nicht passenden“ Rillen müssen die Zähne nicht sehr lang sein, aber wenn es das Horn erlaubt würde ich die Rillen ca. 2 mm tief machen.

Das vom Autor verwendete Werkzeug für das Einbringen der Kerben.
Die Abstände der Zähne bei allen Ziehklingen und Schabern beruhen auf demselben Sägeblatt (oben links).
Die Klingen für die Kerben sind aus flachen Ziehklingen geschnitten und können alleine oder im Werkzeug montiert verwendet werden

Bei einem alten türkischen Schaber (*taşin*) waren es 9 Zähne / 2,5 cm mit ca. 5 mm Tiefe, die Breite der Rillen jedoch betrug nicht mehr als 2–3 mm. Ich kaufe gewöhnlich gerade Ziehklingen und feile mit einer Dreikantfeile die Rillen ein, wobei mir ein kleines Sägeblatt als Führung dient.

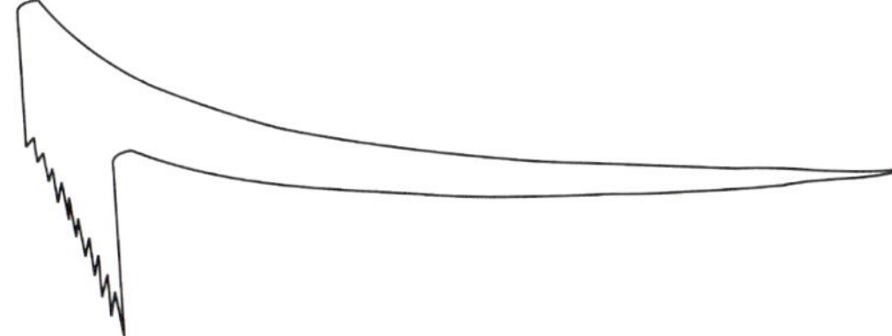

Vereinfachte Zeichnung eines türkischen *taşin*

Die nicht-passenden Kerben können „freihand“ geschnitten werden, indem der Schaber kraftvoll über die Oberflächen gezogen wird. Hornstreifen wie Kern müssen gut festgeklemmt sein. Beim Horn empfinde ich es wegen der Gleichförmigkeit der Struktur nicht als so schwierig.
Beim Kern jedoch braucht man eine sichere Hand um die Abweichungen im Faserverlauf und Dichteänderungen zu überwinden. Hier ist ein Holz mit wenig ausgeprägten Fasern, wie Ahorn, wirklich zu empfehlen.

Das Fragment eines türkischen Bogens mit eingekerbtem Kern. Kat. Nr. 1/1046, © Topkapi Palast Museum

Nicht-passende und zueinander passende Kerben

In manchen Fällen klemme ich ein flexibles Lineal auf die Oberfläche und mache mit einem Stichel* eine gerade Kerbe.
Diese gerade Kerbe dient als Führungslinie für den ersten Zahn des Schabers, was es erlaubt, aufeinanderfolgende Kerben einzuschneiden, wobei der Winkel des Schabers verändert wird, bis er parallel zur Oberfläche gezogen werden kann, so dass alle Zähne greifen.
Ich glaube die chinesischen Bogenbauer haben es auf diese Weise gemacht, indem sie mit einem Sägeblatt (anstatt einem Stichel) einen flachen Längsschnitt angebracht und dann die Kerben mit dem Schaber mit langem Griffstück eingeschnitten haben.

Ich habe jahrelang mit den zueinander passenden Kerben gekämpft. Ich verwendete auch spezielle starre Lehren um den Schaber zu führen und in meiner Verzweiflung sogar einmal einen Formfräser.

Die passenden Kerben können jedoch mit dem Lineal und dem Stichel genauso leicht gemacht werden. Ich habe eine sogar noch einfachere Methode entdeckt, die es erlaubt die Kerben mit geringem Aufwand zu schneiden, und diese Methode verwende ich jetzt.

* Im Originaltext (hier und im Folgenden) awl (Reißnadel), wobei ein Stichel wohl das passendere Werkzeug ist (A.d.Ü.)

Zuerst wird die gerade Linie mit dem Stichel wie beschrieben gezogen. Dann wird die gezahnte Ziehklinge, die einen hervorstehenden Führungszahn, der ca. 1 mm hervorstehend über einem Zahn liegt, über die Fläche gezogen, wobei der Führungszahn in der Führungskerbe läuft. Der „Fuß“ zwingt die Ziehklinge auf die gerade Führungslinie, während die anderen Zähne auf beiden Seiten die Kerben ziehen. Wenn diese Kerben tief genug sind, um der Ziehklinge Führung zu geben wird der Führungszahn entfernt oder weggeklappt und die Ziehklinge wird weiter verwendet, bis die Kerben ganz ausgeformt sind.

Das Schaben erzeugt glatte Oberflächen, die für das Verleimen mit wasserbasierten Leimen perfekt sind. Es hat sich in der Möbelindustrie wie im Instrumentenbau gezeigt, dass Hautleim, der sich beim Trocknen zusammenzieht, für stärkste Verbindungen glatte Oberflächen braucht, weil die faserige Oberfläche, wie sie von Schmirgelpapier stehen gelassen wird, beim Aufbringen von Leim Luftblasen einschließt, die Lücken in der Leimfuge bilden. Diese Lücken schwächen die Bindung. Auch werden, da der wasserbasierte Leim wegen seiner Eigenschaft des Gelierens in die raue Oberfläche nicht so gut eindringt bzw. sie nicht so gut benetzt, noch mehr Lücken gebildet.

Auf der anderen Seite ist die rauere Oberfläche für Epoxykleber großartig, da diese Kleber die Teile sehr gut benetzen und sich beim Aushärten nicht zusammenziehen, so dass sich keine Lücken bilden. Das heißt, für unsere Leime muss die Oberfläche glatt sein um die bestmögliche Verklebung zu erreichen.

Eine Bilderfolge, die das Einschneiden der Rillen zeigt. Flache Kerben werden auf beiden Seiten der Leitkerbe, die mit einem Stichel geschnitten wurde, geschnitten.
Anschließend wird der Schaber über die ganze Breite des Horns oder Holzes gezogen um die Kerben zu vertiefen.

Eine Methode, um zueinander passende Kerben zu schneiden, indem ein hervorstehender Führungszahn an der Ziehklinge in der Führungslinie, die mit dem Stichel geschnitten wurde, läuft. Wenn die Kerben erst einmal eingeschnitten sind, wird er weggeklappt, um die Kerben zu vertiefen.

Wenn das Einkerben beendet ist, werden lose Materialteilchen mit der Spitze eines Messers aus der gekerbten Oberfläche entfernt. Die Hornstreifen werden nun auf die Passung mit dem Kern überprüft. Für zueinander passende Kerbungen ist der perfekte Sitz essentiell. Die Kerben und Erhöhungen müssen perfekt passen, und das sollte optisch überprüft werden, wenn die Hornstreifen auf den Kern geklammert werden.

Das Ansetzen der Klemmen beginnt am Griff und wird in Richtung der Enden fortgesetzt – dann werden die Teile von selbst zusammenpassen, während sie geklammert werden. Es hilt, dabei unter die Hornstreifen zu schauen, um die Lage der Kerben und Erhebungen zu überprüfen, damit es keine Probleme mit der Passung gibt.

Sind die Hornstreifen schlussendlich in der richtigen Lage zusammengeklemmt, ist es wichtig, Passungsmarken an den Kanten der Streifen anzubringen. Das hilft später die Streifen beim Verleimen richtig zu positionieren. Ich feile gewöhnlich die Kante eines herausragenden Teils bis zum Kontakt mit dem anderen Teil, so dass ich sie schnell einrasten lassen kann. Die Enden der Hornstreifen können nun am Griff auf die korrekte Länge geschnitten werden, wobei sichergestellt werden muss, dass der Schnitt senkrecht zum Wurfarm läuft. Das andere Ende kann jetzt oder später, nach dem Verleimen der Hornstreifen mit dem Kern, geschnitten werden.

Ich rate nicht zu irgendeiner weiteren Bearbeitung des Kerns. Es werden keine Enden zurecht geschnitten, keine Fadeouts geformt und es wird auch keine Verjüngung in der Breite der Wurfarme durchgeführt. Denn es kann jetzt immer noch eine Menge schief laufen.

Der Kern und die Hornstreifen, grob auf die Breite geschnitten, aber noch nicht auf Länge zurechtgesägt

Stumpfe Verbindung der Hornstreifen in der Mitte des Griffs

Gekerbte Hornstreifen, das untere Paar ist konkav.

Wir wenden uns nun dem Verleimen zu. Es sollte nicht später als ein paar Tage nach dem Einbringen der Kerben geschehen. Die frisch freigelegte Oberfläche oxidiert sonst und nimmt Staub auf, was die Bindung schwächt.

Das Horn verleimen

Das Holz des Kerns nimmt den Leim gut an. Horn, da es ein viel dichteres Material ist, benötigt bei diesem Arbeitsschritt mehr Sorgfalt. Der Leim muss die Oberfläche benetzen, das heißt, die Oberflächenspannung zwischen Horn und Leim muss minimiert werden. Der Leim muss so dünnflüssig wie möglich sein, um auch in die winzigsten Mulden einzudringen. Das kann auf zwei Arten geschehen: Entweder wird sehr heißer Leim verwendet, da die Wärme die Viskosität des Leims verringert, oder durch Aufbringen von sehr stark verdünntem Leim.

Die erste Methode basiert auf dem Erwärmen der Teile und der Verwendung von sehr heißem und nicht zu dickem Leim (ca. 10–15 %) für die ersten 2 bis 3 Schichten. Nach jedem Auftragen trocknet der Leim, bis er eine sichtbare, glänzende Lage bildet. Dann wird das Teil wieder erwärmt, dicker, warmer Leim (ca. 25–35 %) aufgebracht und die Teile werden sofort zusammengeklemmt, bevor der Leim zu gelieren beginnt. Das ähnelt der Methode der türkischen Bogenbauer, die zusätzlich mehr Fischleim zum Sehnenleim mischten. Das geschah höchstwahrscheinlich, um das Gelieren zu verzögern und die Haftung zu verbessern.

Nachdem ich Thomas Duvernays Video über einen koreanischen Bogenbauer gesehen hatte, erkannte ich, dass diese Methode noch verbessert werden kann. Der koreanische Bogenbauer bedeckte beide Teile, Horn und Kern, im Verlauf einer Woche ca. 70 Mal mit sehr dünnem („wie Wasser“) Leim. Dann wird der abschließende, heiße Leim aufgebracht usw. Das Ergebnis ist eine sehr dicke, bis zu 1 mm starke, Leimfuge. Ich glaube aber nicht, dass die Leimfuge so dick sein sollte.

Dicker Leim hat die Tendenz, in einem Bogen zu brechen (er „kristallisiert“ – ich sah dies bei einem gebrochenen koreanischen Bogen), was die Bindung schwächt und zu einer vorzeitigen Zerstörung des Bogens führt. Auf der anderen Seite hat diese Methode ihre Vorzüge. Der dünne Leim hat eine sehr geringe Viskosität und benetzt somit hervorragend. Wenn er nur oft genug aufgebracht wird, bis sich eine klare, glänzende Schicht gebildet hat und dann der dicke Leim folgt, ist eine gute Verklebung praktisch garantiert.

Nach den Literaturquellen widersteht Leim Feuchtigkeit besser, wenn er aus sehr verdünnter Lösung ausgetrocknet ist. Wenn das so ist, ist es ein weiteres Argument für diese Methode.

Nach der koreanischen Methode werden die Hornstreifen (synthetischer Heißkleber funktioniert gut) auf einen Stab geklebt. Dann wird sehr dünner, heißer Leim (ca. 2–3 %) großzügig über Horn und Kern gestrichen. Der Stab mit dem Horn wird dann hochkant gestellt, so dass sich der Leim nicht in den Vertiefungen sammelt (s. Bild).

Mit Leim beschichtete Oberflächen, zum Trocknen vertikal (auf den Kanten stehend) gelagert.

Drei Arten von tençik-Werkzeugen: chinesisch (links), türkisch (mitte) und koreanisch (rechts). Das Seil wird in einer Spirale zwei- bis dreimal um den Griff gewickelt und mit der Hand gehalten, um ausreichend Druck zu erreichen. Ich habe eine Klemmvorrichtung für das Seil am Ende des chinesischen Werkzeugs hinzugefügt (eingesetztes Bild oben).

Der ebenso behandelte Kern wird zum gleichen Zweck zum Trocknen auf die Kante gelegt. Wenn der Leim in den Vertiefungen zusammenläuft und dort trocknet, bilden sich Fehlstellen in den Kerben, da der Leim, wenn er während der Verfestigung geliert ist, der Form der Kerben nicht länger bis in die Spitze folgt.

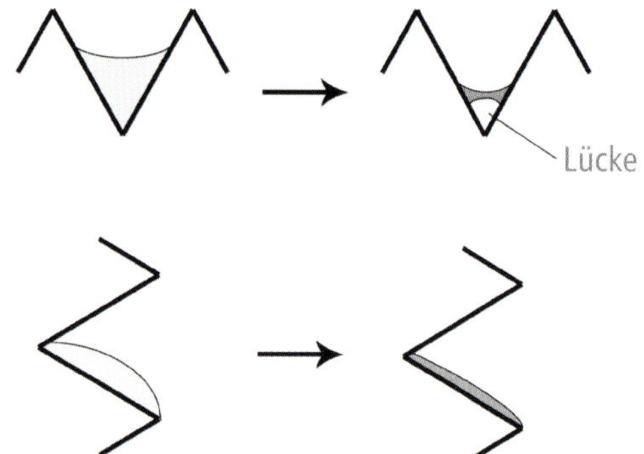

Wenn Leim in einer ebenen, gekerbten Oberfläche trocknet, bilden sich Leerstellen (obere Reihe).

Die Teile können nun trocknen, und die nächste Schicht Leim wird ebenso aufgebracht. Der Stab wird jetzt umgekehrt aufgestellt, so dass der Leim auf der anderen Seite trocknet. Genauso verfahren wir mit dem Kern, er wird zum Trocknen auf die andere Kante gelegt, damit der Belag symmetrisch wird. Das Einstreichen und Trocknen wird auf dieselbe Weise wenigstens zehnmal, evtl. bis zu zwanzigmal, wiederholt.

Ich versuche niemals, die Trocknung durch Wärme zu beschleunigen, da der Leim schwächer wird, wenn er trocken erhitzt wird (s. Kapitel über Leim).

Der ganze Prozess ergibt eine glänzende, gesättigte Oberfläche, bei der die Haftung des Leims sowohl am Horn wie auch am Holz perfekt ist. Manchmal passiert es, dass der Leim die Hornoberfläche nicht gut genug benetzt und sich Löcher oder Blasen in der Leimschicht auf dem Horn bilden.

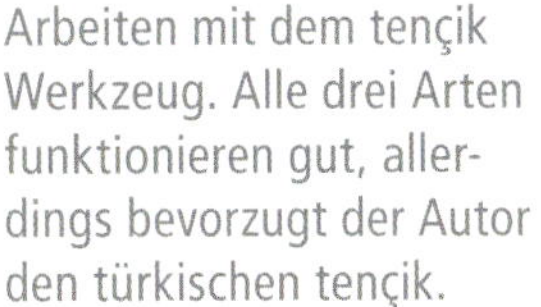

Arbeiten mit dem tençik Werkzeug. Alle drei Arten funktionieren gut, allerdings bevorzugt der Autor den türkischen tençik.

Das ist oft die Folge von nicht ausreichend dünnflüssigem Leim. Die Oberfläche wird dann, auch wenn sie glänzend aussieht, nicht durchgängig dunkel, sondern grau sein, eine Verfärbung, die das Ergebnis der kleinen Luftblasen zwischen Horn und Leim ist. Dann muss der Leimbelag noch einmal gemacht werden: der alte Leim wird abgewaschen und wieder aufgebracht.
Wenn man das Horn auf diese Weise vorbereitet, weiß man immer, ob die Haftung zwischen Leim und Horn ausreichend ist und die Verklebung mit dem Kern gut sein wird.

Ich möchte nochmals betonen, dass auch dieser Schritt am besten nicht mehr als 3 Tage vor dem endgültigen Verkleben durchgeführt wird. Allerdings muss man die letzte Leimschicht einen Tag lang ganz durchtrocknen lassen.
Ich mache dann einen Testdurchgang, indem ich die Teile trocken zusammenpasse und verpresse, genauso wie es später dann auch mit Leim wäre. Auch nach vielen Jahren mache ich es immer noch so um sicher zu sein, dass alle Teile gut vorbereitet sind, das Seil mit *tençik* oder genügend Zwingen zur Hand sind und ich keine Überraschungen erlebe. Wenn der Leim geliert, bleibt keine Zeit sich wegen dieser Dinge Gedanken zu machen.

Einige Jahre lang verwendete ich die Seilmethode mit dem *tençik*-Werkzeug. Das Seil (wenigstens 9 mm stark und, wegen der geringeren Dehnung, aus Naturfasern hergestellt) wird am Griff befestigt und um den Kern mit dem Hornstreifen gewickelt, der mit Federklemmen festgehalten wird.

Koreaner und Türken verwendeten statt der Federklemme eine temporäre Schnurbindung um das Horn in der richtigen Lage zu halten. Auch wenn der *tençik* durch die Hebelkraft die Kraft des Bogenbauers bis zu zehnfach verstärkt, reicht das alleine nicht um einen gleichmäßigen Druck, der für den guten Kontakt zwischen den Teilen nötig ist, zu erreichen. Wenn das Horn flach ist, wird nämlich die meiste Kraft des Seils an den Kanten, aber nicht entlang der Mitte konzentriert.

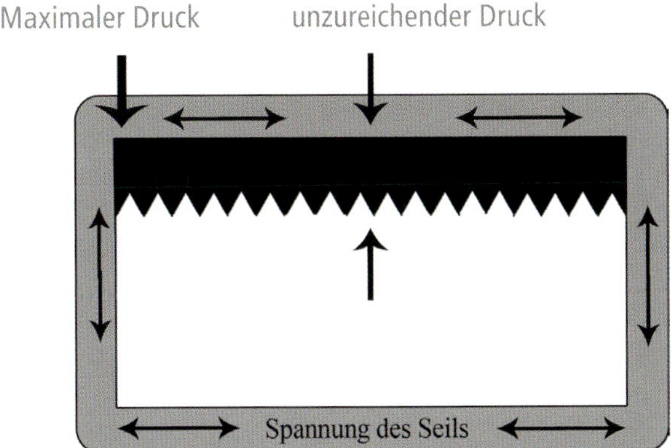

Anpressen eines Hornstreifens mit C-Schraubzwingen, im Abstand von 2,5 bis 3,5cm. Die Druckplatte auf der rechten Seite ist aus Holzblöcken gemacht, die auf einem Filzstreifen befestigt sind.

Um dieses Problem zu verringern, verwendeten die Chinesen eine Art Presse aus einem starren Teil mit einem beweglichen Hebel, um die Bestandteile des Wurfarms aneinander zu pressen. Wenn ein Bereich des Wurfarms verpresst war, wurde der Bogen (in der Presse, A.d.Ü.) verschoben um Platz für die Verschnürung zu machen.

Die Koreaner verwendeten Metallstreifen um Kern und Horn zusammen zu pressen, oder ein dickeres Seil, das längs der Mittellinie auf den Hornstreifen gelegt wurde, um hier die Kräfte beim Zusammenpressen zu erhöhen. Ich glaube aber eigentlich nicht, dass sie besonders viel Druck ausübten, was bei der dicken Leimfuge auch nicht notwendig gewesen sein wird. Wenn Hornstreifen verwendet werden, die vor dem Verleimen auf der Bauchseite abgerundet wurden, kann die Presse wegfallen (das könnte die türkische Methode gewesen sein).

Beim Zusammenpressen mit dem *tençik* bedarf es eines Helfers, um den Bogen in Position zu halten und den Bogenbauer bei anderen Aktionen zu unterstützen.

Da ich keinen Helfer habe, entschied ich mich, Tradition Tradition sein zu lassen und verwende nun normale C-Schraubzwingen, ungefähr im Abstand von 3,5 cm entlang des Wurfarms, zusammen mit Verleim-Blöcken und etwas Polsterung.

Ich bezweifle, dass andere Methoden, die jetzt bei laminierten Bögen verwendet werden, für Horn geeignet sind. Eine Methode ist es, die Bogenbestandteile mit Gummiband zusammenzuwickeln. Gummiband kann aber den von uns benötigten Druck, um die Teile verlässlich in Kontakt zu bringen, nicht erreichen, wenn die Biegung von Kern und Holz nicht genau gleich ist. Auch dann würde die Wärme das Band weich werden lassen, so dass kein ausreichender Druck mehr garantiert werden kann. Auch würde die Trocknung behindert, da das Gummiband nicht feuchtigkeitsdurchlässig ist. Eine andere Methode, die traditionell bei Japanischen Bögen eingesetzt wird, verwendet eine Reihe von Keilen unter einer Verschnürung. In diesem Fall dürfte jedoch der Abstand der Keile nicht größer als 3,5 cm sein, um einen gleichmäßigen Druck auf das durch die Wärme plastisch verformbar gewordene Horn zu gewährleisten.

Welche Methode man auch immer verwendet, ein Testlauf ist definitiv notwendig. Der ganze Vorgang muss gut geprobt worden sein, damit er glatt und schnell verläuft.
Die Seilbindung beginnt man am Griff. Beim Einsatz von C-Schraubzwingen beginnt man am besten in der Mitte des Sal, da dies die am meisten belastete Zone des Bogens sein wird und die Verklebung hier makellos sein muss. Nach dem Testlauf werden die zueinander gehörigen Oberflächen mit einem sauberen Pinsel entstaubt und alle Spuren von Fremdkörpern von der Oberfläche mit einem Messer abgelöst.

Sowie alle Vorbereitungen abgeschlossen sind, werden beide Teile zugleich über einem elektrischen Heizelement erwärmt. Ich verwende keine Heißluftpistole, da der warme Luftstrom dazu tendiert, die Teile zu sehr auszutrocknen. Die zu erreichende Temperatur auf den Oberflächen sollte ca. 50°C betragen und die Wärme gut ins Material eingedrungen sein. Die Erwärmung sollte ganz allmählich erfolgen, wobei die Teile der Hitzequelle nicht zu nahe kommen sollen.
Wenn die trockene Leimschicht überhitzt wird, wirft sie Blasen und der ganze Prozess des Aufbringens der Leimschicht muss wiederholt werden. Das ist auch der Grund, warum die Leimschicht völlig durchgetrocknet sein muss – feuchter Leim beginnt schon bei niedrigerer Temperatur Blasen zu bilden. Ich habe einmal einen Mikrowellenofen verwendet, um das Horn zu erwärmen – es überhitzte ziemlich schnell und warf dann Blasen.

Während die Teile erwärmt werden wird eine dicke, 25-35%ige, Leimlösung sehr heiß gemacht. Wenn der Kern und der Hornstreifen ausreichend warm sind, wird der Kern schnell in einem Schraubstock fest eingeklemmt.

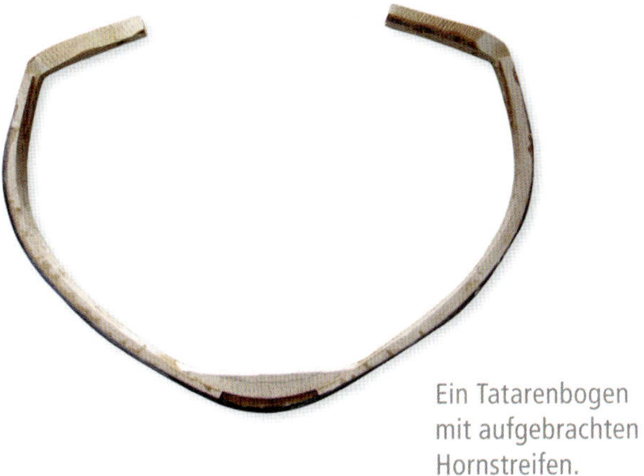
Ein Tatarenbogen mit aufgebrachten Hornstreifen.

Die Oberfläche des einen Wurfarms und der zugehörige Hornstreifen werden schnell und dick mit dem heißen Leim eingestrichen. Dann werden beide Teile sofort zusammengepresst und mit den Zwingen oder dem Seil unter Druck gesetzt. Dabei sollte eine Menge Leim aus der Verbindung herausgepresst werden. Bei diesem Vorgang kann es gar nicht genug Leim sein.

Wenn alle Vorbereitungen sorgfältig durchgeführt wurden, sollte der Prozess glatt vonstatten gehen. Der Leim sollte bei der letzten Zwinge noch flüssig sein. Falls der Leim zu gelieren beginnt, wird die Oberfläche mit heißem, dünnen (ca. 10–15 %igem) Leim „geflutet". Das reaktiviert die gelierte Oberfläche für eine gute Verklebung. Ich sollte hier erwähnen, dass ich es nicht für eine gute Idee halte, die bereits zusammen geklammerten Teile wieder zu erwärmen um den Leim in der Fuge wieder flüssig zu machen. Wenn der Leim jetzt in der Fuge flüssig wird kann er aus der Fuge auslaufen und die Verklebung „verhungert", denn es bleibt nicht mehr genug Leim in der Fuge. Es kann unmöglich gesagt werden, was innerhalb der Fuge geschieht, wenn die Teile einmal zusammengepresst sind. Ich verlasse mich auf eine gute Vorbereitung und Schnelligkeit.

Als letzter Schritt sollte die Leimfuge auf Lücken untersucht werden, die sofort mit heißen, konzentriertem Leim reichlich aufgefüllt werden müssen. Solche Lücken, bis zu einer Breite von ca. 0,5 mm, sind akzeptabel, vorausgesetzt, dass genug Leim im Inneren der Fuge ist. Ausgetretener Leim kann beim Trocknen wieder in desnSpalt hineingezogen werden, wenn der Leim sich zusammenzieht. Der mit Seil zusammengepresste Wurfarm kann eine gewisse Verdrehung aufweisen, die durch die Wicklung hervorgerufen wird. In solch einem Fall wird der Wurfarm einfach zurückgedreht, bis er in der korrekten Form verbleibt.
In einer kalten Werkstatt kann es passieren, dass der Leim für eine erfolgreiche Verklebung zu schnell geliert. In dem Fall sollte ein langsam gelierender Leim wie Schwimmblasenleim dem Leimtopf in ausreichender Menge hinzugefügt werden. Türkische Bogenbauer verwendeten meistens den langsam gelierenden Leim aus dem Gaumen des Störs, mit etwas Sehnenleim gemischt.
Es ist leichter, Horn bei heißem Wetter zu verleimen, der Leim sollte jedoch immer noch, um eine gute Festigkeit zu erzielen, gelieren können (s. den Abschnitt über Leime).

Der Bogen bleibt für ein bis zwei Tage zusammengepresst. Dann wird der andere Hornstreifen auf den zweiten Wurfarm geleimt. Da der erste Streifen noch nicht ganz getrocknet ist, kann er am Griffstück mit einem Stück Stoff oder Aluminiumfolie geschützt werden. Das schützt vor einer möglichen Delamination, wenn der Kern wieder erwärmt wird. Wenn dann beide Hornstreifen aufgeleimt sind, lässt man den Bogen ungefähr einen Monat lang ganz durchtrocknen.

Der Çelik

Während der Bogen trocknet, kann der Çelik am Griff zwischen den beiden aneinander stoßenden Hornstreifen eingeleimt werden.
Der Çelik ist eine excellente Methode um die Verbindung zu optimieren. Ich glaube, das war der ursprüngliche Grund für seine Erfindung durch die praktisch denkenden türkischen Handwerker, unabhängig von seiner religiösen Bedeutung.

Für den Çelik wird ein Stück Silber, Elfenbein oder Knochen hergerichtet, ca. 2 mm dick (oder ungefähr die Breite eines Sägeschnittes), ungefähr so breit wie die Hornlage dick ist und so lang wie die Breite des Hornstreifens.
Der Sägeschnitt wird über die Kontaktstelle der beiden Hornstreifen bis auf den Kern hinunter geführt. Dann wird der Çelik zurecht gefeilt, bis er satt in den Schnitt passt, heißer, konzentrierte Leim wird in die Kerbe und auf den Çelik gestrichen und der Çelik eingepresst.
Eine größere Lücke zwischen den Hornstreifen (nicht länger als 5 cm für eine typische Grifflänge) kann auf dieselbe Weise mit einem Stück Horn, Knochen oder sogar Hartholz aufgefüllt werden.

Die Funktion des Çelik wird seit einiger Zeit diskutiert. Nach der einen Theorie wird er benötigt um die Verbindung zwischen den beiden Hornstreifen an einer Stelle, die beim Biegen extremer Belastung ausgesetzt ist, perfekt zu machen.

Nach der anderen wirkt der Çelik als eine Art Stoßdämpfer beim Schuss. Diese Theorien entbehren aber jeder Grundlage. Die Belastung im Bogen konzentriert sich an den Stellen, an denen er sich biegt und verringert sich gleichmäßig in die Bereiche hinein, in denen er sich nicht biegt.

Der Çelik wird zwischen zwei Hornstreifen eingeklebt. In diesem Fall wurden die beiden Hornstreifen bereits abgerundet.

Im Vergleich zu den Wurfarmen biegt sich der Griff bei den meisten Designs nicht oder nur minimal. Das bedeutet, dass im Griffbereich keine oder nur eine minimale Belastung auftritt und der Bogen hier auch mit einer Lücke perfekt funktionieren würde. Der einzige Grund dafür, dass das Horn sich verschieben kann (wie es die erste Theorie behauptet), wäre, wenn die Verklebung zwischen Horn und Kern versagt.

Das kann geschehen, wenn der Bogen in der Tillerphase oder beim Aufspannen überhitzt wurde. Grundsätzlich „weiß das Horn nicht", dass die Wurfarme so schwer arbeiten und bleibt einfach untätig an seinem Platz. Es wurde auch behauptet, dass sich der Spalt am Griff öffnet, wenn der Bogen sich beim Trocknen der Sehnen in einem späteren Baustadium rückwärts biegt.

Ich bleibe dabei: Auf welche Weise der Bogen sich auch biegt, der Stress in der Mitte des Griffstücks wird minimal sein und daher wird sich keine derartige Spalte öffnen. Es wäre eine andere Sache, wenn die Stoßverbindung sich im arbeitenden Teil des Wurfarm befände oder es ein Design wäre, bei dem sich der Griff auch biegt. In diesen Fällen würde jedoch der Spalt eher von einer Delaminierung des Horns in der Nachbarschaft der Verbindung herrühren.

Bei persischen Bögen bestand das Horn nicht aus einem Stück, sondern aus 3 oder mehr schmalen Streifen, die Seite an Seite gelegt wurden. Vermutlich stand in dieser Gegend kein Horn von ausreichender Breite zur Verfügung, da die Bögen bis zu 7 cm breit sein konnten.

Da jedoch die Streifen bei diesen Bögen oft nur einen Zentimeter breit sind, frage ich mich, ob das Horn tatsächlich Wasserbüffelhorn war, wenn die Hörner der Tiere nicht außergewöhnlich dünn oder rund waren, weshalb keine breiteren Streifen geschnitten werden konnten. Diese Konstruktion erfordert beträchtlich mehr Arbeit. Ich fand außerdem, dass Bögen mit mehreren Hornstreifen im Wurfarm (3–5 Streifen) etwas flexibler als Bögen mit einem Streifen Horn pro Wurfarm sind.

Die vorgeformten und gekerbten Streifen werden einer nach dem anderen auf den eingekerbten Kern, dicht aneinander liegend geklebt. Passende Kerben sind hier natürlich nicht machbar. Da die schmalen Streifen sehr flexibel sind, verwende ich nur Federklemmen.

Formgebung

Wenn das Horn aufgebracht worden ist, muss die Mittellinie ein letztes Mal angezeichnet werden. Es kann wieder dieselbe Methode verwendet werden: Der Bogen liegt auf der Seite, und mit einem Bleistift, der auf einem Abstandshalter aufliegt, wird die Mittellinie, auf Bauch und Rücken gezeichnet. Der Bogen wird dafür wenn notwendig abgestützt, damit die Mittenlinie die Wurfarme genau in der Mitte schneidet, oder zumindest so dicht an der Mitte wie möglich.

Dann wird die Breite in jedem Bereich abzüglich 2 bis 3 mm (das ist für den Sehnenanteil, der die Kante bedeckt, jeweils 1 bis 1,5 mm) durch 2 dividiert, und die Hälften werden sorgfältig auf beiden Seiten der Mittellinie markiert (siehe Kapitel über die Abmessungen).
Beispiel: Die endgültige Breite der Wurfarme soll 33 mm sein, dann wird 33–3 = **30** und 30 ÷ 2 = **15 mm** auf beiden Seiten der Mittellinie markiert. Im Kasan- und Griffbereich kann die seitliche Sehnenlage dünner gemacht werden, hier werden nur 1 bis 2 mm abgezogen. Dann werden die Seiten zurechtgeschnitten und geglättet.
Die Tips werden ebenso in der Breite zurechtgeschnitten und ihre Basis wird auf den Scheitelpunkt der Tip-Kasan-Biegung gelegt. Die freigelegten Kanten von Kern und Horn sind nun sichtbar. Da die Hornstreifen schon vor dem Verleimen auf die korrekte Dicke gebracht wurden, gibt es keinen Grund, sie jetzt zu bearbeiten, außer der Plan besagt, dass das Horn im Kasan-Bereich bis auf Null an der Basis der Tips getapert werden soll. Bei Flightbögen können die Hornstreifen für eine noch höhere Leistungsfähigkeit auch in der Mitte des Kasan auslaufen.

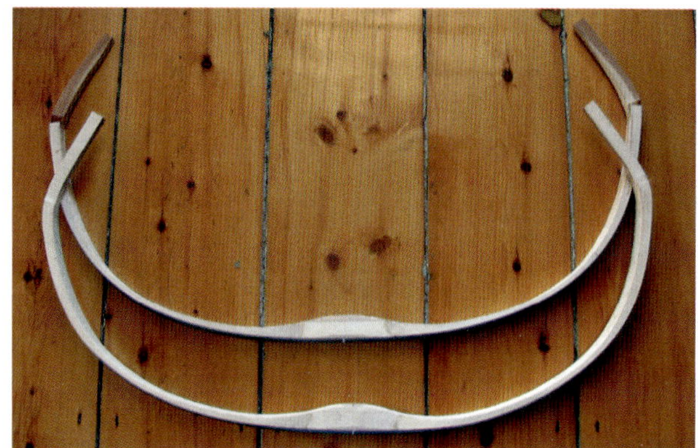

Zwei Bögen auf die endgültigen Dimensionen gebracht.

Die Tips werden noch nicht auf die endgültige Länge geschnitten und die Sehnenkerben noch nicht eingesägt.

Der nächste Schritt ist nun, die Dicke des Hornbelags auf das für das Zielgewicht benötigte Maß zu reduzieren (siehe Kapitel Design). Am besten zieht man jetzt für die Dicke des Sehnenbelags an Sal und Griff 3mm, am Kasan-Bereich 2 mm von der geplanten, endgültigen Wurfarmstärke ab. Man kann noch 1mm für das abschließende Finish einrechnen. Damit ergibt die angestrebte Gesamtdicke minus 3 oder 2 mm plus 1 mm die Dicke von Kern und Horn.

Beispiel: Der Griff soll 25 mm dick werden, das ergibt 25–3 mm + 1 mm = 23 mm. Die Messungen werden mit einem Messschieber vorgenommen, auf beiden Seiten entlang aller Abschnitte des Bogens markiert und schließlich wird eine Linie durch die Markierungen gezogen. Der Griffquerschnitt verringert sich gleichmäßig von seinem Scheitelpunkt in der Mitte, dann stärker jenseits des „Nackens“ (also am Pfeildurchlass, der schmalsten Stelle des Griffs auf beiden Seiten), dann gefolgt von einem exponentiellen Abfall zu einer Stelle 2 bis 3 cm entfernt vom Kasan-Auge.

Dieser Abstand vom Kasan-Auge ist typisch für die Flightbögen oder Bögen mit längeren Kasans, die sich für einen leichteren Auszug näher am Griff biegen sollen. Der dünnste Bereich kann bei Kriegsbögen bis auf 1 cm näher an das Kasan-Auge geschoben werden. Nach der dünnsten Stelle bleibt die Stärke des Wurfarms bis zum Kasan-Auge gleich und nimmt dann bis zur Hälfte des Kasan allmählich zu. Die Dicke am Kasan wird nun bis zur Basis der Tips beibehalten. Die Tips werden dann bis zu den Nocken, wo sie ihre endgültige Dicke erreichen, stärker. Der Kern wird jetzt vorsichtig bis fast auf diese Linie getrimmt, die Tips (jenseits der späteren Nocken) werden noch lang belassen.

Die 3 mm für die Sehnenlage sind übrigens mehr als bei den originalen Türkischen Bögen, deren Sehnenbelag entlang der Mitte des Sal ungefähr 2 mm stark war, außer den Flightbögen, bei denen etwas mehr Sehne aufgeschichtet wurde.
Ich empfehle beim ersten Bogen zur Sicherheit mehr Sehnen zu verwenden. Indischen Bogen hatten sehr viel mehr Sehne, fast die halbe Dicke des Wurfarms, bei sehr dünnem Horn - ca. 3 mm.

Im nächsten Schritt wird der Hornbauch rund gemacht, bis ca. 1 mm Horn an den Kanten stehen bleibt, gleichmäßig auf beiden Wurfarmen.
Ich verwende zuerst eine Feile und dann eine Ziehklinge. Die Rundheit des Bauches ist bei den breiteren, indopersischen Bögen weniger offensichtlich, da der Bauch eher halb elliptisch mit deutlich gerundeten Kanten geformt ist.

Stadien der Formung

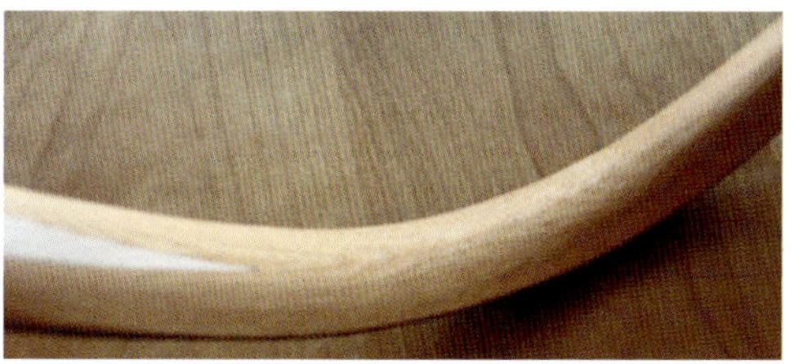

Während der Bauch abgerundet wird, muss man auf die Einhaltung der Symmetrie achten. Das Horn kann in der Mitte des Kasan enden.

Der Kern wird erst beim letzten Arbeitsschritt gerundet.

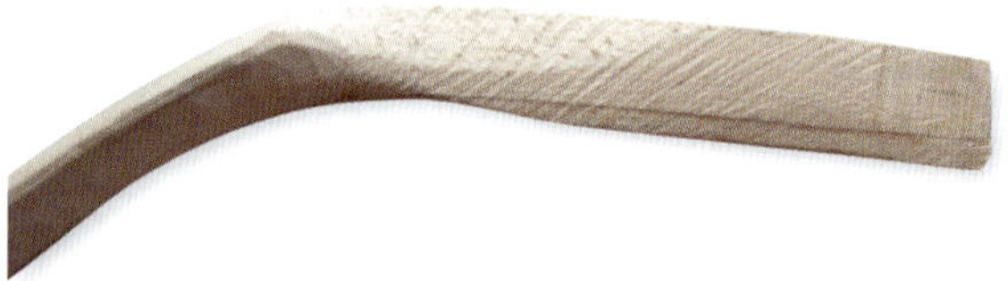

Ein auf den Rücken der Tips gesetzter Holzkeil baut zusätzliche Dicke auf.

Der Hornbauch wird glatt geschabt.

Ist der Bauch gerundet, ist es Zeit, dem Kern die Form zu geben. Am besten bearbeitet man zuerst Kasans und Tips bevor die verdünnten Wurfarme für das sichere Einspannen zu flexibel geworden sind. Der Kasan-Bereich wird jetzt dreieckig geformt. Es ist hilfreich, jetzt noch einmal die Mittellinie, nach Augenmaß, auf dem Rücken des Kerns anzuzeichnen.

Dann wird eine Feile oder ein kleiner Dechsel verwendet, um diesen Abschnitt zu einem gleichseitigen Dreieck zu formen, wobei 2–3 mm einer vertikalen Kante an der Bauchseite des Kerns, wo er Kontakt mit dem Horn hat, stehen bleiben. Ebenso sollen die Seiten des Dreiecks nicht bis zur Mittellinie reichen sondern ca. 1 mm davor enden und so eine flache Kante auf dem Rücken stehen lassen. Die Kante auf dem Rücken des Kasan verbreitert sich ca. 2 cm vor der Basis der Tips und wird flach auf dem Rücken der Tip-Kasan-Biegung.

Für kleine und leichte Bögen kann der Kern im Kasan-Bereich den dreieckigen Querschnitt behalten. Die kleinen Flight-Bögen wiesen gewöhnlich diese Form des Kerns auf.
Bei vielen Bögen wurde die konkave Rinne an den Seiten des Grates mit Sehne modelliert. Für die größeren Bögen ist es am besten, das Gewicht zu minimieren, indem die Seiten des Kasan selbst schon konkav ausgeschnitten werden.
Ich mache das mit einem Hohlmeißel (ohne Hammer). Der Hohlmeißel schneidet in einer aushöhlenden Bewegung durch die Fasern. Da sich der Kasan zum Tip hin verengt, wird die Form entsprechend angepasst.

Die Tips werden bis hinunter zu ihrer Basis nahezu dreieckig geformt. Die Seiten der Tips werden ein wenig gerundet (konvex, A.d.Ü.) und ca. 2 mm der geraden Kante wird zum Bauch hin stehen gelassen. Ich möchte nochmals betonen, dass es wichtig ist, die Bauchseite der Tips weit genug in Richtung Kasan heraus zu arbeiten, bis sie den Scheitelpunkt der Kasan/Tip Biegung erreicht. Das geschieht um sicher zu gehen, dass die Bogensehne beim fertigen Bogen nicht den Kasan-Bauch berührt.

Der Rücken der Kerns wird jetzt im Sal-Bereich, bis auf eine vertikale Fläche von 1 mm an den Kanten, abgeschrägt. Die Kanten der Kerns werden zwar letztendlich noch abgerundet – aber jetzt hilft die facettenähnliche Formgebung dabei, die Symmetrie und die exakten Maße einzuhalten.

Die Abschrägung wird bis in den Griff weitergeführt, der einen tropfenförmigen Querschnitt erhält. Der Sal wird an der anderen Seite jetzt passend zum Kasan, in den er einmündet, abgerundet. Der Sal kann hier ganz abgerundet werden und genau auf die benötigte Dicke gebracht werden. Die dünnste Stelle wird jetzt wie gewünscht festgelegt. Diese Stelle kann bleiben wo sie ist oder später durch leichtes Abschaben von Horn beim fertigen Bogen sogar noch etwas näher zum Kasan geschoben werden.

Beim ersten Bogen ist es sicherer, diese Stelle etwas weiter weg von Kasan zu lassen, was den Bereich des Kasan-Auges vor dem Belegen mit Sehne etwas steifer lässt und so beim Trocknen des Bogens einen zu starken Reflex verhindert.

An diesem Punkt ist es wichtig eine Verschmutzung des Kerns zu vermeiden und saubere Baumwollhandschuhe zu tragen (Handschuhe aus Gummi oder synthetischem Material können schmierige Rückstände, die sich nicht mit dem Leim vertragen, hinterlassen).

Die vom Gebrauch des Hohlmeißels raue Oberfläche wird jetzt mit grobem Sandpapier (80'er oder gröber) eingeebnet und dann mit einem Schwanenhals-Ziehklinge geglättet. Die Kanten werden am ganzen Kern mit Schmirgelpapier und danach mit einer geraden Ziehklinge abgerundet. Beim Arbeiten mit der Ziehklinge muss eine „Waschbrettoberfläche“ vermieden werden.

Bei allen Bögen, die ich untersuchte, waren in die Oberfläche des Kerns unter dem Sehnenbelag Rillen eingeschnitten. Diese Riefen waren sehr sorgfältig hergestellt, fast genauso wie beim Einritzen des Bauches, wenn auch nicht so tief. Es kann dafür derselbe Zahnspachtel (oder einer mit etwas enger stehenden Zähnen) verwendet werden.

Wieder werden die Riefen parallel zur Kante der Kerns geschnitten, allerdings ist es hier nicht nötig, mit dem Stichel und der Führungslinie zu arbeiten.

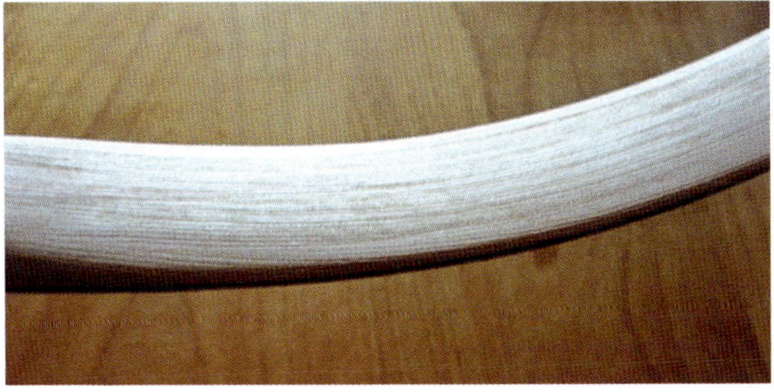

Kerben als Vorbereitung auf den Sehnenbelag

Es reicht, wenn es freihand langsam und sorgfältig gemacht wird, vom Griff aus bis über den Kasan hinaus und ca. 3 cm (gemessen von der Basis) in den Tip hinein. Da die Sehne bis zu 3–5 mm auf den Bauch reichen soll, werden die Kanten, nicht aber der Bauch, genau so eingeritzt.
Meine Erklärung für die Riefen ist dieselbe wie zuvor. Da die Steifigkeit von Sehne sehr nahe bei der des Leims liegt, erreichen wir so wieder, dass die „Zähne" der Sehnenlage für eine noch bessre Bindung ins Holz hineinreichen.

Mir ist klar, dass Bögen auch ohne diese Vorbereitungen unter der Sehnenschicht gebaut werden können und mir sind Leute bekannt, die es als ausreichend betrachten, die Oberfläche abschließend grob zu schmirgeln. Was ich hier beschreibe, ist die Originalbauweise; eine auch auf die stärksten und am meisten belasteten Bögen anwendbare Methode. Es ist allein deine Entscheidung.

Mit dem so vorbereiteten Bogen können wir uns jetzt dem Belegen mit der Sehne zuwenden. Da sich die Holzoberfläche mit der Zeit verschlechtert, ist es am besten, zwischen dem Anbringen der Kerben und dem Belegen mit Sehne nicht mehr als drei Tage verstreichen zu lassen.

Vorbereitung der Sehne

In Kanis Buch wird für die Masse von Sehne und Leim zusammen ca. ⅓ des Gesamtgewichts des Bogens angegeben. Daher kann der unbelegte Bogen gewogen werden, und die Hälfte des Gewichts ergibt das benötigte Gewicht von Sehne und Leim. Dieses Gewicht wird erneut halbiert, wodurch man die für Leim und Sehne jeweils separat zu veranschlagende Masse erhält.
Eine solche Sehnenlage wäre ziemlich dünn. Ich schlage vor, mehr Sehne, bis knapp ⅓ der Bogenmasse zu verwenden, wenigstens für den ersten Bogen. Das wird den Bogen vor Bruch schützen. Ebenso verwendete man bei Flightbögen proportional mehr Sehne als bei anderen Typen. Die meisten osmanischen Bögen wogen bei 42–43 Zoll Länge ca. 300–350 Gramm.

Anderseits lag das Zuggewicht dieser Bögen bei über 100 lb. Diese Bögen benötigten also ca. 100–120 g Sehne und Leim kombiniert, entsprechend je 50–60 g Sehne bzw. Leim.
Ich schlage vor, auf der sicheren Seite zu bleiben und mit 80–100 g Sehne beim ersten Bogen, auch wenn er nicht mehr als 50 lb haben soll, zu beginnen und später mit weniger Sehne zu experimentieren. Ich bin bis zu 70 g Sehne bei 100 lb-Bögen heruntergegangen. Die Menge des Leims für 100 g Sehne schwankt zwischen 50 und 100 g, aber um sicher zu sein dass es genug ist, würde ich 100 g einplanen.

Die Sehnenlage ist bei den meisten Bögen flach und nur spezialisierte Flightbögen hatten eine gerundete Sehnenlage (oder gestaffelt, diese Bögen waren als *sinirsek yay* bekannt). Tatarischen Bögen hatten 2 Sehnenrücken, ca. 3–4 mm breit und 1–2 mm hoch, entlang den Kanten des Sal.

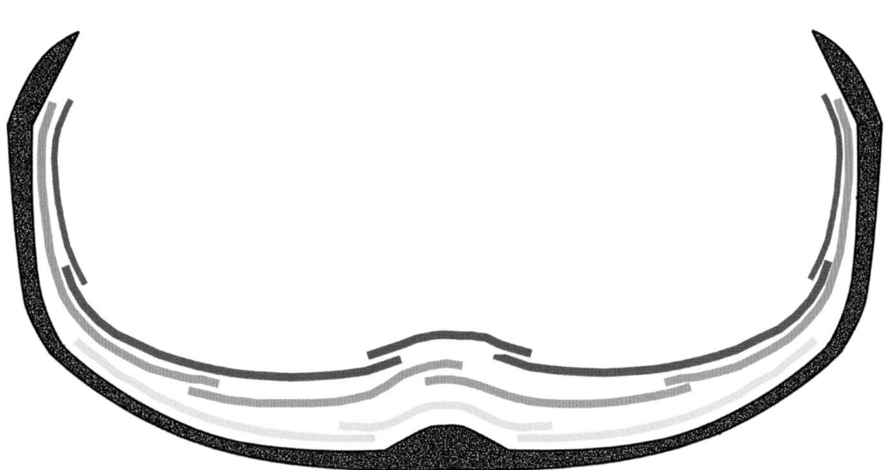

Typischer Aufbau der Sehnenlagen.

Die erste Lage wird hauptsächlich an den Kanten aufgebracht und lässt die Mittellinie des Kerns frei.

Die letzte Lage sollte, wie gezeigt, den Sal-Bereich mit einem Bündel abdecken, die anderen zwei Lagen können, wenn nötig, aus kürzeren Bündeln bestehen.

Ich habe osmanische Bögen mit 4 solchen Sehnenrücken gesehen (sogenannte *şişhane yay*).
Die Rücken der tatarischen Bögen können zur Verstärkung der Bogenkanten gedient haben.

Die Sehne kann in so vielen Lagen wie gewünscht aufgebracht werden. Es ist besser, weniger Lagen zu verwenden, da so die Leimmenge verringert wird. Die Türken verwendeten nur zwei Lagen, ich verwende drei Lagen. Man beachte, dass durch die runde Gestalt des Kerns unter der Sehne die wirkliche Dicke der Sehnenlage auf dem Holz entlang der Mitte des Bogenrückens nicht mehr als 2-3mm beträgt, während sich an den Seiten mehr Sehne konzentriert.

Sehnenbündel werden nach Gewicht in Gruppen aufgeteilt – jede Gruppe wird zu einer Sehnenlage. Die Bündel überlappen sich um ca. 4cm. Bei der obersten Lage bedeckt ein langes Bündel den ganzen Biegebereich des Wurfarms, vom Griff bis 2–6 cm in den Kasan plus einem kürzeren Bündel, das 4 cm mit der anderen Lage überlappend mindestens bis zu Mitte des Kasan oder weiter, bis ca. 5 cm an die Tips heran reicht.

Dieses letzte Bündel kann mit weniger Sehnenfäden gemacht werden, ca. ½ bis ⅔ des Bündels für den Sal. Es ist zudem sinnvoll, zum Schluss auch noch ein kurzes Bündel über den Griff zu legen. Diese oberste Lage ist die wichtigste, da sie die größte Belastung aushalten muss. Bei den anderen Lagen können sich, immer mit einer Überlappung von 4 cm, die Sehnenbündel in der Mitte des Sal oder wo immer nötig treffen.
Es ist jedoch wichtig, diese Stellen in den verschiedenen Lagen versetzt anzuordnen, so dass kein Kontaktstelle direkt über der der vorherigen Lage liegt.

Ich glaube, dass bei den originalen türkischen Bögen mit der ersten Lage die dicke Sehnenlage auf der Seite zusammen mit den Kanten aufgebaut und auch der Rest des Bogens bedeckt wurde, allerdings der Griff, Oberfläche und Kanten des Kasan mit weniger Sehne als auf dem Sal. Die zweite und letzte Lage bedeckt den Griff, den Sal und reicht im Kasan bis ungefähr zur Mitte.
Mit mehr Lagen kann die erste Schicht weiter aufgeteilt werden.

Da Sehne beim Trocknen schrumpft, kann eine Schicht nicht dicker als ca. 1,5 mm gemacht werden, da man sonst ziemlich schwere Bündel nasser Sehne benötigen würde, die zu schwierig in der Handhabung sind.*

Die Bündel werden jetzt aufgeteilt und für die einzelnen Lagen getrennt zurechtgelegt. Diese Bündel werden nochmals, um sie besser handhaben zu können, geteilt. Die Bündel liegen dann später Seite an Seite und werden, solange sie noch nass sind, entlang der Mitte des Wurfarms zusammengeführt. Die Aufteilung geschieht am besten mit einer guten, auf 0,1 g genauen, Waage. Früher habe ich die Bündel nach Augenmaß getrennt, fand aber, dass die Genauigkeit nicht ausreicht, was ungleiche Lagen ergab. Ein dickerer Sehnenbelag auf einer Seite des Wurfarms könnte beim Trocknen eine Verdrehung im Wurfarm hervorrufen. Kani schrieb, dass es das Geheimnis der Bogenbauer gewesen sei, wie die Sehnenlagen aufgebaut wurden. Ich glaube, dass das Geheimnis darin lag, dass für die stärker belasteten Bereiche, bei ausreichender Überlappung, mehr Sehne verwendet wurde, während für die starren Bereiche wie den Kasan und den Anfang der Tips weniger Sehne verwendet wurde. Da Sehne ein höheres spezifischen Gewicht als Holz hat (1,2 gr / cm^3), ist es nur logisch, weniger davon auf den starreren, weniger belasteten Bereichen aufzubringen. Im Griffbereich braucht man mit dem Gewicht dagegen nicht zu geizen: je schwerer er ist, umso ruhiger schießt sich der Bogen (A.d.Ü.: es ist auch sicherer, mehr Sehne in den „Fadeout"-Bereichen zu haben).

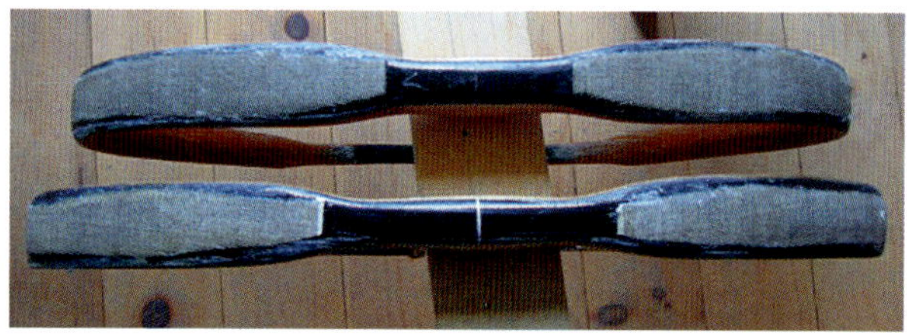

Mit Leinen bedeckter Bogenbauch. Der dicke Griffbereich muss nicht abgedeckt werden.

Bevor ich die Sehne auflege, bedecke ich den Hornbauch mit einem mit Leim getränktem Streifen schweren Leinens oder Baumwollstoff.
Das wurde von den alten Bogenbauern so nicht gemacht. Ich finde aber, dass es hilft, Risse im Horn während des Trocknens der Sehne zu verhindern. Die Häuser, in denen ich lebe, müssen den größten Teil des Jahres geheizt werden, was die Luftfeuchtigkeit drinnen auf sehr niedrige Werte, zwischen 10 % und 30 %, fallen lässt. Das Horn, das so durch das Austrocknen spröde geworden ist, reißt gerne in Längsrichtung, mit dem Faserverlauf, wenn es unter Querspannung steht. Sehne schrumpft nämlich, wenn sie trocknet, nicht nur in Längsrichtung sondern auch zusammen mit dem Leim in der Breite. Das Reißen des Horns ist mindestens lästig.
Der Stoffstreifen, der auf den Bauch geleimt wurde, hilft das Problem zu vermeiden. Der Stoffstreifen ist um ein paar Millimeter schmaler als der Hornbauch und bietet so Platz für die Kante des Sehnenbelags. Der Streifen bleibt bis zum Tillern auf dem Bogen. Ich bin mir nicht sicher, ob dieses Vorgehen in einem milderen, feuchteren Klima auch notwendig ist.

* A.d.Ü. Zudem schrumpft die Sehnenlage auch in Querrichtung, was bei einer zu dicken Lage in Verbindung mit der ungleichen Trocknung des Sehnenbelags zu Rissen im Sehnenbelag parallel zur Faserrichtung führt.

Die Sehne auflegen

Der zum Sehnenbelegen verwendete Leim muss verschiedene Eigenschaften haben. Zu allererst muss er innerhalb von nicht mehr als 4 Stunden gelieren können. Das kann von der Art des Leims, der Zusammensetzung, der Konzentration und der Temperatur in der Werkstatt abhängen.

Fischblasenleim geliert langsamer, benötigt niedrigere Temperaturen und mehr Zeit. Bei höherer Temperatur in der Werkstatt kann es sein, dass der Leim nicht in der benötigten Zeit geliert. Auf der anderen Seite geliert käuflicher Hautleim am schnellsten. Diese Leime sind bei niedriger Temperatur schwierig zu verarbeiten, da der Prozess des Auflegens der Sehne pro Bündel 3–5 Minuten dauert. Die Eigenschaften des selbstgemachten Sehnenleims liegen dazwischen. Es ist wichtig auszuprobieren, wie sich der vorgesehene Leim in der benötigten Konzentration von 20–25 % verhält. Wenn die Mischung zu schnell geliert, sind mehr Fischblasen angesagt, wenn er zu langsam geliert, muss etwas Hautleim oder Gelatine zugesetzt werden. Es ist auch möglich den Bogen, wenn er mit Sehne belegt ist, anschließend zum Gelieren in einen kühleren Raum zu bringen.

Wie Kani schreibt, wurde für den Sehnenbelag der Flightbögen überproportional viel Fischleim (Gaumenleim) benötigt, da andernfalls die Reichweite geringer gewesen wäre. Es ist möglich, dass die bessere Benetzung der Sehnenfasern durch den langsam gelierenden Leim für eine höhere Strapazierfähigkeit des wärmebehandelten Bogens benötigt wird und der Leim seine Festigkeit trotz des durch die Wärmebehandlung niedrigeren Feuchtigkeitsgehalts behält.

Der Leim muss gelieren, bevor die Sehne sichtbar trocknet, was, in Abhängigkeit von der Umgebungsfeuchtigkeit, 2–4 Stunden dauert. Der gelierte, feste Leim hält die Sehne in ihrer korrekten Lage und verhindert, dass sie sich verschiebt oder vom Kern abhebt. Ohne das Gelieren würde der Wurfarm eine Wicklung aus Bandage oder Gummiband benötigen. Das könnte ein unerwünschtes Muster in die Oberfläche eindrücken oder den Belag am Trocknen hindern.

Die türkischen Bogenbauer machten so etwas nie, ganz im Gegenteil schreibt Kani, dass die Bögen nach dem Sehnebelegen dicht am Boden aufgehängt wurden, offensichtlich um den Vorteil der kühleren Luft zum Gelieren auszunützen. Bei der koreanischen Methode werden die leimgesättigten Sehnenbündel in ein feuchtes Tuch gewickelt und beiseite gelegt um abzukühlen und zu gelieren, bevor sie auf den Bogen appliziert werden.

Bei den Chinesen wurde das Belegen mit Sehne im Winter durchgeführt. Nach Taybogha (Syrien, 14. Jahrhundert) wurden die Bögen im frühen Frühjahr mit Sehne belegt, um in dem warmen Klima ebenfalls die Vorteile der kalten Luft auszunutzen.

Klopstegs Methode, die Sehnen in einem „Türkischen Bad“ (also fast unter Saunabedingungen) aufzulegen, mag ihre Vorteile haben, vorausgesetzt der Bogen wird anschließend zum Gelieren in einen kälteren Raum gebracht. Ich muss nicht besonders hervorheben, dass die Sehnenlage bei Temperaturen deutlich unter 35°C trocknen soll, da der Leim sich sonst wieder verflüssigen könnte und die Unversehrtheit der Sehnenlage gefährdet wäre.

Um den Leim zuzubereiten wird trockener Leim, der genau so viel wie die Sehne wiegt, mit Wasser gemischt, um eine 20–25 %ige Lösung zu erhalten. In der getrockneten Sehnenlage beträgt der Leimanteil 30–50 %. Zu viel Leim ist nicht erwünscht, da er unnötiges Gewicht hinzufügt, zu wenig Leim auf der anderen Seite schwächt die Verbindung zum Holz und verringert den Zusammenhalt der Sehnenlage, was zu Lufteinschlüssen darin führt. Manchmal verwende ich für die ersten Lagen etwas konzentrierteren Leim und für die letzte Lage schwächer konzentrierten.

Bei den meisten alten Bögen hat die Sehnenlage praktisch denselben Aufbau wie Sehne auf neueren Bögen. Bei einem unfertig gebliebenen Bogen jedoch zeigt die Sehnenlage noch nicht einmal eine faserige Struktur, möglicherweise wegen eines sehr hohen Leimanteils oder durch den langen Alterungsprozess, bei dem die Sehne über den langen Zeitraum mit dem Leim verschmolzen ist.

Die Halterung wird an den Arbeitstische geklemmt.

Es hat sich bewährt, die Dicke des Wurfarms am Sal jetzt zu messen und auf dem Bogenbauch zu vermerken. Auf diesem Wege kann die Dicke der Sehnenschicht nach dem Belegen abgeschätzt werden, um die benötige Dicke zu erreichen.

Jetzt sind wir bereit zu beginnen. Als erstes werden mit einem Messer oder feinem Sandpapier alle losen Holzfasern vom eingekerbten Bogenkern entfernt.
Anschließend wird der Kern mit den Kanten und ein paar Millimetern am Horn-Bauch mit Leim bestrichen, um das Holz mit dem Leim zu sättigen und die Gefahr von Luftblasen und Hohlräumen unter der Sehnenlage auszuschließen.
Hierfür wird heißer Leim mit einer Konzentration von ca. 10 % verwendet, mehrfach aufgetragen und trocknen gelassen, bis die gekerbte Holzoberfläche glänzt. Es ist hilfreich, die Oberfläche zwischen den einzelnen Beschichtungen leicht anzuschleifen, da es sie glatter macht und zu einer besseren Haftung führt. Um Verschmutzungen zu vermeiden sollte der Sehnenbelag innerhalb eines Tages aufgebracht werden.

Ich habe mir eine Halterung gebaut um den Bogen beim Belegen sicher festzuhalten. Der Leim (20 bis 25 %) wird in einem Topf oder Trog warm gehalten. Der Topf steht in warmem Wasser oder auf einer temperturgeregelten Wärmeplatte, um ihn warm zu halten.
Die Leimtemperatur sollte um die 50° betragen. Feuchte Sehne verträgt keine Temperatur oberhalb von 60°, sie zieht sich dann zu kurzen, gummiartigen Fäden zusammen.

Schnappschüsse vom Belegen mit Sehne: Links oben die erste Lage, unten die letzte.
Den Bogen anschließend an einem kühlen Platz aufhängen, damit der Leim gelieren kann.

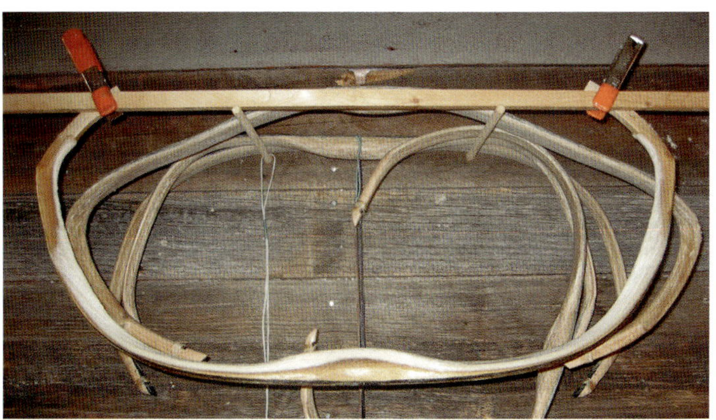

ES GIBT DREI ARTEN, DIE SEHNE ZU VERARBEITEN:

1. Die Bündel werden ein paar Minuten direkt im Leim eingeweicht, dann werden sie herausgenommen und der überschüssige Leim wird ausgedrückt. Dann werden sie, um die Fäden zu entwirren, auf einem flachen Brett ausgekämmt.

2. Zuerst werden die Bündel 10–30 Minuten lang in warmem Wasser eingeweicht. Dann wird so viel Wasser wie möglich herausgedrückt, die Bündel werden kurz in den Leim eingetaucht, der Überschuss an Leim wird leicht herausgedrückt und die Bündel werden auf dem Brett ausgekämmt.

3. 10 Minuten in warmem Wasser einweichen und mit den Fingern oder einem Kamm unter fließendem Wasser auskämmen, fest ausdrücken, kurz im Leim einweichen und leicht ausdrücken.

Jede dieser Methoden taugt. Das Einweichen im Leim kann in einem Trog, der so lang wie die Sehnenbündel ist, geschehen. Hier können die Sehnen ganz eingetaucht werden, wobei noch etwas Platz zum Bearbeiten (z.B. Zurechtrücken, Anordnen) bleibt.

Oder die Bündel können zuerst mit der einen, dann mit der anderen Hälfte in einen Leimtopf getaucht werden und bis zur Sättigung geschwenkt werden, und dann wird das Bündel leicht ausgedrückt, um den Überschuss an Leim zu entfernen.

Unabhängig von der Methode – das Ergebnis ist ein flaches, schlüpfriges Bündel Sehne, ganz mit Leim gesättigt, ohne Luft zwischen den Fäden, fertig um auf den Bogen gelegt zu werden. Gewöhnlich beginne ich mit dem Griff.

Die Bündel werden langsam aufgelegt und dabei wird darauf geachtet, dass die Fäden gerade liegen, da es schwierig ist, die Lage des Bündels zu korrigieren, wenn es erst einmal auf dem Bogen liegt. Manchmal ist es notwendig, die Enden mit einem Kamm gerade auszurichten. Die Sehne wird dann mit den Fingern leicht heruntergedrückt und inklusive der Enden flachgedrückt, um das Bündel auszubreiten und eventuelle eingeschlossene Luft unter dem Bündel zu entfernen.
Der Druck sollte nur leicht sein, da zu viel Druck zu viel Leim herausdrücken könnte und so Leerstellen verursacht. Wenn man zwei Streifen parallel verlegt, muss das schnell geschehen.
Der erste Streifen sollte noch nicht geliert sein, wenn der zweite dazugepresst wird, damit eine perfekt gleichmäßige Lage ohne Fehlstellen gebildet wird.

Eine Auswahl an Kämmen für die Sehnen

Bündel, die Ende an Ende liegen, müssen um ca. 4 Zentimeter überlappen, da beide durch die vorherige Behandlung am Ende flach auslaufen.

Die Kanten und ca. 5mm des Bauches werden mit Sehne bedeckt, indem ein Bündel etwas über die Kante hinaus aufgelegt und angepresst wird und die Enden der Sehnenfasern dann auf den Bauch gedrückt werden. Wenn nicht genug Sehne auf den Kanten liegt, kann das später behoben werden.

Zuerst wird ein Wurfarm vom Griff her zu den Tips hin belegt, dann der andere. Zwischenzeitlich wird der Leim im Sehnenbelag höchstwahrscheinlich geliert sein. Zum vollständigen Gelieren lässt man den Bogen jetzt abkühlen. Falls die Luftfeuchtigkeit im Raum zu gering ist, wird der Bogen besser mit der Oberseite nach unten, die Sehen also unten, aufbewahrt, um das Trocknen zu verlangsamen.

Wenn der gelierte Leim fest geworden, aber noch nicht getrocknet ist, werden die Wurfarmenden etwas zusammengezogen, um den Reflex zu erhöhen, bei einem 2-schichtigen Sehnenbelag um ca. 10 bis 15 cm, wenn mehr als zwei Sehnenlagen geplant sind, etwas weniger. Wenn der ganze Sehnenbelag aufgebracht ist, sollten die Tips nicht mehr als 10 cm voneinander entfernt sein.

Die Wurfarmenden werden nun in der neuen Lage festgehalten. Das Biegen in den Reflex geschieht, um den Sehnenbelag in Kompression zu bringen und damit die Sehnenlage auf den Kern zu pressen. Damit wird eine mögliche Delaminierung verhindert, wenn die Sehne beim Trocknen schrumpft.

Diese Methode, zuerst die Sehne gelieren, dann anhärten zu lassen und dann zu komprimieren ist so wirksam, dass ich niemals erlebt habe, dass sich die Sehne, auch bei den Bögen mit dem höchsten Reflex nicht, angehoben hat. Natürlich muss das vor dem Trocknen geschehen, solange die Sehnenlage noch weich ist.
Anschließend wird der Bogen wenigstens eine Woche beiseite gelegt, um sicher zu gehen, dass er durchgetrocknet ist. Gewöhnlich werden die Wurfarme, wenn der Bogen dann losgebunden wird, den zusätzlichen Reflex halten.

Eine andere Methode des Sehnenbelegens sollte hier erwähnt werden. Es ist möglich, die leimgetränkten, flachgedrückten und ausgekämmten Bündel zum Gelieren beiseite zu legen. Das Ergebnis sind lange, lederartige Sehnenstreifen, die auf den Kern gelegt werden können, nachdem dieser wie zuvor besprochen vorbereitet wurde. Der Bogen wird mit heißem Wasser oder Leim zuerst angefeuchtet und dann werden die gelierten Sehnenstreifen aufgelegt und angepresst. Diese Methode, wie sie von koreanischen Bogenbauern verwendet wird, ermöglicht fließbandartiges Arbeiten an mehreren Bögen gleichzeitig.

Hier die Methode, die bei Kani beschrieben wird: Die Sehne wird, vermutlich für eine Lage, in 5 Bündel aufgeteilt. Zuerst wird ein Bündel von einem Helfer in einer Mischung aus Fischleim (Gaumenleim) und Sehnenleim verrieben, bis es Leder ähnelt. Es wird dann auf dem Griff aufgelegt und reicht bis zur Pfeilanlage (*tir gecimi*). Ein spezielles Werkzeug, am einen Ende mit einem Haken und einem Kamm am anderen (genannt „Sehnenstift“ – *sinir kalemi*), wird verwendet, um die Fasern zu entwirren, zu kämmen und sie so parallel auszurichten. Das Werkzeug wird zwischen dem Gebrauch in Wasser aufbewahrt. Das nächste Bündel überlappt das erste und reicht bis zum Kasan-Auge, das nächste bis zum Ende des Kasan. Der Bogenbauer kann mit den Zähnen das Bündel aufweichen, bevor er es auf den Bogen legt. Das runde Ende des *sinir kalemi* (Sehnenstift) wird benutzt, um die Sehnenschicht in die konkaven Seiten des Kasan einzupressen.
Das wird auf der anderen Seite genau auf die gleiche Weise wiederholt und der Bogen dann dicht am Boden aufgehängt, um ein „Brechen“ der Sehnen zu vermeiden. „Brechen“ muss hier delaminieren bedeuten – die Kühle und Feuchtigkeit nahe dem Boden wird, da sie die Trocknung verzögert und die Schicht gelieren kann, das Problem verhindern. Nach dem Trocknen wird dünnflüssiger, heißer Leim mehrfach auf den Bogen gegossen, um die Sehne mit Leim zu sättigen, bis er glänzt. Durch Polieren mit einem feuchten Tuch kann dies unterstützt und die Lage geglättet werden. Später wird, wie zuvor, die nächste Sehnenlage aufgebracht.

Die „lederartige“ Konsistenz der Sehne/Leim-Kombination kann vermuten lassen, dass die Sehnenbündel nach dem Sättigen mit Leim gelieren konnten, bevor sie auf den Bogen aufgelegt wurden. Der Umstand, dass die Bündel gekaut wurden, um sie weich genug zu machen, damit sie sich an die gebogenen Bereiche anpassen können, lässt vermuten, dass die Bündel irgendwie gehärtet waren.

Das kann bedeuten, dass die türkische Methode des Sehnenbelegens der koreanischen ähnlich war. Auf der anderen Seite wäre der Gebrauch des Sehnenstiftes (sinir kalemi) unmöglich, wenn die einzelnen Fäden wie im gelierten, harten Bündel zusammenhalten würden.
Die Methode der vorherigen Zubereitung der flachen Sehnenstreifen wäre in der Tat die effizienteste Methode in größeren Werkstätten, und sie würden in der Tat vor der Verwendung in unterschiedlichem Ausmaß aushärten.

Ich glaube, der Hauptunterschied der koreanischen Methode liegt im Hinzufügen des Leims zu dem feuchten Sehnenbündel auf einem Holzbrett, wo es anschließend zu einem flachen Streifen ausgekämmt wurde. Bei der türkischen Methode wurde ein ganzes, trockenes Sehnenbündel in den Leim eingetaucht und dann für die Verwendung geglättet. Die Sehnenlage in den alten türkischen Bögen, die ich gesehen habe, war völlig mit Leim gesättigt und die einzelnen Fasern waren fast nicht zu erkennen. Auf der anderen Seite war die Sehne bei den koreanischen Bögen nicht so gut von Leim umschlossen, der sich hauptsächlich auf der inneren Oberfläche im Kontakt zum Holzkern befand. Die Methode, vorbereitete, gelierte Bündel zu verwenden, kann eine Sicherheitsmarge gegen das Delaminieren der Sehnenlage geboten haben, wenn sie beim Trocknen schrumpft, da die äußere Seite des Sehnenstreifens (am Bogenrücken) unter Druckbelastung gerät, wenn sie sich dem reflexen Bogenkern anpassen will. Die komprimierten Rückenfasern der Sehnenlage ziehen sich nicht mehr so sehr zusammen, wenn die Sehne trocknet, und schützen so die Sehne vor dem Abplatzen vom Holzkern.

Der Effekt ist der oben beschriebenen Methode, den frisch mit Sehne belegten Bogen zusätzlich in Reflex zu biegen, ähnlich.

Nach dem Trocknen wird der Bogen mit Feile und Sandpapier (Körnung 100 reicht) leicht geglättet, um die Sehne einzuebnen. Man muss zu diesem Zeitpunkt die Sehne nicht perfekt eben machen, aber Grate und sich kreuzende Fasern sollten entfernt werden. In einer feuchten Umgebung, in der der Sehnenbelag etwas weicher ist, ist es stattdessen möglich, den Sehnenbelag mit einem runden, glatten Dübel zu komprimieren.
Wie zuvor werden alle Arbeiten mit Baumwollhandschuhen durchgeführt. Dann wird der Bogen entstaubt und die Oberfläche mit heißem, 10%igem Leim großzügig eingestrichen, bis sie gesättigt ist.

Nun ist der Bogen fertig für den nächsten Sehnenbelag. Die Sehnenbündel werden jetzt aufgelegt, wobei darauf zu achten ist, dass die Überlappungen nicht genau über den Verbindungsstellen der ersten Lage liegen. Ich habe es immer so gemacht, um auf jeden Fall eine Schwachstelle in der letzten Lage zu vermeiden. Es mag sein, das diese Vorsicht unnötig ist, wenn die Bündel sich genügend überlappen und die Lagen gleichmäßig sind. Wichtig ist, mit der folgenden Lage nicht zu lange zu warten, da die freiliegende Sehnenfläche dazu neigt, mit der Zeit schlechter zu werden. Maximal 2 Wochen nachdem die erste Lage trocken ist, wird die zweite aufgebracht.
Wieder wird der Bogen, nachdem der Leim geliert ist, weiter in den Reflex gebogen. Nach der abschließenden Lage lässt man den Bogen durchtrocknen.

Trocknen

Es dauert mindestens 6 Monate um den Bogen vollständig durchzutrocknen. Warum so lange? Beim Trocknen von Sehne und Leim wandert die Feuchtigkeit durch Diffusion durch die Lagen.

Bei einem Bogen mit einem 1mm dicken Sehnenbelag beträgt die Trocknungszeit, abhängig von der Luftfeuchtigkeit der Umgebung, im Allgemeinen ein bis zwei Wochen. Nun steigt die Dauer für den Feuchtigkeitstransport durch die Lagen aber mit dem Quadrat der Dicke. Das bedeutet, wenn für 1 mm ca. 1 Woche benötigt wird, werden für 2 mm $2^2 = 4$ Wochen, bei 3 mm $3^2 = 9$ Wochen benötigt. Die Sehnenlage ist nun 4 mm, an einzelnen Stellen (an den Seiten des Wurfarms und möglicherweise am Griff) 5 mm stark. Vier Millimeter trocknen in 16 Wochen, 5 mm in 25 Wochen – also 6 Monaten.

Zugegebenermaßen wird der Bogen zwar nicht auf einmal mit Sehne belegt und wird daher etwas schneller trocken. Andererseits wird ein Gutteil der Feuchtigkeit der neuen Sehnenlage von der darunterliegenden bzw. dem Holz des Kerns absorbiert. Um sicher zu gehen, würde ich den Bogen auf jeden Fall 6 Monate trocknen lassen.

Ich habe festgestellt, dass ein Bogen, der nur 3 Monate getrocknet wurde, definitiv flexibler und irgendwie „weich“ ist und beim Tillern leichter überhitzt wird. Bei den von mir untersuchten koreanischen Bögen wurde der Sehnenbelag in 2 Lagen à 1 mm aufgebracht und der Bogen ca. 4 Wochen getrocknet, was mit der Rechnung übereinstimmt. Zum Trocknen sei auch auf das Kapitel über den Leim verwiesen.

Nach ca. 3 Monaten, während der Bogen immer noch trocknet, kann weiter an der Sehnenlage gearbeitet werden.

Ein alter Bogen, zum Trocknen in "Brezel-Form" gebogen. © Topkapi Palast Museum, Kat. Nr. 1/9543.

Zuerst wird mit einer Feile der Rücken eingeebnet oder, falls es sich um einen Flightbogen handelt, wird ihm eine leicht rundliche Form gegeben. Die Kanten werden abgerundet, überlappen aber immer noch die Hornlage. Die Sehne wird auch im Kasan-Bereich bearbeitet und an den Tips wird der Überschuss entfernt. Dann wird der Bogen erneut mit Schleifpapier geschmirgelt um die Spuren der Feilen zu entfernen, und die Dicke wird erneut mit einer Schieblehre überprüft um sicher zu sein, dass die Sehnenlage dick genug ist. Wenn nicht, wird eine weitere Sehnenlage aufgelegt. Freigelegte Sehnenfasern werden nach Bedarf mit einem heißen, dünnflüssigen Leim gesättigt.

Türkische Bogenbauer brachten eine schwere (nach dem Trocknen fast 1 mm dicke) Leimschicht auf dem Bogen auf, indem sie den Leim über den Bogen gossen. Für die leistungsfähigsten Bögen kann jetzt mehr Reflex eingebracht werden, bis die Bögen die typische „Brezel"-Form annehmen. Allerdings würde ich das nicht beim ersten Bogen empfehlen, da das den Bogen mehr belastet. Zuerst werden zwei Kerben, ca. 6 mm tief und 3 cm außerhalb der späteren Nocken, auf der Bauchseite der Wurfarmenden eingeschnitten.

Dann werden die beiden Sal-Bereiche gleichzeitig über einem elektrischen Heizer erwärmt.

Das Aufheizen muss sehr langsam erfolgen, und der Bogen darf nicht zu dicht an der Heizquelle sein, damit die Wärme langsam eindringt. Man kann die noch relativ frische Sehne nämlich sehr leicht überhitzen. Die Wärme sollte nicht zu stark sein und die Temperatur 50° C nicht überschreiten. Man kann auch zwei Wärmedecken auf geringer Leistungsstufe verwenden. Nur der Bereich des Sal wird erwärmt, nicht das Kasan-Auge, der Kasan oder der Griff. Diese Bereiche sind momentan am anfälligsten für Delaminieren durch Überhitzung; das Kasan-Auge wegen des höheren Reflexes an dieser Stelle und der Griffbereich am *çelik*, da hier der Horn-Horn Kontakt liegt. Ich empfehle es nur unter Vorbehalt, aber wenn man mutig genug ist, kann man den ganzen Bogen in einer Wärmekiste, wie die alten Bogenbauer, auf 40 bis 50° erwärmen. Wenn er genügend erwärmt wurde, was man an der größeren Flexibilität der Wurfarme erkennt, wird der Bogen gebogen bis sich die Wurfarmenden fast berühren.

Die Enden werden nun an den Kerben zusammengebunden und ein wenig in Richtung Griff gedrückt und fest damit verbunden. Der Bogen wird nun weitere 3 Monate trocknen gelassen. Wer den alten Prozeduren für Flightbögen folgen will, sollte ihn wenigstens 3 Jahre ruhen lassen.

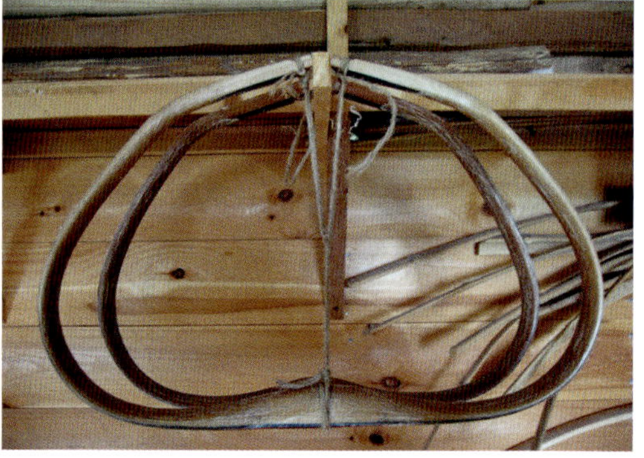

Bögen, die zum Trocknen zusammengebunden sind. Der Bogen links ist von Cern Dönmez. Wie rechts zu sehen ist, kann der Grad des Reflexes, abhängig von der Spannung im Wurfarm, mehr oder weniger stark sein.

Nocken und Sehnenbrücken

Während der Bogen trocknet, können die Sehnenkerben in die Wurfarmenden geschnitten werden. Das geschieht an einfachsten durch zwei parallele Sägeschnitte im Abstand von 6 mm auf dem Rücken der Wurfarmenden. Das Holz wird dann zwischen den Schnitten herausgemeißelt und die unteren Ecken werden gerundet, um die Reibung zu verringern. Das ist alles, was vor dem Tillern gemacht werden muss.

Bei sehr starken Bögen können die Wurfarme unterhalb der Nockschlitze in einem Abstand von weniger als einem Zentimeter mit einer Sehnenwicklung versehen werden, was die Gefahr verringert, dass die Enden unter dem Druck der Sehne splittern. Nach Kani wurde dies bei den Flightbögen gemacht. Bei den anderen Bögen wurde ein Stück Leder (*zağ*) in den Nockschlitz eingeleimt.

Die Enden oberhalb der Nocken können nach dem Trocknen fertig gestellt werden. Die Form der Enden variiert und spiegelt die Vorliebe des Bogenbauers oder die Mode jener Zeit wieder. Ältere Bögen haben oft sogenannte „*Bayezid*“-Enden, wie man sie an den für Sultan Bayezid II hergestellten Bögen findet. Der klassische Typus war der verbreitetste, manchmal stumpfer oder spitzer, manchmal mit einem eingeleimten, flachen, grün gebeizten Stück Holz oberhalb des Nockschlitzes.

Die kürzesten, runden Enden waren nur 1,5 cm lang. Bei manchen Bögen waren runde, massigere und sich abhebende Stücke, die aus Knochen oder Elfenbein sein konnten, mit V-Spleißen in das Holz eingesetzt. Allgemein ragten die Enden nicht weiter als 3,5 cm über die Nockschlitze heraus.

Verschiedene Bogentypen wie z.B. die krimtatarischen oder indo-persischen hatten mit schmalen

Ein Bogen im tatarischen Stil mit kleinen Sehnenbrücken.

Einsätzen aus Horn, die vertikal vom Rücken zum Bauch reichten, verstärkte Enden. Die Einsätze bei den krimtatarischen Bögen reichten bis zur Basis der Wurfarmenden, waren bei anderen Typen aber kürzer. Selbstverständlich mussten die längeren Einsätze vor dem Sehnenbelegen eingesetzt werden. Zuerst wurde ein Sägeschnitt vom Ende her gemacht, mit Schleifpapier oder Messer gereinigt und der ca. 2 mm starke Einsatz eingeleimt. Das Horn und auch das Holz wurden, wie üblich, für eine bessere Haftung aufgeraut und zur Vorbereitung der Verbindung wenigstens zweimal mit dünnem Leim gesättigt. Ebenso wurde eine Sehnenwicklung unterhalb des Nockschlitzes angebracht.

Tatarische Bögen hatten eine Brücke an der Basis des Wurfarmendes. Diese Brücken waren gewöhnlich nicht breiter als der Wurfarm selber, ausgenommen bei den Mandschu- und den koreanischen Bögen. Sie konnten aus Horn, Knochen, Hartholz oder sogar Leder sein.

Klassischer Tip mit Sehnenwicklung unter der Nocke.

Das Tillern

Bis hierhin ist der Bogenbau im Wesentlichen Geduld und Arbeit. Jetzt nähern wir uns dem Gebiet der Kunst. Das ist der schwer zu beschreibende Prozess des Tillerns. Man braucht schon Übung um einen hervorragend schießenden Bogen zu bauen. Das ist der Weisheit letzter Schluss: Ein Bogen ist erst fertig, wenn er Pfeile schießt.

Ein *asa ğezi* aus dem Buch von Kani.

Wenn die Luftfeuchtigkeit sehr gering ist, niedriger als 30 %, ist es am besten zu warten, bis eine feuchtere Jahreszeit beginnt. Wenn es sehr trocken ist, sind Bögen schwieriger zu biegen und die Materialien brüchiger. In trockener Umgebung sind Korrekturen nicht leicht und benötigen mehr Wärme.

Eine neue Version des *asa ğezi*.

Der Sinn des Tillern ist es, die Flexibilität an der richtigen Stelle zu erzwingen und, wenn nötig, Verdrehungen des Wurfarms zu eliminieren. Es ist wichtig sich klar zu machen, dass alle permanenten Änderungen entweder mit Wärme und Druck oder durch Verringern der Wurfarmdicke und -breite erreicht werden.

Deswegen wird der Sal-Bereich niemals erhitzt, da das Set verursachen kann, während der Kasan und sein Übergang in andere Abschnitte so stark wie benötigt erwärmt werden können. Die Eigenschaft des „Kriechens“ im Material arbeitet jetzt zu unseren Gunsten, da der Druck in Verbindung mit vernünftigem Gebrauch von Wärme in verschiedener Intensität für den besten Erfolg so lange wie nötig angewandt werden kann.

In der Regel verwende ich ein elektrisches Heizelement oder eine Herdplatte als Wärmequelle und halte den Bogen mit verschiedenen Hilfskonstruktionen in der richtigen Position.

Normalerweise reicht es, den Bogen bis zum Abkühlen mit den Händen oder Füßen zu halten – die gebogene Form des Bogens eignet sich nicht so gut für den Einsatz von Klemmen und Zwingen. Eine neue Form bleibt erhalten, wenn der entsprechende Abschnitt bis zum Abkühlen unter Druck stand, während eine erwärmte Zone ohne zusätzlichen Druck langsam in die alte Form zurückkehrt. Das bedeutet auch, dass beide Bogenhälften gewöhnlich, um den Bogen in der Balance zu halten, gleichzeitig erwärmt werden.

Die Bindung der Tips wird dann entfernt und die Stoffstreifen, so sie verwendet wurden, werden vom Bogenbauch entfernt. Es ist jetzt an der Zeit, zum Auseinanderbiegen der reflexen Wurfarme ein spezielles Werkzeug zu verwenden.

Im Original von Kani und in der Übersetzung von Hein, nicht jedoch in der Ausgabe von Klopsteg, ist die Zeichnung eines solchen Tillerwerkzeugs (*asa ğezi*) zu finden.

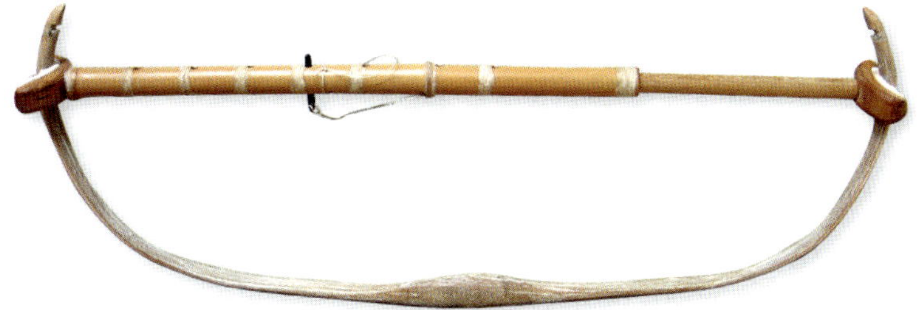

Eine verbesserte Telekopversion des *asa ğezi*, die auf dem koreanischen Werkzeug basiert.

Klopsteg und Hein erkannten die Bedeutung eines solchen Werkzeugs nicht, das nicht dasselbe wie der gewöhnliche Tillerstock ist. Die Koreaner verwenden ein ähnliches Werkzeug. Ich glaube, dieses Werkzeug ist wichtiger als der konventionelle Tillerstock. Es kann durch mehrere verschieden lange, enfache, Stöcke ersetzt werden, die an den Enden abgeflacht und eingekerbt sind.

Der im Reflex getrocknete Bogen muss nun geöffnet werden, um die C- oder O-Form zu verringern. Der größte Teil des Biegens mit dem Tillerwerkzeug geschieht im Bereich des Kasan-Auges; hier werden zunächst auch die meisten Korrekturen erfolgen. Die Wurfarmenden werden auseinandergespreizt und das Tillerwerkzeug oder ein Stock werden dazwischen geklemmt. Oder, abhängig vom Bogendesign, wird das Tillerwerkzeug zwischen den Tip-Kasan-Biegungen oder zwischen den Nocken eingesetzt. Die Wurfarmenden sollten mit erheblicher Kraft auf einen Abstand von ca. 61 cm gespreizt werden.

Dann wird die Form des Bogens sorgfältig untersucht. Bei den osmanischen, persischen und tatarischen Bögen biegt sich die Verbindung im Kasan-Auge beim Gebrauch. Dies wird dadurch erreicht, dass, wie beschrieben, der Kern von Beginn an dünner gemacht wird oder durch Verringern der Dicke des Horns, bis, abhängig vom Design, der dünnste Punkt im Wurfarm ca. 1–5 Zentimeter vom Kasan-Auge entfernt liegt.

Falls eine Verdrehung im Wurfarm vorliegt, ist sie nun klar erkennbar. Wir können auch feststellen, wo genau sie im Wurfarm oder in beiden Wurfarmen auftritt. Gewöhnlich liegt sie im Bereich um das Kasan-Auge, manchmal in der Biegung zwischen Wurfarmende und Kasan, selten im Sal oder am Übergang zum Griff. Wenn man das Profil des Bogens studiert, kann man Fehler in der Balance der Wurfarme erkennen. Das ist normal, fast alle Bögen haben das etwas in diesem Stadium, trotz sorgfältigster Arbeit. Einer der Wurfarme kann im Sal steifer sein, was sich in einem größeren Recurve zeigt. Gleichzeitig kann der andere Wurfarm einen ausgeprägtere Biegung im Kasan, im Kasan-Auge oder auch im Sal-Bereich haben.

Bevor wir weitermachen, ist jetzt der beste Moment, den Reflex im Bereich des Kasan-Auges zu verringern. Das wird entweder mit Wärme oder durch Verringern der Dicke an dieser Stelle erreicht. Gleichzeitig kann eine eventuell in diesem Bereich auftretende Verdrehung korrigiert werden.

Alle Korrekturen werden mit Unterstützung des oben erwähnten Tillerstocks durchgeführt. Der fragliche Bereich wird von der Hornseite aus über einem elektrischen Heizelement erwärmt, wobei sehr wichtig ist, nur diesen Bereich und nicht den Bereich des Sal oder den Griffbereich zu erwärmen. Damit die Wärme langsam eindringen kann, wird der Bogen in einem gewissen Abstand zum Heizkörper gehalten.

Die Temperatur im Wurfarm darf 50°C nicht überschreiten. Zugleich ist es wichtig, beide Kasan-Augen-Bereiche gleichzeitig zu erwärmen. Dazu werden die Bereiche abwechselnd und gleich lang der Wärmequelle ausgesetzt, denn wenn eine Seite stärker erwärmt wird, entspannt sie sich auch stärker, was die Biegung ungleich macht.
Wenn sich die erwärmten Wurfarme etwas leichter biegen lassen, werden die Wurfarme in Gegenrichtung zur Verdrehung gedreht, ein wenig starker, als für die Korrektur nötig wäre. In dieser Stellung lassen wir sie abkühlen. Das wird solange wiederholt, bis der Wurfarm etwas überkorrigiert zu sein scheint.

Den Bogen lässt man jetzt wenigstens ein paar Stunden, im Tillerwerkzeug eingespannt, abkühlen. Er sollte jetzt keine Verdrehung mehr zeigen und der Reflex im Bereich des Kasan-Auges sollte deutlich geringer sein.

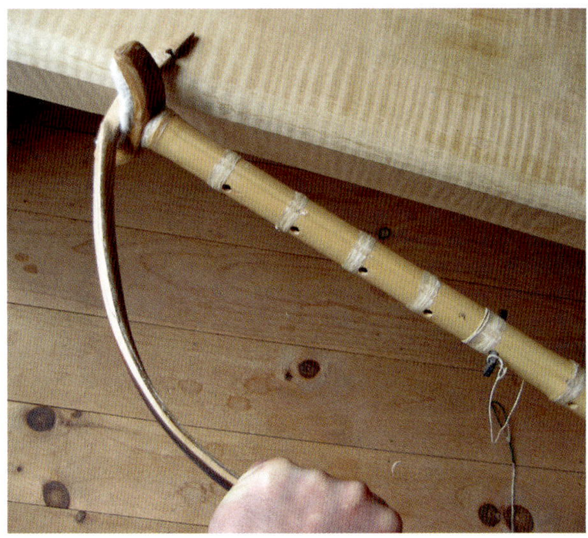

Ein Wurfarm wird in Gegenrichtung zur Verdrehung belastet. Die Wurfarmenden werden dabei abgestützt.
Das Tillerwerkzeug hält die Wurfarme geöffnet, um den Reflex zu verringern.

Falls der Kasan-Auge-Übergang (nicht der Sal, der erst später an die Reihe kommt) des einen Wurfarms immer noch ungleich ist, wird der andere (der steifere, A.d.Ü) etwas dünner gemacht, indem am Horn vorsichtig etwas abgeschabt wird. Das muss sehr sorgfältig in kleinen Schritten erfolgen und die Verbindung muss immer wieder gebogen werden, um den Fortschritt erkennen zu können. Das geschieht immer noch im Tillerwerkzeug und wird solange gemacht, bis die Wurfarme in diesem Bereich eine identische Biegung aufweisen. Wenn der Bogen immer noch verdreht ist, werden das Erwärmen und Korrigieren, eventuell mit etwas mehr Wärme und über längere Zeit, wiederholt, bis der Bogen nicht mehr verdreht ist.

Der Bogen kann in diesem Stadium im Sal-Bereich immer noch nicht ausbalanciert erscheinen, aber die Bereiche der beiden Kasan Augen sollten jetzt gleich aussehen. Jetzt haben wir erst einmal den Reflex verringert und eventuelle Verdrehungen im Kasan-Auge eliminiert.
Beim Abschaben am Bauch und an den Seiten des Bogens ist darauf zu achten, dass die Rundung des Bauches durchgängig erhalten bleibt. Man soll sich keine Gedanken machen, wenn das Holz des Kerns an den Kanten zum Vorschein kommt. Nur der Bauch sollte immer gerundet bleiben und die Sehnenlage auf dem Rücken der der breiteste Teil des Bogens an dieser Stelle sein.

Falls sich die Verdrehung des Wurfarms an einer anderen Stelle als dem Kasan-Auge konzentriert, gehen wir anders vor. Die Kasan-Augen werden dann, wie oben beschrieben, erwärmt um den Reflex in beiden Wurfarmen zu reduzieren.

Tritt die Verdrehung im Bereich vom Kasan bis zum Wurfarmende hin auf, wird nur dieser Bereich erwärmt. Für diese Korrektur ist das Tillerwerkzeug nicht notwendig, weil dieser Bereich starr ist und keine Gefahr besteht, dass sich der Reflex durch das Erwärmen ändert.
Wenn der verdrehte Punkt genügend erwärmt ist, wird er etwas mehr als notwendig zurückgedreht. Bei mir hat es sich bewährt, bei einer Verdrehung das Wurfarmende seitlich auf die Werkbank zu legen und den Wurfarm herunter zu drücken. Der Wurfarm wird kontrolliert und gepresst, bis das Wurfarmende leicht überkorrigiert ist und abkühlen kann.

Wenn die Verdrehung im Sal-Bereich liegt, müssen beide Sal-Bereiche erwärmt werden; wieder ohne dass das Tillerwerkzeug zwischen die Nocken eingesetzt wird, weil das den Biegebereich des Wurfarms unter Druck setzen und zu Stringfollow führen würde. Dieselben Bereiche an beiden Wurfarmen werden erwärmt und wie zuvor korrigiert, bis die Verdrehung verschwunden ist. Das wird wiederholt, bis alle Verdrehungen beseitigt sind. Genau so, aber gleichzeitig wird vorgegangen, wenn beide Biegezonen verdreht sind.

Möglicherweise konnten erfahrene Bogenbauer, die an dutzenden Bögen gleichzeitig arbeiteten, diese Korrekturen viel schneller erledigen. Kani schrieb, dass die Wärmebox verwendet wurde, um die Bögen beim Tillerprozess zu erwärmen. Was bedeutet, dass der ganze Bogen erwärmt wurde und alle Korrekturen bezüglich Biegung und Verdrehung auf einmal gemacht wurden.

Ein Bogen, der zu einem leichter handhabbaren „C"-Reflex geöffnet wurde.

Das geschah bei der größten Hitze, die der Bogen je aushalten musste. Das war besonders bei Flight-Bögen, die vor jedem Wettbewerb wiederholt erwärmt wurden, sinnvoll. Korrekturen, die bei der höchsten Temperatur durchgeführt worden waren, blieben erhalten und wurden bei der Vorbereitung auf einen Wettkampf nicht wieder rückgängig gemacht.

Wie ich schon erwähnt habe, kann der Sal eines Wurfarms steifer sein, was sich in mehr Reflex äußert. Das wird nicht mit Wärme korrigiert, sondern indem der Bauch des steiferen Wurfarms etwas abgeschabt wird.

Wenn der Bogen ganz ausgekühlt ist, wird der steife Wurfarm (bei angesetztem Tillerwerkzeug) an den entsprechenden Stellen ganz leicht geschabt. Nicht mehr als ein paar Durchgänge mit der Ziehklinge auf einmal! Dann wird der Wurfarm über dem Knie gebogen und die Wurfarme werden etwas weiter gespreizt, bis sie symmetrisch und ausbalanciert erscheinen. Kleine Abweichungen können später korrigiert werden.

Es ist auch möglich, dass der Bogen außer dass er nicht ausbanciert ist, keine Verdrehung zeigt. Dann ist es möglich, ohne Hitzeeinwirkung, nur durch Abschaben an einem Wurfarm im Kasan-Auge oder der Biegezone, die Dicke und/oder Breite zu verringern. Am Kasan-Auge bevorzuge ich jedoch den Einsatz von Wärme. Damit kann ich, ohne die Dicke zu verringern, den Reflex verringern. Bei einem neuen Bogen ist es sehr leicht möglich, an dieser Stelle beim Abschaben zu weit zu gehen. Es ist sicherer, hier für spätere Arbeiten mehr Material stehen zu lassen.
Selbstverständlich werden alle „kalten" Korrekturen immer durchgeführt, während der Bogen in das Tillerwerkzeug, das die Enden auseinander spreizt, eingespannt ist.

Wenn die Verdrehungen aus dem Bogen entfernt wurden und die Wurfarme im Gleichgewicht sind, sollen beim türkischen Bogen die beiden Wurfarmenden senkrecht in Relation zum Griff stehen. Der Reflex im Kasan-Auge kann zur Sicherheit sogar noch weiter reduziert werden, was für den ersten Bogen eine gute Idee wäre.

Jetzt ist es an der Zeit, Tepeliks zum Formen der Wurfarme einzusetzen. Das sind speziell geformte Hölzer, die, wo immer Hornbögen gebaut wurden, weit verbreitet sind. Diese Schablonen ermöglichen es, einen neuen Bogen bei guter Kontrolle der Biegung aufzuspannen und Korrekturen an den Wurfarmen vorzunehmen. Die Länge entspricht der Biegezone plus ein paar Zentimetern. Der Biegeradius an der äußeren Fläche entspricht dem fertigen, aufgespannten Bogen oder ist etwas geringer.
An beiden Enden können ein paar Zentimeter gerade bleiben und die Schablonen können auch zum Ende hin dünner werden. Dadurch wird es etwas einfacher, die Schablonen an die Wurfarme zu binden. Beim türkischen *tepelik* ist ein Ende ein wenig länger als das andere. Die äußere Oberfläche des Tepeliks, an der der Bogenbauch aufliegt, wird am besten etwas konkav gemacht und mit einem weichen, rutschfesten Material wie Leder oder Gummi belegt. An beide Enden sind ca. 50 cm Seil befestigt.
Es wird hier generell am Bogen keine Wärme angewandt, da wir keine dauerhafte Verringerung des Reflexes in der Biegezone anstreben.

Tepeliks – Wurfarmformer

Ein Ende des Tepeliks, beim türkischen das kürzere, wird im Bereich des Kasan-Auges unter den Bogenbauch gelegt und dort mit dem Seil festgebunden.

Dann wird das Wurfarm-Ende des Bogens unter einem Seil, das an der Werkbank befestigt ist, durchgesteckt, wobei das andere Ende des Tepeliks sicher an der Kante der Werkbank oder mit einem Stück Holz abgestützt wird.*

Der Bogen wird dann am Griff gehalten und langsam zum Tepelik hin gebogen. Ich biege die neuen Bögen langsam und „gewöhne" den Wurfarm im Bereich des Kasan-Auges, indem ich den Wurfarm hin und her schiebe, während ich ihn auf und ab biege. Dieses Biegen macht den Bogen dort später etwas flexibler.

Es ist allerdings wichtig, das Biegen in diesem Bereich nicht zu übertreiben, weil das Biegen die Horn- und Sehnenverbindungen wegen des extremen Reflexes hier sehr belastet. Dann wird der Bogen bis auf das andere Ende des Tepeliks gebogen und dort festgebunden.

Gebrauch des Tepelik

* A.d.Ü: Der Tepelik wird in diesem Schritt zusammen mit dem Wurfarm so an der Werkbank befestigt, dass er beim Biegen am freien Ende des Bogens als Widerlager für die Biegung dient. Dazu muss das entsprechende Wurfarmende ebenfalls fixiert werden.

Zwischen Bogen und Tepelik bleibt noch ein Abstand von ca. 2,5 cm. Der andere Wurfarm wird jetzt genau auf die gleiche Weise festgebunden. Das ist wichtig, weil mehr Belastung, auch nur für kurze Zeit, zu einem Ungleichgewicht der Wurfarme führen kann.
Wenn dann beide Schablonen am Bogen festgebunden sind, kann er aufgespannt werden (Siehe auch den Abschnitt über Bogensehnen).

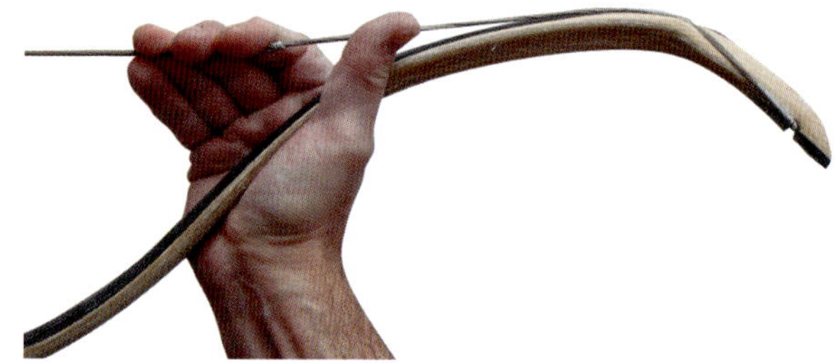
Wurfarme werden ausbalanciert, indem der schwächere in die Sehne gepresst wird, um den stärkeren Wurfarm mehr zu belasten.

Der Bogen wird an den Kasan-Bereichen fest gehalten und über das Knie gebogen. Das muss langsam und ohne jegliche Verdrehung geschehen, während der Bogen in die Position zum Aufspannen gebracht wird. Ein Helfer legt die Schlaufen der Sehne in die Nocken. Der Bogen wird dann langsam gelockert, während man den Verlauf der Sehne, besonders ob sie im Kasan/Tip-Bereich mittig zum Wurfarm liegt und nicht abrutscht, genau im Auge behält. Leichtere Bögen können im Durchsteigen aufgespannt werden. Starke Bögen kontrolliert aufzuspannen bereitet beträchtliche Mühe. Um alleine arbeiten zu können habe ich mir eine Bogenpresse gebaut.

Eine Bogenpresse, in der der Bogen gebogen und für das Einhängen der Sehne fixiert werden kann.

Die Tepeliks werden jetzt noch nicht entfernt. Falls die Wurfarmenden nicht in einer Ebene mit der Ebene der Bogenbiegung fluchten (a.d.Ü.: also noch Verdrehungen auftreten), kann versucht werden, das durch Verdrehen der Enden in die Gegenrichtung zu korrigieren. Wenn das nicht möglich ist, sollte der Bogen wieder entspannt, die Tepeliks entfernt (in umgekehrter Reihenfolge wie oben) und die Verdrehung wie zuvor korrigiert werden: mit Wärme und unter Einsatz des Tillerwerkzeugs. Das wird so oft wie nötig wiederholt, bis der aufgespannte Bogen keinerlei Verdrehung mehr zeigt.

Erst wenn der aufgespannte Bogen keinerlei Verdrehung mehr zeigt, werden die Tepeliks entfernt. Es ist besser, mit der schwächeren Seite zu beginnen und diesen Wurfarm sich zuerst entspannen zu lassen.
Der Bogen wird fast sicher ein Ungleichgewicht in den Wurfarmen zeigen. Der schwächere Wurfarm wird sofort in die Sehne gepresst um den steiferen Wurfarm zu belasten. Nach 10 Sekunden wird nachgelassen und überprüft, ob sich schon etwas gebessert hat.

Manchmal wird solch ein Ungleichgewicht beim Aufspannen erzeugt und eine einfache Korrektur kann ausreichen. Wenn das aber keine Verbesserung bringt, benötigt der schwächere Wurfarm ein Band (auf Persisch *barshak*) aus Leder, Gummi oder Schnur um ihn niederzudrücken und dichter an der Sehne zu fixieren.
Ich verwende ein Gummiband aus dem Schlauch eines Reifens. Wenn das Band angebracht ist, wird der steifere Wurfarm an der Stelle, wo er zu stark ist und die Balance nicht stimmt, abgeschabt. Der Wurfarm wird belastet, indem er übers Knie gebogen oder der andere, schwächere Wurfarm in die Sehne gepresst wird.

Der Bogen sollte sich nicht zu dicht am Griff, aber in einer gleichmäßigen Kurve über den ganzen arbeitenden Wurfarmbereich biegen, wobei sich der Bereich des Kasan-Auges in der aufgespannten Position ebenfalls etwas biegt. Zu viel Biegung nahe des Griffs kann im Gebrauch zu Stringfollow führen, da sich die Belastung dort stärker konzentriert.

Die Wurfarme können dann in Richtung auf die Kasans hin etwas abgeschabt werden um die Belastung zu verringern. Gleichzeitig sollte die Biegung im oberen Sal und im Kasan nicht übertrieben werden, da dieses die gespeicherte

So korrigiert man eine Verdrehung in einem gespannten Bogen.

Energie verringert und im Auszug zu früherem Stacking führt. Beim Abschaben wird die Rundung des Wurfarmquerschnitts beibehalten.
Wenn das Gleichgewicht erreicht ist, kann die Feinkorrektur der Biegung mit 200er Sandpapier geschehen.

Der Bogen ist jetzt im Gleichgewicht und sieht aufgespannt fast perfekt aus. Er kann jetzt gezogen werden. Bei leichteren Bögen ist es gewöhnlich ausreichend, beide Füße auf den Griff zu stellen und die Sehne langsam hochzuziehen, während man die Biegung prüft und nach eventuellen Verdrehungen sucht.
Natürlich muss die Sehne genau in der Biegeebene der Wurfarme gezogen werden, sonst stellt eine beobachtete Verdrehung nur die Auswirkung eines Fehlers beim Ziehen dar. Das kann in diesen Stadium, bei leichten Bögen mit sehr flexiblen Wurfarmen, sehr leicht passieren.

Ein *barshak* aus Gummiband

Bei stärkeren Bögen wird der übliche Tillerstock verwendet. Der Bogen wird auf dem Tillerstock ca. 12–14 Zoll gezogen und sorgfältig untersucht. Es ist die Regel, dass man die Wurfarme wieder verdreht sieht – die Enden werden nicht perfekt fluchten. Der Bogen muss dann vom Stock genommen werden und das verdrehte Ende überkompensierend für ca. 10 bis 20 Sekunden in die Gegenrichtung verdreht werden. Dann wird geprüft, ob sich etwas gebessert hat. Wenn nicht, kann der Bogen, wie oben beschrieben, abgespannt und mit Wärme korrigiert werden. Und wieder muss beachtet werden: wenn die Verdrehung im Kasan-Auge auftritt, muss das Tillerwerkzeug zum Aufspreizen verwendet werden. Der Grund dafür ist, dass sich durch die Hitze wieder mehr Reflex bilden würde, da sich das Material entspannt.
Wieder werden beide Wurfarme im gleichen Bereich erwärmt und nur der verdrehte wird korrigiert. Wenn die Verdrehung an anderer Stelle auftritt, wird das Tillerwerkzeug nicht benötigt und nur der verdrehte Wurfarm wird zum Richten erwärmt.

Ein gespannter Bogen auf dem Tillerbaum. Man beachte, dass der Kasan-Abschnitt ein wenig biegsam ist – eine verbreitete Eigenheit der türkischen Bögen. Im vollen Auszug ist der Bereich des Kasan-Auges fast gerade.

Der Bogen kann in diesem Stadium jedoch durchaus schon perfekt sein. Er wird auf dem Tillerstock auf 16–18 Zoll gezogen, auf Verdrehungen untersucht und diese werden wie gehabt korrigiert. Beide Wurfarme sollten im Gleichgewicht sein. Der Bogen wird dann etwas weiter, aber nicht über 24 Zoll ausgezogen.
Wenn er jetzt bei diesem Auszug in Ordnung bleibt kann er von Hand auf seine volle Auszugslänge gezogen werden. Dann lässt man ihn langsam wieder zurückkommen wobei man sich vergewissert, dass die Sehne den Bogenbauch im Kasan immer noch mittig trifft.

Während des teilweisen Auszugs sollte der Bogen sich am Kasan-Auge erkennbar biegen. Diese Biegung wäre ausreichend um den Wurfarm im vollen Auszug vollständig gerade werden zu lassen. Diese Streckung wird den Bogen wahrscheinlich eher stacken lassen und die Energiespeicherung in gewissem Ausmaß verringern. Andererseits ist so ein Wurfarm leichter und kann sich deshalb schneller bewegen, was einer höheren Leistungsfähigkeit zugute kommt. Diese Biegung kann entweder durch Verringern der Dicke oder der Breite verstärkt werden. Offensichtlich wird man bei einem Flightbogen zuerst über die Breite arbeiten.

An diese Art des Tillerns sollte man sich aber erst mit einiger Erfahrung wagen. Beim ersten Bogen wird der überschüssige Reflex am Kasan-Auge, um die Stabilität zu erhalten, am besten mit Wärme korrigiert. Diese Stabilität kann auch über eine kürzere Sehne, die eine größere Standhöhe zur Folge hat, erreicht werden.

Der Bogen kann jetzt geschossen werden. Die ersten Schüsse werden bei halbem Auszug gemacht um sicher zu gehen, dass die Sehne jedes Mal sicher auf ihren Platz zurückkehrt, dann erst wird mit vollem Auszug geschossen. Der Griff sollte zu diesem Zeitpunkt nicht zu fest gehalten werden, um ein Drehmoment, das eventuell eine Verdrehung der Wurfarme hervorrufen könnte, zu vermeiden.

Es kann sein, dass die Sehne leicht nach links oder rechts verschoben zur Ruhe kommt. Ich schlage dann vor, den Bogen so umzudrehen, dass die Sehne in Richtung der Auflagestelle des Pfeils zeigt, also bei einem Rechtshandschützen mit Daumenrelease nach rechte und bei mediterranem 3-Finger-Auszug nach links. Meiner Erfahrung nach kommt die Sehne aufgrund der Dynamik des Ablasses immer etwas auf der Gegenseite zur Ruhe. Wenn der Bogen also mit Pfeilen an der rechten Griffseite geschossen wird, kommt die Sehne ein wenig links von der Bogenmitte zur Ruhe und umgekehrt. Demnach ist es sicherer, besonders bei einem langen Auszug, die Sehne etwas mehr in Richtung auf den Pfeil verlaufen zu lassen, da das helfen kann, die Sehnenverschiebung zu verringern. Diese Ausrichtung der Sehne zum Pfeil hin lässt manche Bogenschützen vermuten, dass der Bogenbauer einen „Centershot“ erreichen wollte. Ich glaube nicht daran.

Zwei Bögen zeigen nach dem Tillern eine offene C-Form

Der Prozess des Tillerns kann ziemlich langwierig sein. In extremen Fällen kann es Wochen dauern, die Wurfarme zu richten, bei fast täglichen Aufspannen und Korrigieren mit Wärme. Mit Glück kann der Bogen aber auch mit minimalem Aufwand schussfähig sein.

Bei einem Indo-Perser oder einem indischen Bogen kann die Hornseite jetzt mit einer 1 mm dicken, längs ausgerichteten Schicht Sehne bedeckt werden, auf die am Übergang zwischen Kasan und Biegezone zur Verstärkung eine diagonale Sehnenwicklung folgt, um diese Übergangszone zu verstärken. Diese diagonale Wicklung hilft (im Gegensatz zu einer im 90°-Winkel zum Wurfarm angelegten Wicklung) später, Risse im Rindenüberzug und in der Bemalung zu vermeiden.

Diese Sehnenlage auf dem Bauch ist manchmal auch bei den persischen Bögen verwendet worden.

Klimatisierung *(tımar)*

Flightbögen wurden „klimatisiert", das heißt, über einen Zeitraum von bis zu vier Tagen erwärmt. Die Bögen wurden mit den Enden nach unten in eine mit Filz ausgeschlagene Holzkiste gehängt, aber so, dass kein Teil des Bogens den Filz berührte. Diese mit einem dicht schließenden Deckel versehene Kiste wurde dicht neben einen Backofen gestellt. Von so behandelten Bögen wird berichtet, das sie 100 gez (66 m) weiter schossen als unbehandelte.

Auf den ersten Blick erscheint der *tımar*-Prozess einfach ein forciertes Trocknen der Bogenmaterialien zu sein, um sie steifer zu machen. Steifere Materialien bei gleichem (oder sogar durch den Wasserverlust geringerem) Gewicht werden den Bogen sicherlich effizienter machen. Das ist die Annahme aller Autoren, Klopsteg eingeschlossen. Kani schrieb jedoch, dass die Bögen mit einem gestapelten, mehrfachen Sehnenaufbau (und mit wie bei den Flightbögen gerundetem Bogenrücken) mit Rinde bedeckt waren.

Auch Yücel vermerkte in seinem Buch, dass einige Flightbögen, die regelmäßig getrocknet wurden, mit Birkenrinde belegt waren. Zudem waren nur die Flightbögen mit Rinde belegt, während die Kriegsbögen einen Überzug aus Leder hatten. Birkenrinde ist nun als ein hervorragender, wasserfester Überzug für Bögen bekannt, sogar besser als Leder.

Obwohl es nicht klar ist, ob die Birkenrinde bei neuen Bögen vor oder nach der *tımar*-Behandlung aufgebracht wurde, scheint diese Behandlung ziemlich häufig vor jedem Wettbewerb gemacht worden zu sein. Warum sollte man dann den Bogen wasserfest machen, wenn er vor jedem Wettbewerb bei der *tımar*-Behandlung getrocknet wurde? Warum war die Kiste mit Filz ausgelegt, was die Feuchtigkeit innerhalb der Kiste stabiler hielt, indem Feuchtigkeit aus dem Filz freigesetzt wurde, anstatt den Bogen so schnell wie möglich trocknen zu lassen? Warum war die Kiste überhaupt geschlossen? Warum wurde der Bogen mit der Sehnenlage nach unten aufgehängt, was den Trocknungsprozess weiter verlangsamt? Für all das muss es gute Gründe gegeben haben.

Wenn frische Sehne und Leim auf einem Bogen trocknen ziehen sich beide Materialien infolge des Feuchtigkeitsverlusts zusammen. Die äußere Oberfläche der feuchten Sehnenlage ist völlig der Umgebung ausgesetzt, während die andere Oberfläche im Kontakt zum Kern steht. Die Materialien wollen nun in allen Raumdimensionen, Länge, Breite und Dicke, schrumpfen. Das Schrumpfen in der Dicke wird offensichtlich nicht behindert, anders als das in Länge und Breite, da die Lagen fest am Kern anhaften.

Da die Leimmoleküle nun durch die immer weiter ansteigende Zahl von Wasserstoffbrückenbindungen aneinander gefesselt sind (siehe Kapitel zum Leim) und so gehindert werden, aneinander entlang zu gleiten, um die kompakteste Lage im Raum innerhalb des immer weiter schrumpfenden Volumens zu finden, beginnen sie nun, sich entlang der Richtung der größten Einschränkung zu orientieren – also entlang den Wurfarmen.

Einfacher kann man es sich als ein Gummiband vorstellen, das, an den Enden gehalten, in seinem Volumen schrumpfen will. Wenn das Band geschrumpft ist, sieht es genau so aus wie eines, das zwischen den Klammern gespannt wurde. Genau das geschieht mit den Molekülen, sowohl der Sehne wie des Leimes, im Sehnenbelag.

Beide Stoffe werden entlang dem Bogen gedehnt. Diese Dehnungsbelastung tritt auch in der Breite auf, da auch hier die Kontraktion begrenzt ist. Da jedoch die Breite im Vergleich zur Länge so viel geringer ist, können die Moleküle sich zusammenlagern ohne, verglichen mit der Länge, viel Zugbelastung in Richtung der Breite aufzubauen. Einiges von dieser Dehnung wird reduziert, wenn sich der Bogen beim Trocknen in den Reflex zieht. Jedoch kann sich nicht die gesamte Dehnung entspannen, weil sich die unter der Sehnenschicht liegenden Holz- und Hornschichten hierfür nicht genügend biegen können (a.d.Ü.: und weil diese Materialien selber der Biegung einen Widerstand entgegen setzen). Als Ergebnis des Ganzen haben wir eine Sehnenlage mit einer verborgenen, fixierten Dehnung innerhalb der Struktur, die nur darauf wartet, freigesetzt zu werden. Diese Zugkräfte freizusetzen würde dem Bogen erlauben, mehr Reflex als durch das Trocken alleine anzunehmen.

Aber wie kann diese Dehnung nun freigesetzt werden? In einem trockenen Bogen sind die Moleküle fast völlig unbeweglich geworden. Es steht nicht genug Feuchtigkeit zur Verfügung, die eine Molekülbewegung erlauben würde, und ebenso ist die Raumtemperatur hierfür zu gering. Eine Temperaturerhöhung, besser noch eine Erhöhung des Feuchtigkeitsgehaltes, würde nun die Molekülbewegung erhöhen. Und an dieser Stelle setzt der *timar*-Prozess an: Man gibt den Molekülen durch die Erwärmung die Möglichkeit, sich neu anzuordnen, hält dabei aber die Feuchtigkeit so hoch wie möglich, denn es ist die Feuchtigkeit, die die Bogenmaterialien weicher macht und so den Prozess optimiert. Und darin besteht die Rolle der Birkenrinde und der anderen Geräte – die Feuchtigkeit soll für mehr timar-Reflex im Bogen festgehalten werden.

Ein einfaches Experiment kann die Anwesenheit dieser verborgenen Spannung zeigen. Eine mit Leim gebundene Sehnenlage lassen wir auf einer hölzernen Unterlage völlig durchtrocknen, dann wird sie vom Holz getrennt und ihre Länge gemessen. Nachdem sie einen Tag in feuchte Tücher eingewickelt war, wird die Länge sogar noch geringer sein, obwohl man eine größere Länge, ein Anschwellen aufgrund neu eingelagerter Feuchtigkeit annehmen würde. Die Schrumpfung durch die Entspannung der verborgenen Dehnung kompensierte und überschritt die Ausdehnung.

Kollagenfasern besitzen eine weitere seltsame Eigenschaft: Wenn sie feucht sind ziehen sie sich beim Erwärmen spontan zusammen. Das kann bei feuchter Sehne beobachtet werden, wenn sie über 60°C erwärmt wird, oder bei feuchter Rohhaut, die bei derselben Temperatur dasselbe Verhalten zeigt das gerühmte "gekochte Leder".* Auf molekularer Ebene sehen die Stoffe aus wie aus spiralig aufgewickelten Garnen zusammengesetzt, ähnlich wie gelierter Leim. Wenn sie nun, in Gegenwart von genügend Wasser um eine Molekülbewegung zu ermöglichen, erwärmt werden, verlieren sie plötzlich diese Struktur und bilden einen Wirrwarr aus Fäden.

---

* A.d.Ü.: „cuir bouilli“, durch Hitzebehandlung verdichtetes und gehärtetes Leder, das angeblich für Lederpanzer u.ä. verwendet wurde.

Klimatisierung *(tımar)*

Da die orientierte Struktur für die Anordnung der Fasern in Sehnenfasern zuständig ist zieht sich die Sehne in der Länge zusammen – und das ist es, was geschieht, wenn die Sehne im Wasser auf über 60° erwärmt wird. Bei Leder sind die Fasern zufällig orientiert und deshalb schrumpft Leder in der Länge und Breite. Ich denke, dass die Kontraktion von Sehne und Leim beim *timar*-Prozess diesem Vorgang nicht unähnlich, aber bei weitem nicht so extrem ist. Für eine völlige Kontraktion der Sehnen auf einem Bogen müsste sie bei 100% Feuchtigkeit gehalten und auf (A.d.Ü. knapp unterhalb) 60° C gebracht werden.

Das wäre natürlich nicht möglich, da der Leim, das weniger systematische Material, bei diesem Bedingungen schmelzen würde. Ein anderer Weg wäre, einen trockenen Bogen auf über 150°C zu erwärmen – auch nicht gerade ein sinnvoller Ansatz.

Ohne den Bogen der Gefahr der Zerstörung auszusetzen kann der Prozess des Abbaus der inneren Spannungen in Sehne und Leim und zum Erreichen von mehr Reflex durch den *timar*-Prozess erreicht werden. Das kann durch die Dauer dieses Vorgangs unterstützt werden, da die Stoffe die Eigenschaft des „Kriechens" haben – allmähliche Änderungen ereignen sich über längere Zeiträume bei weniger drastischen Bedingungen.

Vier Tage *timar* bringen mehr als ein Tag. Und ein Tag bei 50° C bringt mehr als ein Tag bei 40° C. Eine Erwärmung auf über 50° C wird riskant, da dann die Gefahr des Delaminierens besteht.

Die Maximaltemperatur hängt von der Feuchtigkeit der Umgebung ab. Bei einer niedrigen relativen Luftfeuchtigkeit von 30% kann ein Bogen auf 60° erwärmt werden, während er bei feuchtem Sommerklima bei dieser Temperatur zerstört würde.

Die türkischen Bogenbauer kannten die passenden Bedingungen für den Prozess. Ich glaube, dass die Temperatur in der *timar*-Kiste nicht höher als 50°, in Ausnahmefällen vielleicht bei 60°, liegen konnte. Nach Kani sollte der Bogen vor der Behandlung trocken sein, offensichtlich um seine Zerstörung zu vermeiden.

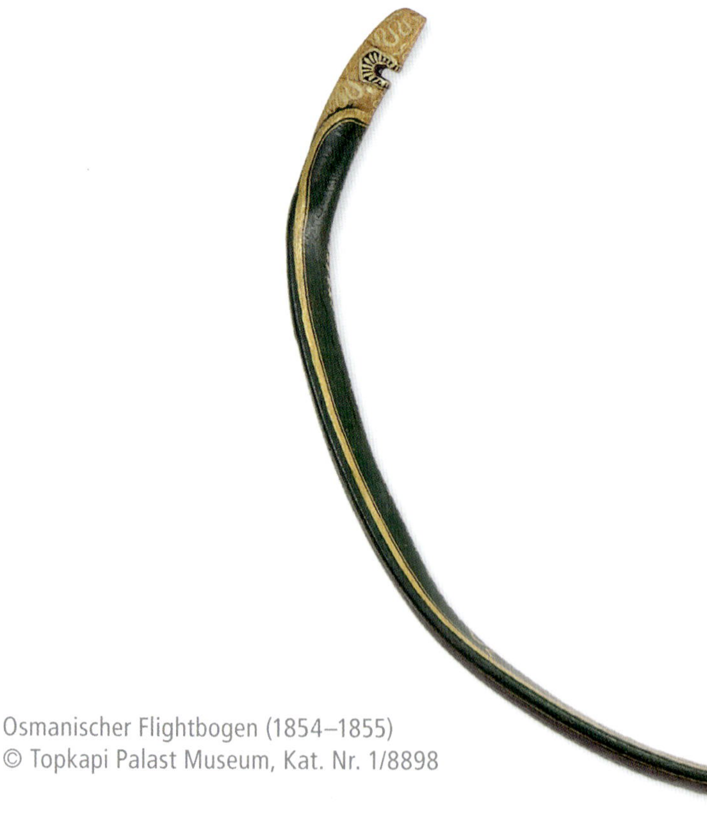

Osmanischer Flightbogen (1854–1855)
© Topkapi Palast Museum, Kat. Nr. 1/8898

Der Bogen wurde, wenn er aus der Kiste genommen war, an den Enden auf Kontakt zusammengepresst, möglicherweise um den Sehnenbelag zu komprimieren und so die Ablösung vom Kern zu verhindern.Das soll nicht heißen, dass durch das Trocknen in der Kiste kein Schrumpfen auftritt. Ich habe in der Tat festgestellt, dass die Luftfeuchtigkeit in so einer Kiste im Laufe von vier Tagen um 20 % abfällt, wobei der Feuchtigkeitsverlust in der Sehnenlage durch den Birkenrindenbelag aber verlangsamt wird. Das heißt, dass der Bogen sowohl vom Schrumpfen als auch von der Änderung in der Molekularstruktur profitieren würde. Anderseits zögere ich aus Sicherheitsgründen, den *timar*-Prozess unerfahrenen Bogenbauern zu empfehlen, da die getrockneten Werkstoffe zu brüchig werden könnten. Das erste Anzeichen dafür ist, wenn sich Sehnenfasern am Rücken aufstellen, und manchmal zeigt der Hornbelag, an stark gebogenen Stellen wie den Fadeouts und dem Kasan-Auge Delaminierungen.

Ein weniger drastischer *timar*-Prozess wurde von den Türken bei allen Bögen angewandt, also nicht nur den Flight-Bögen, sondern auch den Kriegs- und Scheibenbögen. Nach Kani wurden die Bögen, in Beutel gepackt, der Sonne ausgesetzt, da ein direktes Aussetzen der Sonnenstrahlung ein ungleiches Erwärmen zur Folge haben kann und die Balance im Bogen verloren gehen kann. Danach, aber erst nachdem die Bögen an einem schattigen und windigen Platz ausgekühlt waren, wurden sie aufgespannt. Den heißen Bogen zu spannen würde offensichtlich zu Stringfollow führen. Es ist sicher auch sinnvoll, einen gespannten Bogen nicht der direkten Sonnenstrahlung auszusetzen.

Beim Aufspannen habe ich nie Wärme verwendet. Ich bin der Meinung, dass alle Korrekturen davor geschehen müssen und der Bogen abgekühlt sein muss. Ich habe von Schützen und Bogenbauern gehört, die, um die Wurfarme weicher zu machen, Wärme verwenden, weil sich die schweren Bögen schwer biegen lassen. Mit einer korrekten Aufspanntechnik ist das nicht notwendig.

Fehlersuche und Korrektur

Probleme treten gewöhnlich während des Tillerprozesses auf. Ich habe viele Fehlschläge erlebt, meistens mit experimentellen Formen, wenn ich an die Grenze der Festigkeit der Materialien ging.

Wenn der Bogen aufgespannt wird, heben sich eventuell Sehnenfasern am Rücken ab. Das liegt daran, dass der Leim nicht ausreichend konzentriert war oder die überlappenden Bereiche der Sehnenbündel zu dicht an der am meisten belasteten Zone des Wurfarms lagen. Um das zu beheben, wird mehrfach sehr heißer, stark verdünnter Leim mit einer Zugabe von ca. 10 % Alkohol über diesen Bereich geschüttet und die Stelle gleichzeitig gebogen, um die Fasern in diesem Bereich zu sättigen. Die Stelle wird dann mit einem Stück Plastikfolie, das man anpresst, abgedeckt und trocknen gelassen. Nach ein paar Stunden wird die Folie abgenommen.

In extremeren Fällen kann die ganze Sehnenlage erneuert werden oder der Bogen bekommt eine weitere Sehnenlage, während die Dicke der Hornschicht verringert wird, damit das Zuggewicht gleich bleibt. Der Wurfarm kann auch mit Sehne umwickelt werden, was aber die klaren Linien ruiniert – aber zumindest den Bogen vor der Zerstörung rettet.

Ein weiteres Problem kann die Trennung einzelner Sehnenlagen voneinander, vom Kern oder auch die Trennung der Hornlage vom Kern sein. Das geschieht gewöhnlich, wenn der Bogen auf den Tepeliks gebogen wird und fast immer an Stellen, an denen der Bogen recurve geformt ist, da hier die Scherkräfte in den Leimfugen am stärksten sind. Der empfindlichste Bereich ist der reflexe Kasan-Auge-Übergang. Grund dafür kann eine schwache Verklebung zwischen den Schichten sein. Vielleicht waren die Klebeflächen von Kern und Horn nicht ausreichend mit Kleber gesättigt und zeigten keine glänzende Oberfläche. Ebenso kann der Leim nicht flüssig genug gewesen sein, um die einzustreichenden Teile gut zu benetzen, eventuell war er zu sehr konzentriert oder nicht heiß genug. Die Oberflächen wurden vielleicht mit den bloßen Fingern berührt oder hatten durch zu langes Warten zwischen den einzelnen Schritten schon gelitten.

Es kann auch geschehen sein, dass etwas Fremdmaterial, wie Staub, auf der Oberfläche verblieb und so den innigen Kontakt verhinderte. Ein weiterer Grund kann das Holz für den Kern gewesen sein, wenn zum Beispiel Eibe verwendet wurde, die den Leim nicht so gut annimmt wie Ahorn.

In den meisten Fällen kann diese Trennung der Schichten repariert werden. Man kann versuchen, Leim in den Riss einzuspritzen, aber natürlich besteht keine Garantie, dass der Leim bis in die allerfeinsten Risse eindringt. Deshalb tauche ich den ganzen betroffenen Bereich in Leim.

Der Leim wird ziemlich dünn und heiß angesetzt, nicht mehr als 10 %ig, und für die bessere Benetzung wird etwas Alkohol hinzugefügt. Der Bereich wird dann in die Leimlösung getaucht und gebogen um den Leim in den Riss hineinzusaugen. Als Zeichen einer guten Durchdringung sollen jetzt feine Luftblasen am Riss auftreten und beim Hin- und Herbiegen zu- und abnehmen.

Der Bereich wird dann zusammengepresst, der Bogen leicht reflex gebogen um den Kontakt der Klebeflächen zu erhöhen und mindestens einen Monat lang trocknen gelassen.

Falls es sich um einen schon ummantelten und bemalten Bogen handelt, kann er zuerst mit einer Wachspaste, am besten Carnaubawachs, das nicht so schnell schmilzt, bestrichen werden, so dass der überschüssige Leim nicht an der bemalten Oberfläche haftet.

Manchmal geschieht es, dass der neue Bogen eine so massive Verdrehung oder Biegung aufweist, dass dieser Defekt jegliches Schießen verbietet und jenseits aller Reparaturmöglichkeiten erscheint. Solche starken Deformationen kann man mit vernünftigem Gebrauch von Wärme und Feuchtigkeit angehen.

Zuerst ist der Bogen bei höherer Luftfeuchtigkeit, aber nicht mehr als 70 %, ins Gleichgewicht zu bringen. Jenseits davon besteht die Gefahr, dass der Leim gefährlich schwach wird.

Dann wird der Bogen auf 40°–50°C erwärmt um ihn ausreichend weich für die Korrekturen zu machen. Am besten geschieht dies mit einer elektrischen Heizfolie, die, um Feuchtigkeitsverlust zu vermeiden, um den Wurfarm gewickelt wird oder der Wurfarm wird in Alufolie gehüllt.

Dann wird der Bogen eine weitere Stunde lang erwärmt, was auch für die schwierigsten Biegungen ausreichend sein sollte. In Ausnahmefällen kann man versuchen, mit der Temperatur bis an 60°C heranzugehen, wobei allerdings, gerade bei neuen Bögen, die noch nicht mindestens sechs Monate getrocknet wurden, die sehr reale Gefahr besteht, das der Leim schmilzt.

Zum Schutz kann man vor dem Aufheizen eine Sehnenwicklung auf dem betroffenen Wurfarm anbringen.

Ein Lederband verdeckt dasPflaster.

Wenn er sehr stark belastet wird, kann der Bogenbauch an eng begrenzten Stellen des Wurfarms Kompressionsrippen ausbilden. Das sind schmale Rippen quer zum Wurfarm, nicht unähnlich den Stauchrissen bei Holzbögen, aber ohne dass ein Bruch der Fasern auftritt. Gleichzeitig nimmt der Wurfarm durch die Überlastung Stringfollow an.

Die Hornoberfläche ist hier irreparabel zerstört und kann nur durch Abtragen, so dass unbeschädigtes Horn an der Oberfläche liegt, korrigiert werden.

Beide Wurfarme werden auf dieselbe Dicke abgeschabt oder abgefeilt und der Bogen so schwächer gemacht. Am besten geschieht das, nachdem der übermäßig gebogene Wurfarm erhitzt wurde, um den Stringfollow zu verringern. Wenn das Zuggewicht gehalten werden soll, wird die Dicke nicht verringert, sondern der Wurfarm erneut mit Wärme in den Reflex gebogen und ein passendes Stück Horn über der Fehlstelle eingepasst. Die beiden Oberflächen müssen perfekt zueinander passen und werden wie gewöhnlich mit Leim zusammengeklebt. Das Pflaster wird dann an den Kanten abgeschrägt, um die Übergänge weniger abrupt zu machen, und der ganze Bereich wird mit Sehne umwickelt, um das Pflaster an dieser Stelle zu fixieren. Es kann sein, dass der Tiller nach der Reparatur ein gewisse Korrektur benötigt.

Ein Bogen nach dem Abspannen. Der Grad an Stringfollow ändert sich mit der Gebrauchsdauer, kann aber durch Erwärmen rückgängig gemacht werden. Die Verdrehung im abgespannten Zustand ist tolerierbar.

Ein extremer Stringfollow. Dieser Bogen wurde über 8 Monate aufgespannt gelassen und geschossen. Sogar mit so sehr reduziertem Reflex schießt der Bogen akzeptabel und ist leicht aufzuspannen, was bei Jagdbögen eine erwünschte Eigenschaft ist. Mit längerer Biegezone (Sal) und einem kürzeren Griff wären die Wurfarme nicht so sehr belastet, das hätte den Stringfollow minimiert. Dieser Bogen ist kein typisch türkischer Bogen.

Apropos Sehnenwicklung – solch eine Verstärkung ist für die Dauerhaftigkeit einer Reparatur immer vorteilhaft. Ich versuche das trotzdem möglichst zu vermeiden, da es die klaren Formen des Bogens ruiniert. Man kann zwar die Wicklungen mit einer Dekoration verstecken, aber ich kann mir nicht helfen, unter den hübschen Wicklungen sehe ich immer noch die geschwächte, fehlerhafte Konstruktion.

Es geschieht ziemlich oft, dass nach dem Trocknen der Sehnenlage oder einigem Gebrauch der Hornbauch feine Längsrisse zeigt.
Höchstwahrscheinlich handelt es sich um das Ergebnis der Querkontraktion der Sehne, die den Bogenbauch in der Querrichtung belastet. Diese Risse haben auf die Leistungsfähigkeit des Bogens keinen Einfluss. Manchmal kann man die Risse mit Cyanoacrylat-Kleber füllen, aber meistens können diese Risse nicht repariert werden. In diesen Fällen dekoriert man das Horn am besten, um den Defekt zu überdecken.

Zum Schluss noch: Was ist, wenn der Bogen den gefürchteten Stringfollow entwickelt? Das ist für alle Bögen normal, das Ausmaß hängt jedoch von der Herstellungsmethode sowie der Intensität und Dauer des Gebrauchs ab. Wurde der Bogen nach den Anleitungen in diesem Buch gebaut, wird er, nach ein paar Dutzend Schüssen, direkt nach dem Abspannen wie einer der oben abgebildeten Bögen aussehen. Der ursprüngliche Reflex wird sich langsam, nach ein paar Tagen in einem warmen Raum, wieder einfinden.
Allerdings wird der Reflex, wie er vor dem Tillern war, nie ganz von alleine wiederkommen, zumindest nicht solange wir leben. Das kann jedoch durch Erwärmen der Biegezone der Wurfarme beschleunigt werden.

Bogensehnen

Die Länge der Bogensehne ist durch die Bogenlänge und die Standhöhe vorgegeben. Sie kann, bevor der Bogen nicht das erste Mal mit einer vorläufigen Sehne aufgespannt wurde und stabil ist, nicht vorherbestimmt werden. Eine größere Standhöhe macht den Bogen stabiler, da der Winkel zwischen Kasan und Sehne größer wird. Bögen mit sehr stark reflex gebogenem Kasan/Sal-Übergang, wie zum Beispiel die „Krabben"-Bögen, benötigen eine größere Standhöhe, damit die Sehne nicht am Kasan anliegt.

Im Allgemeinen liegt die Standhöhe, von der Bauchseite des Griffs aus gemessen, zwischen 14 und 22 cm, wenn auch in schwierigen Fällen bis zu 25 cm nötig sein können. Mit größerer Standhöhe verliert der Bogen an Effizienz, da der Beschleunigungsweg, die Differenz zwischen Standhöhe und vollem Auszug, kürzer wird. Demnach ist eine Standhöhe von über 20 cm nicht wünschenswert, auch wenn der Effizienzverlust, außer bei Wettbewerben im Weitschießen, nicht groß genug ist, um aufzufallen. Die größere Standhöhe erhöht die Belastung im Bogen, da die Biegung im Wurfarm größer und das Zuggewicht etwas erhöht wird. Die größere Belastung erzeugt denn auch mehr Stringfollow. Gleichzeitig verringert die größere Standhöhe die gespeicherte Energie, nicht nur wegen der kürzeren Beschleunigungsstrecke, sondern auch, weil die Sehnenspannung auf Standhöhe geringer ist, was den anfänglichen „Buckel" in der Auszugskurve verringert. Eine hohe Standhöhe kann jedoch auch vorteilhaft sein, da sie den Bogen toleranter für die Anpassung an den Spine der Pfeile macht. Die Pfeile können etwas steifer gewählt werden, dadurch gewinnt der Bogen mehr Stabilität und Genauigkeit.

Bei zu geringer Standhöhe werden Pfeile mit niedrigerem Spinewert benötigt, und der Ablass muss für einen sauberen Pfeilflug viel akkurater sein. Der Bogen ist andererseits schneller und effizienter. Ich bevorzuge bei Flightbögen eine Standhöhe von 14–15 cm, abhängig von der Stabilität und der Griffbreite, bei anderen Bogentypen liegt die Standhöhe meist bei ca. 16,5 cm bis 19 cm.

Eine vorläufige Tillersehne kann aus jedem Material gemacht werden, solange es sich nicht übermäßig dehnt. Hierfür kann auch eine synthetische Schnur mit für das Zuggewicht ausreichender Festigkeit genommen werden. Gewöhnlich reicht für die Bruchfestigkeit das zwei- bis vierfache des Zuggewichtes aus. Nylonschnur dehnt sich zu sehr, daher sind Polyester und Polyethylen besser geeignet. Cern Donmez verwendet geflochtenen Kupferdraht; eine gute Wahl, solange der Bogen mit dieser „Sehne" nicht geschossen wird. Ich nehme alte Sehnen, die für andere Bögen gemacht waren.

Das Ende der Sehnenschlaufe liegt unterhalb der Wurfarmenden.

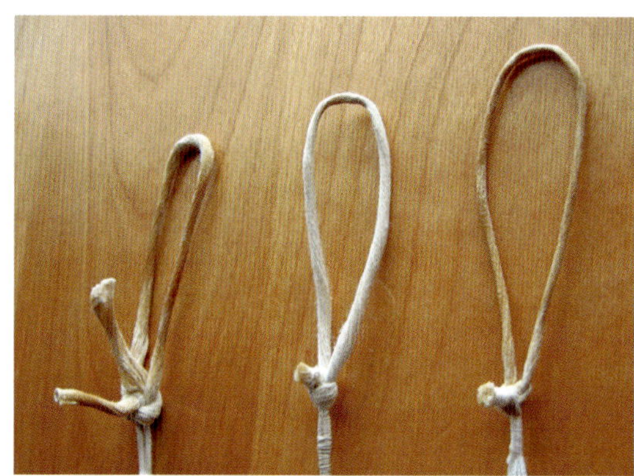

So werden Knoten und Sehne verbunden und mit einem Faden gesichert.

Die Sehnen der meisten Kompositbögen bestehen aus der mittleren, als Endlosschleife ausgeführten Sehne und den beiden Schlingen am Ende. Diese Endschlaufen sind lang genug, dass der Knoten, der sie mit der Sehne verbindet, sicher auf dem Bogenbauch, 0,7 bis 3 cm unterhalb des Wurfarmendes, aufliegt. Die Schlaufen (*tunç*) berühren die Seiten der Wurfarmenden, was deren Stabilität zu Gute kommt. Das ist alles, was für die weniger stark abgewinkelten türkischen und indopersischen Bögen benötigt wird. Bei den stärker abgewinkelten koreanischen und tatarischen Bögen liegt der Knoten auf einer Sehnenbrücke auf.

Der beste Knoten ist der gewöhnlich verwendete Typ. Er kann sehr einfach aufgebunden und die Sehnenlänge damit leicht angepasst werden.

Wenn die separate Schlaufe abgenutzt ist, kann sie, ohne dass man gleich die ganze Sehne „entsorgen“ muss, ausgetauscht werden. Bei stärkeren Bögen habe ich bemerkt, dass die Schlaufe ziemlich bruchempfindlich ist. Zweifellos liegt darin der Grund für diese Konstruktion der Sehne. Für den privaten Gebrauch kann man natürlich eine normale Endlossehne herstellen, bei der die beiden Öhrchen in die Sehne integriert und lang genug ausgeführt sind, wenn die endgültige Sehnenlänge feststeht. Eine Schutzwicklung ist nur an der Kontaktstelle der Sehne mit dem Bogen, nicht aber über die ganze Länge der Öhrchen notwendig.

Das einzige brauchbare synthetische Sehnenmaterial ist Dacron (B50, Polyestergarn von Brownell) oder B-500 (von BCY). Es hat, da es ein wenig dehnbar ist, ähnliche Eigenschaften wie die ursprünglich verwendete Seide. Zudem ist der Durchmesser einer fertigen Dacron-Sehne dem einer Seidensehne sehr ähnlich.

Ich bin zu der Überzeugung gelangt, dass Fastflight und ähnliche hochfeste, sich kaum dehnende HDPE-Fasern niemals für Kompositbögen verwendet werden dürfen. Dazu gehören auch Dyneema, BCY, TSI und Spectra. Aufgrund der hohen Steifigkeit dieser Materialien verhalten sich die Sehnen wie ein Stahldraht und führen an den Nocken zum Bogenbruch.

Wenn die Bogenarme auf Standhöhe zurückschnellen, üben die Schlaufen nämlich einen plötzlichen, hohen Druck auf den Boden der Sehnenkerbe aus. Auf den letzten Millimetern werden die Kräfte so groß, dass, wenn die Sehne aus nicht dehnbarem, also völlig unelastischem Material besteht, entweder die Sehne oder eben der Bogen zerstört werden.

Bei Selfbögen können solche steifen Sehnen durchaus funktionieren, da die längeren Wurfarme sich deformieren können und so die Sehnennocken entlasten (die Vibration des Wurfarms zehrt die überschüssige Energie auf, Anm. d. Ü.).

Ich habe dieses Problem durch verschiedene Arten von Hornverstärkungen, Sehnenwicklungen, Überzüge mit Rohhaut, Polsterung der Sehnenschlaufe und der Nocke und besonders enge, kraftschlüssige Sehnenkerben zu lösen versucht. Es bringt uns auch nicht weiter, die Schlaufen aus Dacron und die Hauptsehne aus Fastflight zu bauen, da der Schlaufenknoten unweigerlich beim ersten Schuss von den steifen FF-Strängen zerschnitten wird. Keiner meiner Versuche brachte etwas und ich büßte sogar einige Bögen wegen meiner Sehnenexperimente ein.

Ich wünsche mir wirklich, dass sich dieses Problem irgendwie umgehen ließe, da die hochsteifen und deutlich leichteren Sehnen die Effizienz um mehrere Prozent erhöhen würden, sodass der Bogen deutlich schneller wäre.

Das traditionelle Sehnenmaterial war Seide. Es ist wichtig, die beste Qualität, sogenannte „Monofilament"-Fäden, zu kaufen da sie sehr viel fester ist. Guter Seidenfaden ergibt Sehnen, die nicht schwerer und nicht dicker als die aus Dacron sind. Ich habe solche Sehnen auf alten Bögen gesehen. Die Bruchfestigkeit eines Fadens teste ich mit einer kleinen Fischwaage und errechne daraus die für das Zuggewicht benötigte Anzahl von Fäden. Die Gesamtfestigkeit der Sehne sollte ca. das Vierfache des Zuggewichts betragen, für leichte Bögen reicht das Zwei- bis Dreifache.
Zellulosefasern wurden übrigens ebenfalls verwendet, wie z.B. eine Sehne aus Ramie-Fasern, die ich in einem Museum gesehen habe (Ramie oder Chinagras ist ein Brennnesselgewächs, A. d. Ü). Flachs oder Leinenfasern sind, wenn auch nur für Bögen unterhalb von 60 lb Zuggewicht, geeignet, jedoch nicht besser als Seide. Für stärkere Bögen ist mir die Leinensehne, speziell an den Schlaufen, zu brüchig. Bei Kompositbögen muss die Sehne ja eine merkliche Elastizität aufweisen, um die enormen Kräfte, die am Ende der Rückstellbewegung des Wurfarms auftreten, abzupuffern. In Bezug auf Sehnen aus Tiersehnen, Darm oder Rohhaut kann ich keine Aussage treffen.

Bogen von 1589–1590. Kat. Nr. 1/2712 © Topkapi Museum

Die kleinen Öhrchen der gewickelten Endlosschleife der Bogensehne können für eine erhöhte Standzeit noch umwickelt werden, wenn es auch nicht unbedingt notwendig ist. Ich bevorzuge als Wickelgarn für die normalen Nylonfäden geflochtenes Fastflight, für Sehnen aus Naturgarn Seidenfäden. Die Mittenwicklung wird später angebracht, wenn die Sehne schon auf dem Bogen ist. Die Sehne wird etwas kürzer gemacht als gemessen, denn wenn Dacron stark gewachst ist, dehnt es sich etwas mehr. Ich mache die Sehne normalerweise 1–1,5 cm kürzer, abhängig vom Zuggewicht des Bogens. Da die Seidensehne sich viel mehr dehnt als Dacron, sollte die Sehne 3,5 cm oder sogar 5 cm kürzer sein.

Die Endschlaufen wurden traditionell aus Seide gemacht. Am leichtesten werden die Schlaufen jedoch aus Tiersehnen angefertigt. Eine einzelne Achillessehne von ca. 3 mm Durchmesser oder ein in nassem Zustand verdrilltes Sehnenbündel werden angefeuchtet und mit der eigentlichen Bogensehne verknotet. Der Knoten wird beim Trocknen hart und die Schlaufe wird sehr dauerhaft. Seidenschlaufen sind allerdings leichter.

Der Seidenfaden (für die Schlaufen) wird über 2 Stifte mit ca. 60 cm Abstand (für beide Schlaufen) aufgewickelt, bis die Anzahl der Fäden ausreicht. Obwohl eine Stärke, die der doppelten Zugkraft entspricht, theoretisch korrekt wäre, hatten alle Sehnenöhrchen, die ich gesehen habe, mindestens dieselbe Stärke wie die Sehne selber.
Zweifellos dient das als weiterer Sicherheitsfaktor gegen das Brechen an der verwundbarsten Stelle.

Sehnenschlaufe in einer synthetischen Endlossehne integriert.

Der aufgewickelte Faden muss nun mit einer Spezialmischung imprägniert werden, damit die Schlaufen kompakt werden und gut haften, sodass die Knoten sich nicht lösen. Die dabei verwendete Mischung basiert auf alten türkischen Rezepten. Ein Teil Bienenwachs wird mit zwei Teilen Harz (Kolophonium), aber nicht direkt über offenem Feuer, in einem Topf zusammengeschmolzen.

Wenn die Mischung geschmolzen und durch Umrühren klar (homogen) geworden ist, fügt man zwei Teile Terpentin hinzu und rührt die Lösung in fünf Teile heißen, 10 %igen Leim (Hautleim o.ä., in Wasser gelöst) ein. Es bildet sich eine milchige Dispersion. Das Sehnenmaterial wird nun, mitsamt den Stiften, in die Mischung eingetaucht. Wenn der Faden gut gesättigt ist, wird er herausgenommen, stramm verdrillt und dabei gedehnt.
Der Überschuss der imprägnierenden Mischung wird dabei herausgedrückt und abgewischt.

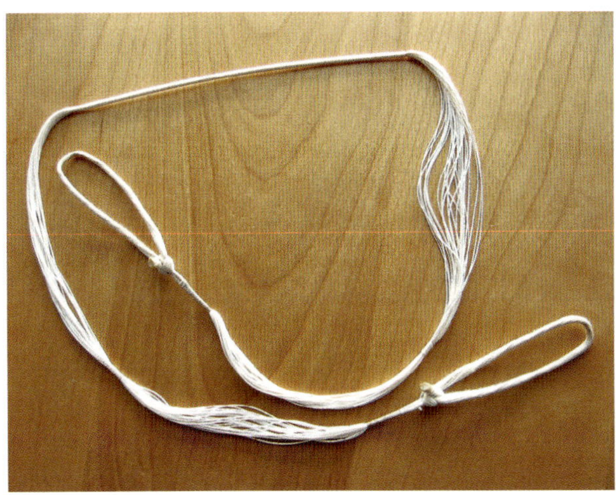

Eine traditionelle Seidensehne mit Seidenschlaufen

Die Schlaufen lässt man dann unter Spannung (indem man Gewichte ans untere Ende hängt) trocknen. Der Leim in der Mischung macht den Faden steifer, das Bienenwachs schützt vor Feuchtigkeit und das Harz verhindert ein Durchrutschen. Die Zusammensetzung kann ein wenig variiert werden. Es ist jedoch wichtig, dass nicht zu viel Leim (in zu hoher Konzentration) verwendet wird, da der Faden so spröder wird und eher bricht. Ebenso sollte der Anteil an Bienenwachs nicht höher sein, da sonst die Sehne zu rutschig wird und der Knoten unter Spannung nicht mehr hält. Das Harz in der Mischung ist entscheidend für die benötigte Reibung.

Sobald die Schlaufen getrocknet sind, werden sie mit dem typischen Knoten sicher mit den Endschlaufen der Sehne verknotet. Dabei wird darauf geachtet, dass die Länge stimmt; eventuell stellt man die Sehne wegen der Dehnung ein paar Millimeter kürzer ein.

Die neue Sehne wird nun auf den Bogen aufgezogen. Auch wenn ein paar Umdrehungen nicht schaden, wird ein Eindrehen der Sehne am besten vermieden. Bevor die Wicklungen angebracht werden, muss die aufgespannte Sehne, besonders wenn es sich um eine Dacronsehne handelt, auf die maximale Länge gedehnt werden. Dafür wird sie mit einem Stückchen Leder solange gerieben, bis sie sehr warm ist, worauf auf beide Wurfarmenden massiver Druck nach außen ausgeübt wird. Danach wird sich die Sehne nicht mehr dehnen, weil die Dehnung auf Standhöhe (die Spannung in der Sehne ist auf Standhöhe höher als im Auszug) durch Druck und Wärme weiter verstärkt wurde.

Die Mittenwicklung wird wie gewöhnlich hergestellt, bei Dacronsehnen am besten mit geflochtenem Fastflight-Garn, bei Sehnen aus natürlichem Material mit Baumwoll- oder Seidenfäden.
An mehreren Stellen entlang der weiteren Sehne wurden kurze Wicklungen angebracht, um beim Ablass den „Ballon-Effekt“ zu vermeiden. Man geht nämlich davon aus, dass die vergrößerte Oberfläche, wenn sich die Sehne beim Abschuss wie ein Fallschirm auffächert, einen höheren Luftwiderstand erzeugt und somit den Pfeil bremst.

Auch alte Sehnen weisen diese Wicklungen auf. Manchmal wird zum selben Zweck ein Faden spiralig um die Sehne gewickelt. Bei den indopersischen Sehnen ist es nicht ungewöhnlich, ein dünnes, oft auch gefärbtes Stoffband zu finden, dass von einem Ende zum anderen um die Sehne gewickelt wurde. Dadurch wird die Sehne aber ziemlich dick.

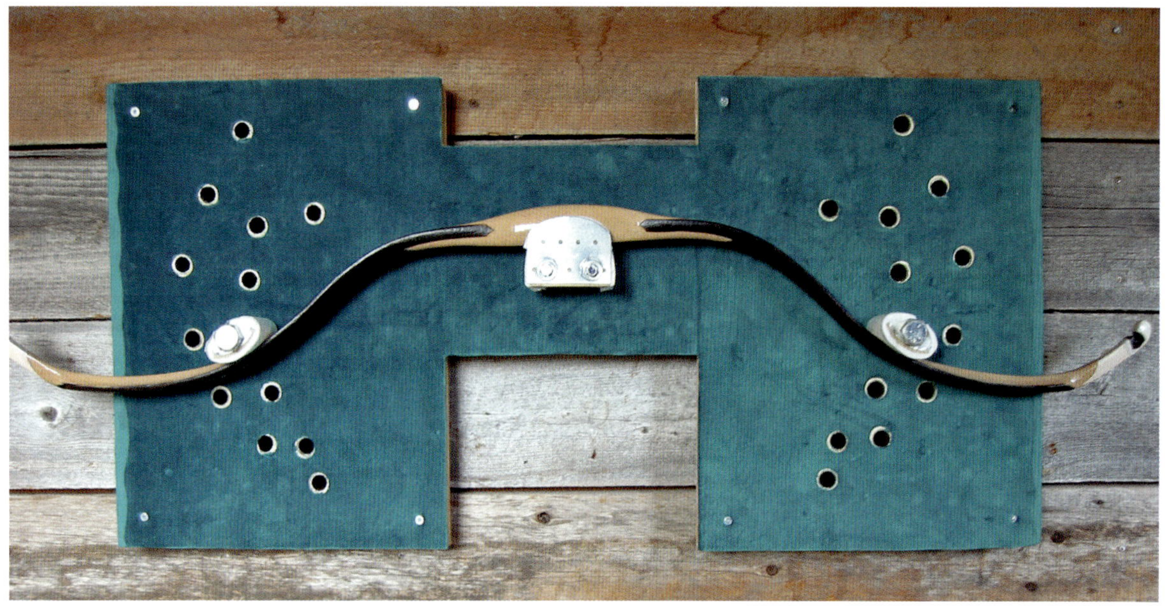

Eine universell einsetzbare Stecktafel zum Aufspannen, die für die meisten Bögengrößen passt. Das Brett ist mit Samt bezogen, die Griffauflage sowie die Stifte wurden mit Filz gepolstert.

Wenn alle Justierungen beendet sind, können die Schlaufen endgültig gesichert werden. Dazu werden die losen Enden mit einem Faden ein paar Millimeter lang fest abgewickelt und der Überschuss abgeschnitten. Die umwickelten Enden werden dann so in die Knoten eingebunden, dass sie sich nicht lösen können. Harz und Wachs an den Enden können zudem durch Wärme noch einmal verflüssigt werden, so dass die Fäden besser zusammenhalten.

Sehnen aus Naturmaterialien sind bei weitem nicht so dauerhaft wie solche aus Dacron. Nach ein paar Dutzend Schüssen sollte die Sehne, besonders am Nockpunkt und an den Endknoten sorgfältig auf Bruchstellen einzelner Stränge untersucht werden. Es ist ziemlich unerfreulich, wenn die Sehne im Vollauszug reißt, und auch der Bogen kann dabei Schaden nehmen. Für den normalen, alltäglichen Schießbetrieb verwende ich immer Dacronsehnen.

Die traditionelle Methode des Aufspannens arbeitete mit dem *kemend*, einem langen Streifen, der um die Taille des Bogenschützen gewickelt und am Kasan des Bogens befestigt wurde. Das erlaubte es den Bogen zu spannen, indem sich der Schütze zurücklehnte und zugleich mit den Füßen gegen den Griff drückte. Ich bin für eine sichere Durchführung dieser Übung nicht beweglich genug und bevorzuge es, die Enden mit der Hand an mich heran zu ziehen, während ich mit den Knien gegen den Griff drücke. Ein Helfer legt währenddessen die Sehne in die Nocken.

Leichtere Bögen und solche, die etwas an Reflex verloren haben, können mit der Durchsteige-Methode gespannt werden. Die stärksten Bögen dagegen benötigen die Tepeliks und eventuell sogar eine Bogenpresse zum Aufspannen.

Kani warnt jedoch davor, Flightbögen mit roher Gewalt und nur mit der Hand aufzuspannen, wahrscheinlich, weil der ungleichmäßige Zug das Gleichgewicht der Wurfarme zerstören und mehr Stringfollow erzeugen kann. Er empfiehlt für diese Bögen die Verwendung des *kemend.*

Ich habe einen Anhang mit Anleitungen zum Aufspannen der Bögen, nicht nur türkische, sondern auch andere Typen, am Ende des Buches angefügt.

Die sicherste Methode verwendet ein Steckbrett, das ich vor allem denjenigen empfehlen möchte, die einen neuen Kompositbogen erworben haben und noch nicht mit der Technik dieses Vorgangs vertraut sind.

Der türkische Bogenschütze Ibrahim Bozok beim Richten eines Bogens im Jahre 1939. Mit freundlicher Genehmigung von Numan Kurtoglu.

Endbehandlung

ENDBEHANDLUNG

Überzug aus Rinde und Leder

Es steht außer Frage, dass ein Bogen mindestens zwanzig, dreißig Male geschossen werden muss, bevor man an die abschließenden Arbeiten gehen kann. Ist der Bogen erst mit einem Überzug versehen und die Verzierung aufgebracht, sind Korrekturen sehr schwierig, da man nicht mehr viel Wärme verwenden und, ohne ihn zu beschädigen, die Dicke und Breite des Bogens nicht mehr verringern kann.

Birkenrinde, fertig zum Auftrennen in einzelne Blätter.

Der rohe Bogen kann beim Testen mit Fett oder Sehnenwachs verschmutzt worden sein. Er sollte daher leicht abgeschmirgelt und der sehnenbelegte Rücken mit einer heißen, ca. 5–10 %igen Leimlösung bestrichen werden.
Wenn ein Rindenbelag geplant ist, muss die Oberfläche sehr eben und fast so glatt wie Glas, sein. Alle Risse und Dellen sind mit Sehne und Leim zu füllen. Ich verwende hierfür manchmal die Sehnen- und Leimreste, die beim Abfeilen des Bogens angefallen sind. Bei Lederüberzügen muss die Oberfläche nicht so perfekt sein. Da die Hornlage ebenso teilweise mit Leder bedeckt wird, glättet man sie jetzt durch Schmirgeln bis hinauf zu 400er Papier. Ich poliere das Horn nicht weiter, weil der abschließende Lacküberzug genug Glanz bringt und auf einer etwas raueren Oberfläche besser hält.
Birkenrinde kann entweder horizontal oder diagonal vom Baum genommen werden. Ich habe osmanische Bögen mit beiden Varianten gesehen. Die inneren Lagen (also jene, die dichter am Baumstamm waren) werden in einzelne Blätter getrennt. Wenn die Rinde bereits trocken ist, kann das etwas schwierig sein. Hier hilft es, sie einen Tag in Wasser einzulegen. Am besten wird die Rinde im Frühjahr, wenn sie im Saft steht, gesammelt. Zu meiner Überraschung habe ich auf einigen älteren Bögen dicke Lagen von Rinde gefunden, als ob diese nicht in einzelne Blätter aufgetrennt worden sei.

Aus Korea wird berichtet, dass die Sehne ca. ein Jahr in Seewasser eingeweicht und vor Gebrauch gekocht wurde, um höhere Flexibilität zu erreichen. Ich glaube, das Einweichen verhindert ein Austrocknen der Rinde, während das Seewasser sie konserviert. Allerdings konnte ich nicht feststellen, dass diese Rinde flexibler ist. Gekochte Rinde wird sehr weich, gummiartig und schwillt, wobei sie Falten an den länglichen Strukturen der Rinde (Lenticellen) bildet. Unglücklicherweise härtet sie sofort wieder aus, wenn sie aus dem heißen Wasser genommen wird.

Ich habe herausgefunden, dass Alkohole wie Isopropanol oder Ethylalhohol die Rinde sehr viel wirksamer aufweichen. Man kann natürlich auch mit anderen Lösungsmitteln experimentieren, um diesen Effekt zu erreichen.

Anstatt des Einweichens in Wasser kann die in feuchten Tüchern gestapelte Rinde einem Dampfgemisch aus Wasser und Alkohol (50:50) ausgesetzt werden.

Bei den türkischen Bögen werden nur der Bogenrücken und der Griff mit Rinde abgedeckt, während die Kanten erst später mit Lederstreifen bedeckt werden. Gewöhnlich wird der Rücken mit zwei parallelen Streifen halber Breite belegt.
Der Griff wird mit so viel Stücken wie gerade notwendig belegt. Die Verwendung von zwei parallelen Streifen ist im Bereich des Kasan sicherlich notwendig, da die Rinde nicht flexibel genug ist, um glatt über den Grat gebogen zu werden.

Die Rindenstreifen sind dünn genug, dass sie überlappen können. Am besten wird die Rinde wird in warmem, ca. 10 %igem Leim eingeweicht, der mit einem Pinsel gut einmassiert wird. Dann wird der Bogen, wo nötig, mit der Rinde belegt. Die Rinde wird angedrückt und der Überschuss an Leim abgewischt.
Dann presst man die Rinde mit einem Bügeleisen oder einem heißen Stück Metall wieder an. Wenn sie ein paar Tage getrocknet ist, wird der restliche Leim mit warmem Wasser abgewischt.
Es ist von entscheidender Bedeutung, den Bogen mit der neuen Rinde aufzuspannen und einige Male zu ziehen, um die Wurfarme zu biegen. Dadurch zeigen sich die Stellen, an denen die Rinde nicht richtig mit der Sehnenlage verklebt ist. In diese Stellen kann mit einer Spritze Leim eingebracht und die Stelle dann festgebügelt werden.

Zum Einbringen des Leims kann die Rinde auch aufgeschnitten werden. Manchmal sind diese Korrekturen nicht erfolgreich, zumeist weil die Oberfläche der Sehnenlage nicht glatt genug war. In solchen Fällen würde ich vorschlagen, die Rinde an der losen Stelle abzurubbeln, den Bereich leicht anzuschleifen, mit Leim zu bestreichen, trocknen zu lassen und wiederanzuschleifen. Kleine Fehlerstellen werden später mit Farbschichten bedeckt und so unsichtbar gemacht.

Lederüberzug

Leder ist weniger kompliziert zu handhaben als Rinde und benötigt kein so perfektes Finish der Sehnenlage. Es ist wichtig, dass man pflanzlich gegerbtes Leder (Eichengerbung oder ein anderer pflanzlicher Gerbstoff) und kein chromgegerbtes Leder verwendet. Das pflanzlich gegerbte Leder ist fester und die Farben platzen später nicht ab.

Das Leder am Griffstück wird mithilfe eines Lineals beschnitten.

Hier die typische Aufteilung der Belederung eines Bogens. Manchmal ist das lange Stück für den Bogenrücken in der Mitte so breit, dass es den ganzen Griff umschließen kann und die beiden Lederstücke für die Bauchseite des Griffes (in der Bildmitte zu sehen) überflüssig sind.

Das Spaltleder muss so dünn wie möglich sein, 30 bis 60 g/m² bzw. 0,4 bis 0,8 mm dick. Diese Art wird für das Buchbinden verwendet.

Dickeres Leder passt sich der Form des Bogens nicht so gut an. Ich verwende gerne Kalbsleder, aber man kann es auch mit anderen Arten versuchen. Allerdings können verschiede Ledersorten zu weich sein oder eine zu ausgeprägte Textur aufweisen, wie das zum Beispiel bei Schafsleder der Fall ist. Glattes Leder lässt sich später sehr viel einfacher bemalen. Bei den alten Bögen wurde Leder von der Pferdekruppe bevorzugt.

Das Leder kann den ganzen Bogen in einem Stück oder, wie es üblicher war, in getrennten Stücken für den Rücken, den Griff und die vier Seitenstreifen, bedecken. Der Rücken kann mit zwei Streifen, die in der Mitte des Griffs diagonal aneinander stoßen, belegt sein. Weitere Stücke, die dann über die Bauchseite am Griff reichen, finden sich eventuell an beiden Seiten des Griffes.

Zuerst werden die Stücke mit ca. 5–7 mm Übermaß zurechtgeschnitten. Auch die gerundeten Enden der Wurfarme werden am besten jetzt geformt. Die Lederstücke werden dann auf der raueren Seite mit ca. 10–15 %igem Leim eingestrichen, um sie weicher zu machen. Dann lässt man sie leicht antrocknen.

Im nächsten Schritt wird sowohl der Bogen als auch das Leder mit etwas dickerem (20–25 %igem), langsam gelierendem Leim eingestrichen.

So eingestrichen wird das Leder, beginnend an den Wurfarmenden, auf den Bogen gepresst und glattgestrichen. Dabei ist darauf zu achten, dass keine Luftblasen bleiben. Das Leder ist weich genug um sich an die Rundungen des Griffes und des Kasan-Auges anzupassen, wie auch an den Grat des Kasan und die Basis der Wurfarmenden. Besteht der Überzug aus einem Stück Leder, wird es anschließend um die Kanten geschlagen und mit einem scharfen Messer ein paar Millimeter innerhalb des Hornbauches abgeschnitten.

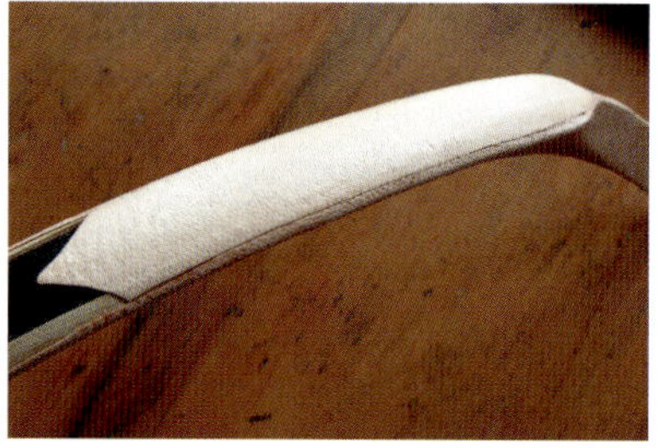
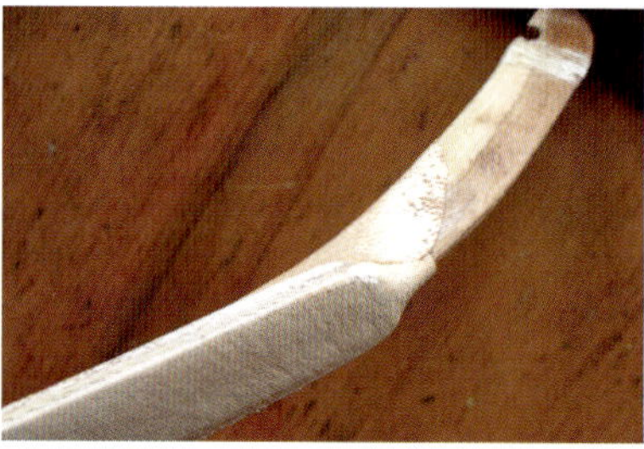

Das Lederstück am Kasan-Bauch (links) verdeckt hier den Übergang vom Horn zum Holz. Dieser Bereich wurde gewöhnlich bemalt. Die Kanten (Mitte und rechts) werden unter den Seitenstreifen glatt und dünn gefeilt.

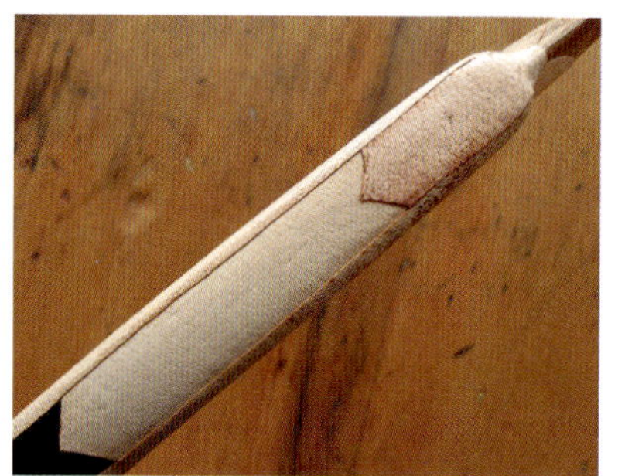

Die aufgeklebten Seitenstreifen. Die kleinen zusätzlichen Lederstücke unter den Wurfarmenden am Bauch (rechts) finden sich bei allen Bögen

Wenn zwei Lederstücke verwendet werden, werden sie zuerst am Griff überlappend aufgeklebt, dann gemeinsam mit einer scharfen Klinge diagonal durchgeschnitten und das losen Ende der unteren Lage entfernt. Dann wird die Stelle nochmals mit Leim eingestrichen und das Leder angepresst.

Die Griffstücke werden jetzt ebenfalls hinzugefügt und dann mithilfe eines Lineals so beschnitten, dass ca. 6–12 mm des Horns am Griff frei liegen. Bei minderen Bögen endet das Leder gewöhnlich entlang der Sehnenlage am Griff.

Falls das Leder an einer bestimmten, lokal begrenzten Stelle nicht gut haftet, kann der Leim durch sanftes Erwärmen wieder aktiviert und angepresst werden. Es ist aber wichtig, das Leder solange anzupressen, bis der Leim getrocknet ist.

Auf die konkaven Stellen am Kasan muss man besonders achten, da das Leder dort natürlich besonders dazu neigt sich vom Untergrund abzuheben. Der Übergang zwischen Horn und Holz, der auf der Bauchseite unterhalb der Wurfarmenden liegt, kann ebenso mit Leder bedeckt werden, um das Holz zu verstecken. Bei den meisten Bögen wurde dieser Bereich jedoch eher bemalt.

Die getrennten Seitenstreifen werden erst ein paar Tage später, nachdem die Rückenstücke und der Griffbelag durchgetrocknet sind, aufgeklebt.
Die Kantenstreifen wurden vermutlich aus zuvor durchgefärbtem Leder (siehe Abschnitt zur Bemalung) geschnitten. Zuerst werden die Lederkanten des Rückenstückes begradigt und mit einem scharfen Messer oder einer Feile abgeschrägt. Dann werden die vier Kantenstreifen, die zuvor

auf die genau passende Breite geschnitten wurden, aufgeklebt. Dieses gilt auch für einen Bogen mit Rindenbelag. Diese Streifen überlappen sich um ca. 2 mm mit dem Lederstreifen am Rücken und reichen in die Hornlage des Bauches. Sie bedecken die Sehnenlage an der Bogenkante vollständig.

Die Stelle, an der die Sehne unterhalb der Wurfarmenden am Bogenbauch anliegt, wird auch mit einem Lederstück belegt (siehe Abb.). Gewöhnlich wird hier ein weiteres Stück aufgeklebt, das an die zusammenlaufenden Kantenstreifen im Stoß anschließt. Das Leder wird zum besseren Verkleben wieder angepresst.

Wenn alles trocken ist, werden alle Unregelmäßigkeiten abgefeilt und zuerst mit 220er Sandpapier geschmirgelt. Wenn die Textur des Leders zum Bemalen zu grob ist, kann es ebenso glatt geschliffen werden. Anschließend wird die ganze Lederoberfläche mit 360er Papier behandelt, damit die Farben besser halten.

Jetzt können die Einsätze (*zag*) in die Nockschlitze eingefügt werden. Es ist am besten, ein ziemlich feuchtes (und deshalb formbares) Stück Leder, das zudem etwas größer als nötig ist, zu verwenden, das man, wenn es eingepresst worden ist, mit einem scharfen Messer zurechtschneiden kann. Das Leder wird mithilfe einer 3–4 mm dicken Schnur eingepresst.

Der Bogen wird, wenn der Belag getrocknet ist, erst einmal ein paar Male gebogen um die Stellen zu finden, an denen die Klebung nicht hält. Die konkaven Teile des Kasan werden am besten mit den Fingernägeln abgetastet um die Hohlräume zu finden. In so einem Fall wird dann ein schmaler Schnitt in das Leder gemacht, der Leim eingespritzt oder mit einem Pinsel eingebracht und anschließend das Leder wieder angedrückt.

Ich habe ein paar alte Bögen gesehen, bei denen die Kantenstreifen am Griff mit einem ca. 2,5 cm langen extra Streifen Leder endeten. Diese Verlängerungen reichen bis zur Stelle der Pfeilanlage, wo der Griff am engsten ist. Sie waren immer gegenüber dem restlichen Kantenstreifen farblich abgesetzt und finden sich an beiden Seiten des Griffs, jeweils auf der rechten Seite, so dass der Bogen mit dem einen oder anderen Wurfarm als oberem geschossen werden kann. Ich stelle es mir so vor, dass diese Verlängerung, wenn sie durch die Reibung des Pfeils verschlissen war, ausgetauscht werden konnte.

Es ist auch möglich, dass Bögen mit dünner Rohhaut oder Pergament bezogen waren. Ich selber habe es noch nicht ausprobiert, da es schwierig ist, so dünne Rohhaut zu bekommen und das Gewicht vermutlich etwas höher als bei gegerbtem Leder sein wird. Ebenso vermute ich, dass der Klebevorgang auch etwas schwieriger sein und mehr Feuchtigkeit benötigt würde, um die Rohhaut weich zu machen.

Nur die osmanischen Kriegsbögen waren mit Leder überzogen. Flightbögen wurden entweder mit Rinde versehen oder einfach nur bemalt. Manchmal bestand die Bemalung nur aus einfachen einfarbigen Farbschichten mit Lack als Bindemittel (für die Pigmente, a. d. Ü.).

Die indopersischen Bögen waren gewöhnlich auch auf der Bauchseite mit Rinde überzogen; oder sie waren nur bemalt. Sie hatten keine Seitenstreifen aus Leder.

Vorbereitung zur Bemalung

Farbe und Lacke der alten Bögen, wie wir sie heutzutage in Museen sehen können, unterscheiden sich im Aussehen deutlich von dem Zustand, als die Bögen neu waren. Nicht nur dass die Farben ausbleichen, was sie blasser und brauner werden lässt; vor allem ist die obere Lackschicht nachgedunkelt. Das lässt, zusammen mit Schmutz, Kratzern, Rissen und der Abnützung, die Bögen stumpf und dunkel erscheinen. Die Verzierung ist manchmal völlig ausgelöscht. Wenn der Schmutz und die oberste Lackschicht erst einmal entfernt wurden, erscheinen die Farben lebendig und hell, was zusammen mit der reichen Golddekoration einen Glitzereffekt ergibt, der von den Zeitgenossen so sehr geschätzt wurde. Unser Ziel ist es, den Originalfarben so nahe wie möglich zu kommen.
Die von mir hier vorgestellten Methoden basieren auf den Untersuchungen der Abfolge von Farbschichten auf alten Bögen und meiner eigenen Erfahrung. Um ein Ergebnis zu erhalten, das dem damaligen Standard nahezu exakt entspricht, verwende ich dieselben zeitgenössischen Methoden des Farbauftrags.

Die Verzierungen wurden selten vom Bogenbauer selber ausgeführt. Kalligraphen und Miniaturmaler waren weit geübter darin, die komplizierten Verzierungen aufzubringen, obwohl es Bogenbauer gab, die beides konnten. Deren Niveau an Können und Talent ist absolut erstaunlich.
Fakt ist, dass die meisten Verzierungen von Kunsthandwerkern ausgeführt wurde, deren ganzes Leben allein dieser Tätigkeit gewidmet war. Wenn ich mir ihre Werke anschaue, als Beispiel sei die Handwerkskunst des Ustad Salih (18. Jh.) genannt, kann ich mir nicht helfen: ich fühle mich eingeschüchtert und demütig.

Beim ersten Schritt wurden die Kantenstreifen, die Polster unter den Sehnenknoten und die Einsätze in den Nockschlitzen (*zag*) eingefärbt. Die Seitenstreifen an den alten Bögen hatten die Farbe von durchgefärbtem Leder.
Ich vermute daher, dass dieses Färben, anders als eine oberflächliche Bemalung, mit durchgeführt wurde, da die Kanten Kratzern, Schnitten und der Abnutzung ausgesetzt waren. Ein Kratzer in einer normalen Farbschicht würde das normale Leder hervorscheinen lassen, wohingegen Leder, das vor dem Aufbringen durchgefärbt worden war, den Kratzer verbergen würde.
Ich glaube, dass auch die Seitenstreifen und die Nockeinsätze aus zuvor gefärbtem Leder gemacht wurden. Später konnten sie, um die Farbe intensiver erscheinen zu lassen, nochmals übermalt werden. Bei alten Bögen sind diese Streifen fast immer rot oder schwarz.

Die schwarze Lederfarbe ist eine Eisen-Tannin-Verbindung, hergestellt aus Eisensalzen und Gerbsäure, die aus Baumrinde gewonnen wurde. Ich verwende handelsübliche Gerbsäure und Eisenchlorid (oder Eisensulfat), beides in 10%iger, wässriger Lösung. Diese Komponenten können im Verhältnis 1:1 kombiniert werden oder man bürstet die Gerbsäure auf das Leder, lässt sie trocknen und bringt dann die Eisenlösung auf.

Ich verwende gewöhnlich die Mischung, die eine schwärzliche Flüssigkeit ergibt. Das Leder kann zu Beginn etwas grünstichig und zu hell wirken, bevor sich durch Oxydation beim Trocknen die volle schwarze Farbe ausbildet.

Die rote Farbe für die Streifen wird am besten aus sogenanntem „*lac dye*“ (Laccainsäure, Farbstoff der Schildlaus aus der Schellackproduktion, A. d. Ü.) hergestellt. Diese Farbe wird als Pulver gehandelt, das dann in Wasser zu einer ungefähr 10 %igen Lösung verarbeitet wird. Eine Aufschwemmung des Farbpulvers in Wasser wird für mindestens eine Stunde auf ca. 80° erwärmt und dann mit einem Pinsel auf die Lederstreifen aufgetragen.

Die Streifen können auch vorher so lange in der Farblösung eingeweicht werden, bis der gewünschte Grad an Sättigung erreicht ist. Kleine Zugaben von Alaun ergeben eine mehr ins Purpur gehende Farbe. Krapplack, eine in Anatolien heimische Farbe, kann ebenso verwendet werden, allerdings deutet der helle rote Farbton des alten Leders auf die Verwendung von „Lac Dye“ hin.

Sobald die Seitenstreifen gefärbt und getrocknet sind (was wiederholt werden kann, bis der gewünschte Farbton erreicht ist), muss der Bogen mit einem trennenden Überzug versehen werden, um die Absorption der Farbe im Leder zu verringern. Ohne diesen Überzug würde der Binder in der Farbe ins Leder eindringen und einen kaum gebundenen, schwachen Film, der hauptsächlich aus dem Pigment besteht, an der Oberfläche hinterlassen. Diese Farbe würde unweigerlich, wenn der Bogen arbeitet, nach kurzer Zeit abplatzen.

Der einfachste Überzug könnte mit einer Leimlösung erreicht werden. Ich würde jedoch keinen Leim nehmen, denn er kann auf dem Bogen Risse bekommen, besonders wenn er zu dick aufgetragen ist. Schellack ist eine bessere Wahl, denn das ist ein sehr schnell trocknendes und festes Harz.

Der Bogen wird, die freien Holzflächen an den Wurfarmenden eingeschlossen, zweimal mit Schellack (in 10%iger alkoholischer Lösung) eingestrichen. Schellack war vor ca. 1600 eher ungebräuchlich, da der reine Alkohol als Lösungsmittel für den Schellack zu der Zeit noch kaum verbreitet und zu teuer war.

Stattdessen kann aber auch der traditionelle Firnis verwendet werden. Es ist derselbe Firnis, der später als Bindemittel für die Farben verwendet wird.

Kantenstreifen: Oben durchgefärbt, unten bemalt.

Der Firnis

Der Firnis für den Bogen, im Persischen *rugan-i kaman* oder im Türkischen *sandalos revğani*, besteht aus einem Harz, das in Öl und einem Lösungsmittel gelöst ist. In alten Texten, gleichwohl im Osten wie im Westen, lautet der Begriff für dieses Harz *Sandarak*. Das bedeutet nicht unbedingt, dass das Harz, das wir heute unter dem Begriff Sandarak kennen, Teil des Firnis war.
Das Wort wurde für jede Art von Baumharz verwendet: Kiefernharz (Kolophonium), Mastix, Sandarak, Wacholderharz oder Kopal. Es ist möglich, dass manche Firnisse tatsächlich aus reinem Sandarak hergestellt waren oder aus Sandarak, gemischt mit anderen Harzen, bestanden.
Der Firnis konnte aus solchen Harzgemischen bestehen, aber höchstwahrscheinlich enthielt er kein oder nur sehr wenig Sandarak, da reiner Sandarak teurer war als zum Beispiel Kiefernharz. Ich habe Firnisse aus allen oben angeführten Harzen hergestellt und konnte keinen echten Unterschied in deren Eigenschaften feststellen.
Zudem ist Sandarak schwieriger im Öl aufzulösen, benötigt mehr Hitze und ergibt einen sehr dunklen Firnis. Es ist viel einfacher, ein Gemisch von Sandarak mit anderen Harzen zu verwenden oder sogar ganz darauf zu verzichten.

Das Öl ist eine wesentliche Komponente des Firnis. Ohne das Öl würde, wenn der Firnis oder die Farbe vollständig getrocknet ist, was einen Monat dauern kann, diese Schicht, wenn man sich nur auf Harz als Bindemittel verlässt, zu brüchig werden. Man kann das Harz zwar in einem Lösungsmittel ohne Öl auflösen, aber solch eine Beschichtung kann nur auf Dingen wie Möbeln oder reinen Holzbögen verwendet werden, die nicht so stark gebogen werden, niemals aber auf einem Kompositbogen. Anderseits ist es durchaus möglich, Öl alleine ohne Harzzusatz als Binder und Überzug zu verwenden. Das Öl würde in diesem Fall sehr langsam trocknen, wenn es nicht durch Kochen mit Trockenmitteln (spezielle Chemikalien, die die Trocknung beschleunigen, wie Blei- oder Kobaltsalze) vorbehandelt würde.
Der herkömmliche Firnis der Bögen setzte stattdessen Harz ein, was die Trocknung beschleunigt und die Haftung zwischen den Firnis- und Farbschichten verbessert. Die für den Firnis verwendeten Öle sind sogenannte „härtende Öle“, gewöhnlich Leinsamenöl oder Walnussöl.

Die Methode zur Herstellung des Firnis ist für alle Arten von Harz dieselbe. Am besten geschieht dies wegen der Feuergefahr, des Rauchs und der intensiven Öldämpfe im Freien.
Zuerst wird ein Teil zerstoßenes Harz oder Harzgemisch geschmolzen und soweit erhitzt, bis es schäumt, was die Bildung flüchtiger Stoffe anzeigt. Bei Temperaturen nahe 300°C zerfallen die Harze teilweise. Das Schäumen dauert ca. zwischen zwanzig Minuten und einer Stunde. Während dieser Zeit muss das geschmolzene Harz dauernd gerührt werden. Reiner Sandarak muss am längsten und auf die höchste Temperatur erhitzt werden. Wenn das Austreten flüchtiger Bestandteile endet, wird das Öl, das man am besten zuvor ebenfalls erhitzt hat, in kleinen Portionen hinzugegeben.

Ich füge für den Firnis, alten Rezepten folgend, 3 Teile Öl zu 1 Teil Harz hinzu. Zum Schluss muss das Harz völlig in der heißen Mischung gelöst sein. Man kann das testen, indem man einen Tropfen der Lösung auf einem Stück Metall oder Glas abkühlen lässt. Wenn der Tropfen erstarrt, ohne

dass sich Harz vom Öl trennt, ist die Mischung fertig. Wenn dieser Test fehlschlägt, muss sie länger gekocht werden.
Die Mischung ist jetzt, selbst wenn sie heiß ist, viel zu viskos um als Firnis brauchbar zu sein. Es wird also, wieder unter ständigem Umrühren, ein Lösungsmittel hinzugefügt, um eine Konsistenz zu erreichen, in der die Mischung verarbeitet werden kann. Das Originallösungsmittel war im ölreichen Orient ein Petroleumprodukt, ähnlich dem Kerosin (Lampenöl oder Diesel).

Ebenso kann das, wahrscheinlich seit dem 15. Jh. bekannte, Terpentin, das bei der Kolophoniumherstellung durch Destillation aus rohem Kiefernharz gewonnen wird, verwendet werden. Genau das verwende ich auch für meinen Firnis. Die Menge des Lösungsmittels hängt vom Verhältnis Harz zu Öl ab. Man kann den Firnis, wenn er kalt ist, weiter verdünnen. Erst einmal gebe ich drei bis vier Teile Terpentin zum heißen Harz/Öl Gemisch.

Bei Kani wird die Herstellung des Firnis etwas anders beschrieben. Es werden zuerst 3 Teile Leinsamenöl (*rugan bezir*) in einem Tontopf erhitzt, und zwar so weit, dass es sehr heiß wird, sich aber noch nicht dunkel verfärbt. Dann wird nach und nach ein Teil zerstoßenes Harz (*sandalos*) und anschließend das Lösungsmittel (*neft*) hinzugegeben. Der sich ergebende Firnis konnte zum Reinigen mit Wasser geschüttelt werden.
Kani hebt besonders die Notwendigkeit eines klaren, destillierten Lösungsmittels hervor, da der Firnis andernfalls (vermutlich nachdem er getrocknet worden war) von Wasser beeinträchtigt werden könnte.

Damit diese Methode funktioniert konnte kein reiner Sandarak als Harz (*sandalos*) Verwendung finden, da sich Sandarak nicht in heißem Öl auflösen lässt ohne durch Erhitzen auf hohe Temperaturen teilweise zu zerfallen.
Der „sandalos“ in diesem Rezept ist wahrscheinlich Pinien- oder Kiefernharz, eventuell kommt aber auch eines der weicheren Harze wie Mastix oder Dammar oder eine Mischung verschiedener Arten infrage. Dammar selber ist nicht sehr wahrscheinlich, da es aus Indonesien kommt und selten war. Mastix anderseits kam von der griechischen Insel Chios und war verfügbar. Im Nachlass eines verstorbenen Bogenbauers der Janitscharen (1705) ist ein teurer „dunkler Leim“ (oder „trockener Kleber“) aufgeführt, der vielleicht aus diesem Harz bestand.

Abhängig von der Art des verwendeten Harzes kann der Firniss ziemlich dunkel oder blass sein. Kani beschreibt vier Firnis-Typen: weiß, gelb, rot und dunkel. Der dunkle Firnis wurde als unbrauchbar angesehen, aber die drei anderen konnten, nach Bedarf gemischt, je nach gewünschter Transparenz und darunter benutzter Farbe verwendet werden. Kiefernharzfirnis kann in allen drei Farben auftreten.

Der Firnis dient sowohl als Bindemittel für die Farbe wie auch als abschließender Überzug. Sein großer Nachteil ist, dass er so langsam trocknet. Da die Trocknung sich durch UV-Licht und Wärme beschleunigen lässt, trocknet er im Freien an sonnigen Tagen deutlich schneller. Ein Tag an der Sonne entspricht einer Woche, bei hoher Luftfeuchtigkeit sogar 3 Wochen, im Haus.

Die Farbe sollte jedoch im Haus erst mal soweit trocknen, dass sie „fingertrocken“ ist. Wenn sie zu schnell Sonne und Wärme ausgesetzt wird, tendiert sie dazu Runzeln zu bilden, da sie an der Oberfläche schneller trocknet, während die tieferen Bereiche noch flüssig sind. Ein Schaffell als Unterlage für die Farbe verlängert die Trockenzeit ebenfalls, wahrscheinlich wegen des Lanolins.

Wer nicht auf Authentizität aus ist, kann stattdessen Schellack in alkoholischer Lösung, der in größerem Maßstab erst im 17. Jh. verwendet und von Kani beschrieben wurde, einsetzen. Unter den modernen Produkten sind Bootslack oder Marinelack, der auf einer Mischung von Öl mit modernen Harzen beruht, ein guter Ersatz.

Für eine erhöhte Flexibilität empfehle ich, den Bootslack 1:1 mit einem reinen, aushärtenden Öl zu mischen. Produkte wie „gekochtes Öl“ trocknen schneller, da sie entsprechende Zusätze (Sikkative) enthalten, die den Trockenvorgang beschleunigen.
Ein traditionelles Sikkativ war Blei. Wird das Öl eine Zeit lang mit Bleisalzen (als Karbonate, Acetate oder Oxyde) gekocht und anschließend gefiltert, ergibt das ein schneller trocknendes Öl und als Firnis einen schneller trocknenden Firnis.
(A.d.Ü.: Blei als Sikkativ ist wegen seiner Giftigkeit nicht mehr im Gebrauch).

Bemalung

Grundierung

Sobald der erste schützende Überzug aus Schellack oder Firnis getrocknet ist und das Leder keine Farbe mehr absorbiert, folgt die Grundierung. Dieser Überzug wird aus Firnis mit Pigmenten, die die hellbraune Farbe von Leder imitieren, hergestellt und glättet die Oberfläche, verdeckt Fehlstellen und Leimflecke und füllt die Lücken an den Stoßkanten der Lederstücke aus.

Um die lederähnliche Farbe zu erhalten, werden etwas gemahlenes Siena und braunes Umbra (beides sind im Kunsthandwerk übliche Pigmente) zusammen mit Bleiweiß im Firnis vermischt. Es sollte erwähnt werden, dass Bleiweiß, wie so manche traditionellen Pigmente, giftig ist.
Fertige Ölfarben aus der Tube, die sich auch leichter mit dem Firnis vermischen lassen, zu verwenden ist sicherer. Trockene Pigmente müssen, am besten mit Mörser und Pistill oder mit einem Spatel auf einer Glasplatte sehr gut gemischt werden, bis die Farbpaste glatt und frei von Krümeln ist.

Das Mischen kann seine Zeit dauern und ich empfehle dem Ungeduldigen fertige Künstler-Ölfarben, auch wenn das die Trocknung verlängern kann. Deshalb kann man die Farbe auch zunächst aus der Tube auf ein Stückchen Stoff, das einen Teil des Öls absorbiert, gedrückt und dann erst mit dem Firnis vermischt werden.

Die Grundierung sollte auf dem Leder ohne jedes „Einsinken“ trocknen (d.h. sie darf nicht vollständig vom Untergrund aufgesogen werden) und einen glänzenden Überzug ergeben.

Am besten testet man das zur Sicherheit an einer kleinen Ecke. Wenn die Farbe matt auftrocknet, kann etwas mehr Firnis zugegeben werden. Alternativ kann, um die Absorption im Leder zu verringern, eine weitere Lage Firnis auf das Leder aufgetragen werden. Das Ziel ist es, dass der ganze Farbüberzug glänzend auftrocknet, was die beste Vorbeugungsmaßnahme gegen Risse und Abblättern ist. Dünnere Überzüge sind dabei flexibler. Wenn die hölzernen Wurfarmenden auch bemalt werden sollen, kann die Grundierung auch hier aufgetragen werden.

Am besten spannt man den grundierten Bogen auf und biegt ihn, um sicherzugehen, dass die Farbe überall auf dem Leder gut haftet.

Das Leder wird gleichmäßig bestrichen, anschließend lässt man es trocknen. Diese Trocknungsphase kann, je nach den Wetterbedingungen, eine Woche oder länger dauern. Die Stoßstellen zwischen den Lederstücken bedürfen gewöhnlich einer zusätzlichen Füllung. Ich füge der auch sonst verwendeten Grundierung etwas Kalkpulver oder Mehl hinzu und fülle die Stellen so glatt wie möglich aus.

Um diese Füllung zu glätten, kann sie nach dem Trocknen vorsichtig abgeschabt oder geschmirgelt werden. Gewöhnlich wird eine weitere Schicht Grundierung benötigt um eine absolut gleichmäßige Oberfläche gleichmäßig zu erhalten. Kleinere Unebenheiten werden aber meistens durch die auf der Grundierung aufbauenden Schichten überdeckt. Wie immer sind auch hier dünnere Schichten dauerhafter und trocknen zudem schneller als dicke Schichten.

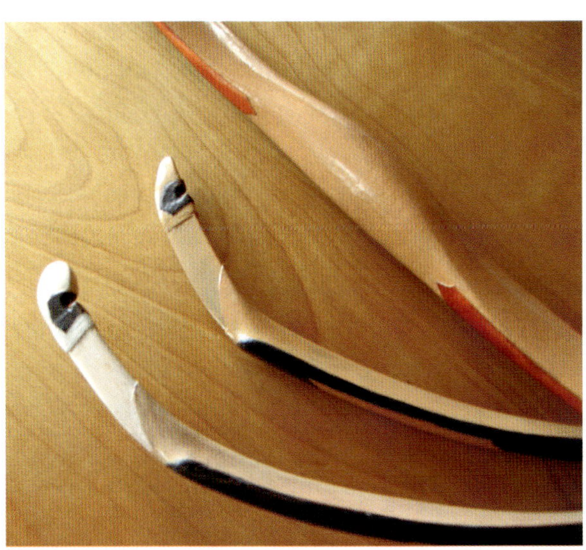

Bögen mit Grundierung. Man beachte, dass die ledernen Nockeinsätze dieselbe Farbe wie die seitlichen Streifen haben.

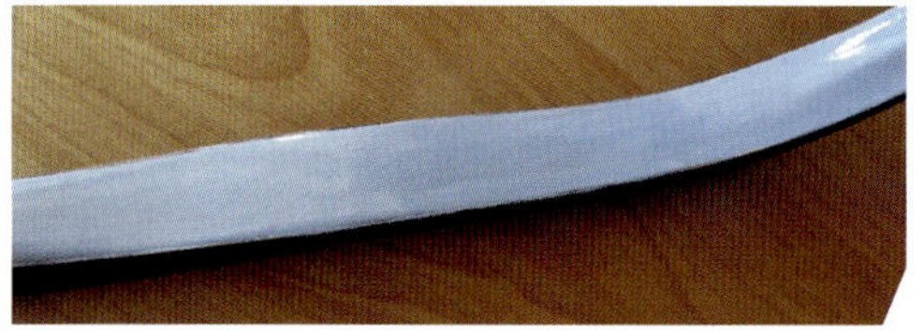

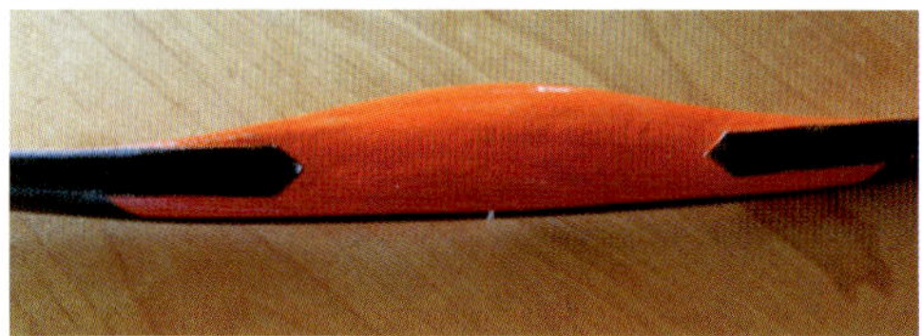

Oben eine Grundierung von Bleiweiß mit Azurit, unten mit Minium (Mennige)

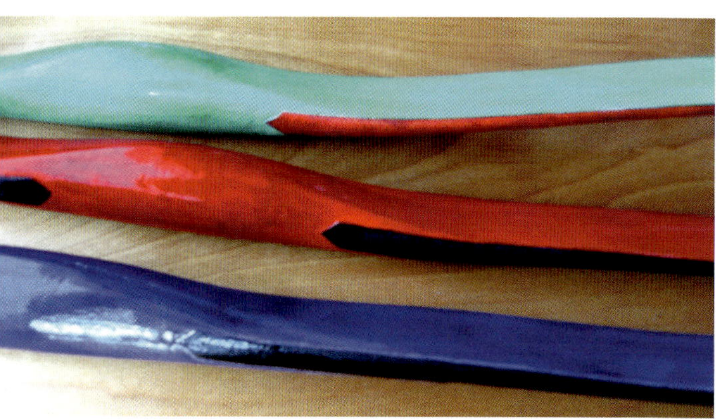

Oben ein Grün aus Malachit auf einer Grundierung aus Bleiweiß., Mitte: Krapplack, unten ein Überzug aus Lapislazuli.

Ist die Grundierung fertig, wird es Zeit, Dekor und die Farben für den Bogen auszuwählen. Die verbreitetste Art ist ein durchgehendes Muster, das vom Griff bis zu den Enden läuft und den ganzen Rücken bedeckt. Manchmal wird es am Kasan bauchseitig gespiegelt. Die Verzierungen wirken ähnlich wie die Muster orientalischer Teppiche.

Moderne Nachbauten von Kompositbögen scheinen eine Art sich kreuzender Bänder in kontrastierenden Farben zu bevorzugen, vermutlich weil der Bogen so einfacher zu dekorieren ist. Dieses Dekor hat aber wenig mit den ursprünglichen Mustern zu tun! Ich studiere lieber die Muster auf alten Bögen oder wähle zeitgenössische Muster aus Büchern über türkische oder persische Motive.

Das freiliegende Horn auf der Bauchseite kann ebenfalls, wenn gewünscht, bemalt werden. Bei den persischen Bögen konnte auch ein Paarreim in ottomanischem Türkisch oder Persisch auf die Bauchseite geschrieben werden, wobei immer die *Taliq*-Schrift*, umrahmt von einer Verzierung, verwendet wurde.

Die Auswahl an Pigmenten war, besonders für die Grün- und Gelbtöne, nicht so groß wie heute, viele Pigmente waren natürlich auftretende Mineralien.

Mögliche Pigmente und Farbstoffe waren:

- Schwarz: Lampenruß
- Rot: rotes Blei (Bleioxyd), Zinnober (Quecksilbersulfid), Lac Dye (Laccainsäure, s.o.), Scharlachrot (aus Insekten), Krapplack (meistens Alizarinrot), Hämatit und Siena (gebrannter Ton)
- Gelb: Ocker (gelber Ton), Bleigelb (Bleimonooxyd) und Auripigment (Arsensulfid)
- Grün: Malachit (Kupfercarbonat) und Grünspan (Kupferacetat)
- Blau: Azurit (Kupferkarbonat), Kobaltblau (blauer Glasfluss, Kobaltglas) und das teure Lapislazuli (Lazurit und Ultramarin)

Verwendet man reine, trockene Pigmente, besteht ein Problem darin, diese mit dem Firnis zu vermischen, was ziemlich langsam gehen kann.

Am besten gelingt das, wie schon beschrieben,

* Taliq-Schrift: Schrift der arabischen Kalligraphie, enstanden ab dem 10.–13. Jh.

mit einem Anreiber und einem sandgestrahlten Stück Glas, mit einem Metallspatel (oder einem Malerspachtel) auf Glas oder mit Mörser und Pistill. Manche Pigmente sind schwierig im Firnis zu verteilen, sie bilden kleine Klumpen, die aufgelöst werden müssen. Andere dagegen, zum Beispiel Kobaltglas, sind unsere Zwecke zu grob gemahlen. Grünspan wird am besten durch Erhitzen des Pigments im Firnis hergestellt, was eine grüne Suspension einer Kupfer-Harz-Verbindung in Öl ergibt. Die Farben sind nicht so leuchtend wie moderne, synthetische Farben. Es ist wichtig so wenig Pigment wie möglich zu nehmen, um gerade noch die benötigte Deckkraft zu erreichen, da erst der Überschuss an Firnis als Bindemittel einen guten Glanz nach dem Trocknen ergibt.

Die traditionellen Pigmente und Ölfarben können fertig gekauft werden. Die wichtigste Quelle hierfür ist in Europa und Nordamerika die Firma „Kremer Pigments". Verschiedene traditionelle Pigmente werden heute künstlich hergestellt.
So ist Lapislazuli das heutige Ultramarin. Kobaltblau kann als Ersatz für das ursprüngliche Königsblau / Kobaltglas dienen, wenn es auch nicht dieselbe chemische Zusammensetzung hat.
Die Farben wurden in Schichten aufgebracht, um letztendlich einen satteren Ton zu erreichen und die Wirkung der Bemalung zu verstärken.
Allgemein wurde eine billigere Farbe für den ungefähren Farbton verwendet und dann mit einer dünnen Schicht teurerer Farbe überzogen.
Das typische Karminrot wurde erreicht, indem zuerst mit Mennige (Bleirot) grundiert und anschließend eine dünne rote Farbschicht aus Krapplack oder Laccainsäure aufgetragen wurde.
Für Blau oder Grün wurde auf eine Unterlage aus Weiß (oder mit der jeweiligen Farbe gemischtem Weiß) eine durchscheinende Lage aus Blau oder Grün gelegt. Damit erreichte man die maximale Leuchtkraft bei ansonsten eher stumpfen Farbtönen. Ich sollte erwähnen, dass Weiß, das auf Bleiweiß basiert, mit reichlich Firnis verwendet werden muss. Die Farbpigmente gehen nämlich mit dem Öl eine chemische Bindung ein und ergeben bei höherer Konzentration Farben, die zu spröde sind, als dass man den Bogen biegen könnte (ohne dass die Farben abplatzen, A.d.Ü).

Wurde ein langsam trocknendes Lösungsmittel (Kerosin oder Lampenöl im Gegensatz zu Terpentin oder Naphta zum Harz-Öl-Gemisch hinzugefügt, ist es sogar einfacher, den Überzug ohne Verwischungen oder Schmierer herzustellen.
Jede Lage muss gut durchtrocknen, bevor die nächste aufgebracht wird, da das Lösungsmittel in die untere Farbschicht wandern und die Konturen „verschieben" kann.
Es sollten weiche Pinsel, am besten ca. 12–18 mm breit, verwendet werden. Der Bogen kann dort gehalten werden, wo er gerade nicht bemalt wird, zum Beispiel an den Kanten. Zum Trocknen hänge ich den Bogen an den Sehnenkerben auf.

Goldverzierung

Ein Bogen ohne Golddekor sieht einfach unfertig aus. Schon einige wenige Verzierungen oder Linien verbessern das Erscheinungsbild erheblich. Golddekor bestand dabei aus echtem Blattgold, während Silber gewöhnlich mit einem bernsteinfarbenen Lack bedeckt wurde, um den Eindruck von Gold hervorzurufen. In einzelnen Fällen wurden größere Bereiche mit Gold oder Silber belegt und dann mit gefärbtem Firnis lasiert, um eine größere Leuchtkraft des Farbtons zu erreichen. Es gibt auch Hinweise für Zinnfolie als Ersatz für Silber.

Die Blumenmotive (*hatayi*) wurden fast ausschließlich in Verbindung mit dem stilisierten Blatt (*yaprak*) und dem Sonnenzeichen (*şemse*) für die Verzierung verwendet. Auch das ältere *rumi* Muster wie auch das aus dem fernen Osten kommende *bulut* (Wolken) oder das *cintamani* tauchten auf. Der Grad der Kunstfertigkeit, wie er sich auf manchen älteren Bögen zeigt, ist erstaunlich und kann nur mit Hilfe eines Vergrößerungsglases wirklich gewürdigt werden.

Für Sultan Bayezid gebauter Bogen, 16. Jh. Kat.Nr. 1/1041, © Topkapi Palast Museum

Für diese komplizierten Muster braucht man eine Vergrößerungsbrille.

Kalligraphie entsteht aus dem Zusammenspiel von Konzentration und Geduld und ist natürlich auf der unregelmäßig geformten Oberfläche des Bogens noch schwieriger als auf einem flachen Stück Papier, auf dem die zeichnende Hand eine gute Unterlage hat. Ich kann die Konzentration nicht länger als zwei Stunden aufrechterhalten.

Die Metallblättchen werden zu einem Pulver oder, genauer gesagt, winzigen Schuppen verarbeitet, die als Pigment verwendet werden. Das Zerreiben geschieht von Hand.
Jedes Metallblatt (ca. 8 x 8 cm groß und als Sets zu je 25 Blatt erhältlich), wird in eine Keramikschale oder auf eine Keramikplatte mit ein paar Tropfen flüssigem Honig gelegt. Dann wird es zermahlen, indem man es mit dem bloßen Daumen in einer kreisförmigen Bewegung reibt. Dadurch wird es in immer feinere und feinere Flocken zerrissen.
Weitere Blätter werden eins nach dem anderen hinzugefügt. Der Prozess wird solange fortgeführt, bis die einzelnen Flocken fast nicht mehr erkennbar sind – gewöhnlich dauert das nicht weniger als 3 Stunden. Bei der persischen Methode wird das Gold auf einer Platte mit dem Handballen einen Tag lang verrieben.
Ich finde jedoch, dass die Methode mit dem Daumen, die mir von einem Istanbuler Buchbinder gezeigt wurde, schneller zum Ergebnis führt, da mit dem Daumen mehr Druck ausgeübt werden kann. Das Goldpulver sollte sich in Wasser nicht wie Sand absetzen, sondern darauf schwimmen und vom Pinsel praktisch angezogen werden. Das kann mit etwas Pulver in einem Tropfen Wasser getestet werden.
Wenn das Gold ausreichend fein verteilt ist, wird die Mischung in ein schlankes Weinglas überführt und mit warmem Wasser gemischt, um den Honig aufzulösen. Wenn sich dann Gold und Honigwasser getrennt haben, wird die Flüssigkeit abgegossen und die Prozedur wird mit dem auf dem Boden des Glases verbliebenen Gold wiederholt.

Das feuchte oder getrocknete Goldpulver wird in einem geschlossenen Gefäß aufbewahrt. Leider gibt es keinen Ersatz für das auf diese Weise hergestellte Goldpigment. Die Partikel des sogenannten Muschelgolds, das in Pulverform fertig gekauft werden kann, haben zu große Schuppen, als dass damit präzise gemalt werden kann.
Für einen möglichst satten Farbton verwende ich normalerweise 23,5- oder 24-karätiges Gold.

Detail des Kasan-Auges. Aufällig ist der abrupte Übergang des Kasan zum Sal.© Topkapi Palast Museum Kat.Nr. 1/8969

Dieses Muster basiert auf Vorlagen aus dem 16. Jh.

Das traditionelle Bindemittel für Kalligraphie in Gold oder Silber ist Hautleim mit einer sehr geringen Konzentration von ca. 5%. Ein langhaariger Marderpinsel wird in die Leimlösung und anschließend in das Goldpuder eingetaucht, entweder in einem kleinen Glasgefäß oder auf einer Porzellanplatte. Das ergibt beim Malen eine hervorragende, klare Linie. Für die geraden Linien an den Wurfarmkanten kann ein Kalligraphiestift mit einer Stahlfeder verwendet werden, die einen höheren Druck und damit eine stabilere Führung der Hand erlaubt. Diese Goldfarbe wird jedoch nicht auf dem öligen, mit Farbe überzogenen Bogen halten.

Vor dem Bemalen mit der Leim-Goldfarbe muss der Bogen sehr gut getrocknet sein und anschließend leicht mit Stahlwolle oder einem Schmirgelpad abgerieben werden, womit man ein gewisses Maß an Reibung und Porosität erhält, die das Goldpulver fixiert. Der Bogen wird anschließend mit einer dünnen Schicht Eiweiß bestrichen.
Für den Eiweiß-Überzug wird das vom Eigelb getrennte Eiweiß steif geschlagen und dann in dem Gefäß mehrere Stunden stehen gelassen, bis es wieder zu einer Flüssigkeit geschmolzen ist.
Diese Flüssigkeit wird mit 2 Teilen Wasser versetzt. Wenn der Überzug aus Eiweiß trocken ist, ist der Bogen bereit für die Goldverzierung.

Nach dem Trocknen kann die Goldfarbe mit einem glatten Stein oder Knochen poliert werden um eine glänzendere Oberfläche zu erhalten. Falls die Leimkonzentration im Binder zu hoch war, ist das Polieren nicht möglich und das Gold wird schmutzig aussehen.

Die Methode mit dem Leim ergibt jedoch nicht unbedingt dieselbe Dichte des Goldes, wie man sie von den alten Bögen oder anderen zeitgenössischen Stücken her kennt. Ich vermute, dass dies mit der Dicke der Goldschuppen zu tun hat. Das Blattgold wird heutzutage dünner ausgeschlagen als in der Vergangenheit, so dass die Deckkraft der Goldfarbe nicht so hoch ist. Ebenso hat die glatte Oberfläche der Farbe, auch wenn sie mit Sandpapier aufgeraut wurde, nicht genug Reibung um die Goldschuppen zu fixieren ebenso wie poröses Papier oder unbehandeltes Leder. Ich verwende diese Methode daher nur für die feinsten Arbeiten oder Korrekturen und wende normalerweise die im weiteren beschriebene „Klebemethode“ an.

Auch Lack kann als Bindemittel für das pulverisierte Gold verwendet werden. Allerdings ist es schwierig, damit feinste Zeichnungen zu machen, und der Gold-Effekt wirkt weniger metallisch.

Die Linien können auf einer Grundlage aus Ochsengalle oder Eiweiß besser gezeichnet werden. Die Bemalung erfolgt auf diesem Überzug, und, nach der Dekoration mit dem in Lack gebundenen Gold und wenn sie ganz durchgetrocknet ist, wird die Ochsengalle- oder Eiweißschicht mit feuchtem Stoff oder einem Wattebausch abgewischt.
Das Entfernen der Schicht lässt die Zeichnung sichtlich schärfer und klarer hervortreten. Glätten und Polieren ist mit dieser Methode aber nicht möglich.

Wenn größere Flächen zu vergolden waren, wurde das Metallblatt auf die klebrige, halbtrockene Oberfläche gelegt. Das konnte der Hautleimüberzug sein, der entweder mit Wasser oder mit einer Mischung aus Wasser und Alkohol (im Verhältnis 1:1) befeuchtet worden war. Das Gold wurde dann mithilfe eines speziellen, flachen Pinsels aufgelegt. Die Methode ist als Wasservergolden oder Polimentvergoldung bekannt.

Goldblättchen auf das „klebrig" gemalte Muster gelegt.

Alternativ können die Blätter auf den fast trockenen, leicht klebrigen Firnis gelegt werden. Die Methode wird als Mixtion-Vergolden oder als Vergolden mit Anlegemilch bezeichnet. (A.d.Ü.: diese Methoden unterschieden sich etwas von der vorgestellten Art und Weise, stellen aber prinzipiell denselben Vorgang dar).

Ich habe auch nach Hinweisen bezüglich einer weiteren Vergoldungstechnik gesucht: Dabei wird das Gold auf eine, mit klebrigen Medium gemalte, Dekoration gelegt, an der das Metallblatt haftet, und das überschüssige Metall wird nach dem Trocknen abgebürstet.Auf diese Art bekommt man saubere Linien, wenn auch nicht so klar und fein wie bei der Methode mit dem Goldpulver in Hautleim.

Auf den Bauch eines Bogens aus dem 17. Jh. gemaltes Fragment eines Gedichtes (yay kitabeçi). © Topkapi Palast Museum, Kat.Nr. 1/1043

Es gibt ein Produkt namens „Gummi Ammoniacum“, das in Persien gesammelt wurde und dort recht bekannt war, das hierfür verwendet werden kann. Eine Lösung davon in Wasser, gemischt mit einem gut deckenden Pigment wie dem Goldersatzstoff Auripigment, wird zum Malen der Muster verwendet.

Wenn es getrocknet ist, wird es durch Anhauchen wieder etwas klebrig gemacht, worauf man die Metallblätter sofort auflegt, mit einem Vergolderpinsel andrückt und den Überschuss (an den nicht klebenden Stellen) abbürstet.
Ich glaube, dass diese Methode in Asien und dem Mittleren Osten bekannt gewesen sein muss und verwendet wurde, da die Ergebnisse leuchtender sind und metallischer erscheinen als bei der Verwendung des Metallpulvers. Zudem ist die Methode ökonomischer, da das abgebürstete Metall für das Goldpulver zum Bemalen verwendet werden kann.
Meine Abwandlung dieser Methode funktioniert wie folgt: Die leicht angeschliffene Farbe wird mit einer Lösung aus Wasser mit Eiweiß im Verhältnis von 1:2 (siehe oben) bestrichen und trocknen gelassen. Wenn notwendig, können Bereiche der Muster mit einer Mischung aus Eiweiß mit etwas Pigmenten vorgezeichnet werden.

Der Firnis wird dann mit gut deckenden Pigmenten (Bleiweiß, Mennige oder Bleigelb) zu einer ziemlich dicklichen Paste vermischt. Die Muster werden mit dieser Farbe, am besten mit einem Rotmarderpinsel #000, gemalt.
Man lässt sie trocknen; und zwar soll sie fest werden und nicht mehr verschmieren, aber noch leicht klebrig bleiben.Abhängig von den Eigenschaftes des Firnis und den Umgebungsbedingungen kann das zwischen einer halben Stunde und einem Tag dauern.

Dann wird das Blattgold aufgelegt und entweder mit einem Baumwolltupfer oder einem weichen Pinsel angedrückt. Diese sogenannte „Patent-“ oder „Transfervergoldung“ ist am einfachsten auszuführen, da man das Blattgold zusammen mit seiner Trägerfolie handhaben kann.
Der Überschuss an Blattgold wird mit einem weichen Pinsel abgebürstet und die Goldflitter können später weiterverwendet werden. Die Farbe lässt man dann einen oder zwei weitere Tage trocknen. Die Lage aus Eiweiß wird dann mit einem feuchten Tupfer entfernt, um alle Goldteilchen auf den nicht zu bemalenden Stellen zu entfernen.

Dieser Vorgang wird nach Bedarf für alle Teile des Bogens wiederholt. Ich halte den erzielten Effekt für ziemlich gut, denn er ist dem Original sehr ähnlich. Ich denke, dass diese Methode auch in der Vergangenheit verwendet wurde, da ich beobachtet habe, dass auf manchen Bögen die Goldfarbe irgendwie dick war, als ob sie ein größeres Volumen oder Dicke hätte als reine, auf Leim basierende Farbe. Ein solcher Effekt wird nur mit obiger Methode erreicht oder wenn das Goldpulver mit Firnis vermischt aufgemalt wurde. Ein weiterer Vorteil ist die völlige Wasserfestigkeit des Firnis.

Diese Dekoration basiert auf einem alten Bogen als Vorbild.
Beachte den Bauch des Kasan (Bild unten links und Detail rechts) mit der gerahmten Inschrift: „amali Adam“ (gebaut von Adam).

Ein Kasan-Bauch mit dem Datum „senneh 1090" (also 1090 Jahre nach der Hidschra, d.h. 1679 A.D.)

Kat.Nr. 1/8965.

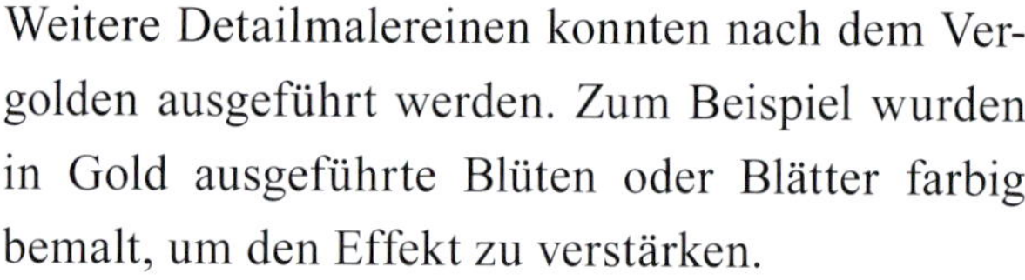

Weitere Detailmalereinen konnten nach dem Vergolden ausgeführt werden. Zum Beispiel wurden in Gold ausgeführte Blüten oder Blätter farbig bemalt, um den Effekt zu verstärken.
Das geschieht, wie zuvor, mit dem Gemisch aus Firnis und Pigmentpulver. Speziell für dünne, linienartige Zeichnungsteile kann Eiweiß oder Leim als Bindemittel verwendet werden. Eiweiß darf man allerdings nicht auf oder in der Nähe von Silber verwenden, da das Silber dann braun/schwarz korrodiert. Um die Klebekraft zu erhöhen füge ich gewöhnlich etwas Firnis zum wässrigen Bindemittel hinzu.
Stellen, die sich nicht gut vergolden lassen, können mit der Goldfarbe nachgebessert und durch Kratzen mit einer Messerspitze oder einem Zahnstocher korrigiert werden.

Auf vielen Bögen wurde auch die Bauchseite verziert, oft mit Paarreimen religiösen Inhalts mit Bezug zum Bogenschießen. Sie waren immer in der *taliq*-Schrift (*kay kitabeşi* genannt) ausgeführt. Die Gedichte wurden in einzelne Phrasen aufgeteilt, zwischen denen man weitere Verzierungen anbrachte, damit die Bemalung insgesamt dichter und reicher wirkte.

Die Schönschrift kann direkt auf dem Horn aufgezeichnet werden oder auf einer Farbschicht, bei alten Bögen gewöhnlich auf Karminrot.
Die meisten Bögen wiesen auch Verzierungen an der Oberfläche der Wurfarmenden auf.

Nebenbei sollte auch noch bemerkt werden, dass der ganze Überzug und die Verzierungen etwa ungefähr 20 bis 30 g zusätzlich zum Gewicht des Bogens beitragen.

Ein weiteres Beispiel eines verzierten Bogens, basierend auf der Arbeit von Ustad Salih (18. Jahrhundert)

Schlussbehandlung mit Firnis

Wenn die Verzierung vollendet ist – inklusive Aufbringen des Namens des Künstlers auf dem Bogenbauch im Kasan-Bereich und des Herstellungsdatums an derselben Stelle des anderen Wurfarms – lässt man den Bogen vollständig durchtrocknen.

Nachdem alle Reste von Eiweiß- oder anderen Abdeckschichten durch Abwischen mit feuchten Baumwolltupfern entfernt wurden, wird auf dem ganzen Bogen, den Bauch und die Enden eingeschlossen, eine abschließende Schicht aus reinem Firnis aufgebracht. Dieser Überzug erhöht die Farbsättigung und Brillianz der Goldverzierung und erzeugt ein Emaille- oder Schmuckstückähnliches Erscheinungsbild.

Es sind mindestens zwei, vorzugsweise drei Firnisschichten notwendig. Nach einem Jahr in Gebrauch wird eine weitere Firnislage nötig.
Ab dann muss der Bogen nur noch alle paar Jahre, und nur wenn er abgenützt ist, eine neue Firnisschicht bekommen, weil eine zu dicke Firnisschicht zu Rissen neigt. Auf der anderen Seite werden die älteren Firnisschichten durch den neuen Firnis etwas aufgeweicht, was die Farben elastisch hält.
Meine Erfahrung ist, das ich durch wiederholtes Einreiben mit kleinsten Mengen Sandelholzöl, das innerhalb von ein paar Tagen einzieht, den Firnisüberzug weicher machen kann.

Der mit Firnis bemalte Bogen ist sehr widerstandsfähig gegen Feuchtigkeit, und auch Regen wird den Überzug nicht beschädigen.

Ich habe die Bögen ohne nachteilige Effekte auf der Jagd bei schlechtem Wetter verwendet und durch das taufeuchte Laub gezogen. Das heißt nicht, das die Bögen nicht beschädigt werden, wenn sie zu lange Zeit dem Wasser ausgesetzt sind. Ich würde zum Beispiel den Bogen nicht länger als einen Tag nass lassen. Der Überzug bremst das Eindringen von Wasser, verhindert es aber nicht vollständig.

Wenn der Bogen sehr feuchten Umgebungsbedingungen ausgesetzt war, wird es nötig sein, ihn einige Zeit im Haus zu trocknen, um sicher zu gehen, dass die Materialien nicht geschwächt werden.
Ich denke, die maximale Zeit, die das Trocknen herausgeschoben werden kann, ohne dass die Leistungsfähigkeit oder das Erscheinungsbild leiden, sind ein bis zwei Wochen.

Schießen & Pfeile

DAS SCHIESSEN

Die Herstellung von Pfeilen und anderem Zubehör fand ursprünglich in darauf spezialisierten Werkstätten statt. Die wenigsten Bogenbauer hatten hierfür Zeit übrig. Ich bilde hier keine Ausnahme – meine Kommentare hierzu werden also knapp sein.

Die Vielzahl von Pfeiltypen der Osmanen könnten Thema eines anderen Buches sein. Der interessierte Leser kann eine immer größer werdende Anzahl von Internet-Quellen finden, um das Schießen im östlichen Schießstil zu erlernen.
Ich muss hier wohl nicht extra erklären, dass – für einen Rechthandschützen – diese Bögen mit dem Pfeil auf der rechten Seite anliegend geschossen werden. Der Daumen der Zughand, dort wo die Sehne liegt, wird mit einem Ring, dem sogenannten Daumenring geschützt.
In den frühesten Zeiten wurde der Daumen höchstwahrscheinlich mit einem Stück Leder geschützt – oder der Bogen wurde mit dem bloßen Daumen geschossen. Letzteres ist möglich, weil die Haut so mit der Zeit Schwielen und Hornhaut ausbildet.

Für mich sind Bögen über 60 lb schwierig zu handhaben, weil die Sehne zu sehr in das Daumengelenk einschneidet. Ein Stück Leder, in T-Form ausgeschnitten und um den Daumen gewickelt oder ein ovales Stück Leder mit einem Loch drin reicht aus. Der sauberste Ablass kann jedoch nur mit einem Ring aus einem härteren Material erzielt werden. Horn, Stein, Knochen oder Metalle wurden für die Ringe verwendet.

Die Osmanischen und die Indo-Persischen Daumenringe waren ziemlich ähnlich, mit einer ziemlich kurzen Lippe, die ca. die Hälfte der Daumenspitze unbedeckt ließ. Das Wichtigste ist, dass der Daumenring ziemlich fest und knapp sitzt, besonders wenn das Daumenloch rund ist.
Die Ringe mit einem ovalen Daumenloch sollten eng genug sein, damit der Ring nicht unter Druck abrutscht.

Mit der Sehne an der korrekten Stelle sollte der Ring den Druck nicht auf die weiche Innenseite des Daumens übertragen, sondern seitlich auf das Daumengelenk. Der Grund ist, dass der Druck den Ring verkippt und so in das Fleisch auf der Daumenrückseite einschneidet, was sehr schmerzhaft sein kann. Ein loser Ring, der sich den Daumen entlang weg vom Gelenk verschiebt hat denselben Effekt.
Die Sehne sollte nicht die Tendenz haben, in das Daumengelenk zu rutschen sondern sicher auf der Kante am Ringloch zu sitzen. Manchmal muss die Kante etwas angefeilt werden, um einen besseren Winkel zu erhalten, oder der Daumen sollte während dem Auszug etwas weniger gebogen werden.

Eine Auswahl an Ringen. Der silberne Ring wurde von Murat Ozveri gemacht.

Für einen schärferen Ablass mag ich es, dass die Lippe des Daumenrings eine ziemlich steile Steigung aufweist, und ich halte den Daumen (mit dem Zeigefinger) nur an der Fingerspitze.
Es ist wichtig das der Zeigefinger im Moment des Ablasses nicht auf den Pfeil drückt, denn dadurch schlägt der Pfeil am Griffstück an und der Pfeil fliegt unkontrolliert.
Für stärkere Bögen ist der Türkische Ablass am besten, bei dem die letzten drei Finger in die Handfläche hinein gekrümmt sind.

Bei der Hand, die den Bogen hält, sollten Daumen und Zeigefinger entspannt sein während der Bogen mit den drei anderen Fingern fester gehalten wird, so das sich beim Ablass eine Vorwärtsbewegung der oberen Wurfarmspitze ergibt. Das lässt den Pfeil sauber am Griff vorbeifliegen.

Ich sollte erwähnen, dass der Kompositbogen genauso mit dem 2- oder 3-Finger Ablass geschossen werden kann, wenn sich der Schütze nicht daran stört, das die Finger (a.d.Ü. durch den engen Sehnenwinkel) eingeklemmt werden.

Die Bögen schießen am besten, wenn sich beide Wurfarme symmetrisch biegen oder der obere etwas schwächer ist. Diese Balance kann sich mit der Art, wie der Schütze den Bogen greift, ändern.

Um die Oberfläche zu schützen kann die Stelle, an der der Pfeil anliegt mit einem Stück Leder oder Stoff belegt werden. Ich umwickle den Griff gerne mit einem Lederband für ein bessere Kontrolle und damit das Handgelenk höher kommt, ähnlich dem beim Weitschießen verwendeten Türkischen *mushamba*.

Ein Griff mit Lederwicklung und eine extra Wicklung oberhalb der Pfeilnocke.

Die Nockposition kann, nach einigen Versuchen, mit einer kleinen Wicklung auf der Sehne oberhalb der Pfeilnocke fixiert werden.

Generell ist der Handschock bei den Kompositbögen, sofern die Syahs nicht übertrieben groß sind, minimal. Der „Mangel" an Handschock kann auf die kurze Biegezone der Wurfarme zurückgeführt werden. Zum Beispiel treten bei den Selfbows mit der langen Biegezone in diesem Bereich, während der Wurfarm in seine Ausgangsposition zurück schwingt, beträchtliche Aufwölbungen auf. Diese Verwerfungen sind am deutlichsten kurz bevor der Bogen auf Aufspannhöhe zurück gekommen ist und die Sehne wieder fast gerade ist.
Diese Ausbeulungen haben Schwingungen in den Wurfarmen zur Folge, wenn die Sehne die Bewegung stoppt, was sich in Handschock und einem Verlust an Effizienz des Bogens auswirkt.
Je kürzer die Biegezone bei gleichzeitig relativ steifem Rest des Wurfarms ist desto weniger Handschock ist während dem Schuss fühlbar. Ich habe beobachtet, dass alle gut gebauten Bögen im Türkischen Stil praktisch frei von Handschock sind.

Zielen

Beim Thema Zielen sind die alten Bücher eindeutig. Es kann am besten als „geometrisch“ beschrieben. Dabei wird auf den Bogengriff, das Ziel und den Pfeil geblickt, um in der Vorstellung ein Bild zu erzeugen, an das man sich erinnern kann. Abhängig vom dominanten Auge wird das Bild unterschiedlich sein. Für einen linksäugig dominanten Bogenschützen wird das Ziel links vom Bogen liegen, und die Pfeilspitze wird nicht sichtbar sein (bezogen auf einen Rechtshandschützen).

Mit dem rechten Auge als dem dominanten wird das Ziel oder Teile davon rechts vom Bogen liegen und der Pfeil sichtbar. Mit beiden Augen offen verschmelzen beide Bilder, und das Ziel, obwohl es dank des dreidimensionalen Sehens sichtbar ist, kann durch den Griff verdeckt erscheinen.
Interessanterweise empfiehlt Taybugha (ein syrischer Mameluke aus dem 14. Jh.) den Kopf nach rechts zu neigen, so dass nur das linke Auge das Ziel sehen kann, was für einen Schützen mit linkem dominantem Auge das Zielen leichter macht.

Ich glaube, die beste Methode, wenn die Dominanz erst feststeht, ist das nicht-dominante Auge beim Schießen abzudecken bis das Ziel mit einiger Genauigkeit getroffen wird. Dann wird mit beiden geöffneten Augen weiter geschossen, die Übung aber regelmäßig wiederholt, bis das Verhältnis zwischen Griff, Ziel und Pfeil sich sicher eingeprägt hat.
Mit genügend Übung wird diese Art zu zielen im Grunde „instinktiv“ (oder intuitiv), also ohne bewusste Anstrengung.

Ein interessantes hölzernes Ziel. Die Oberfläche ist konkav, möglicherweise damit Pfeile, die nicht genau in der Mitte treffen, brechen.
Militärmuseum Istanbul.

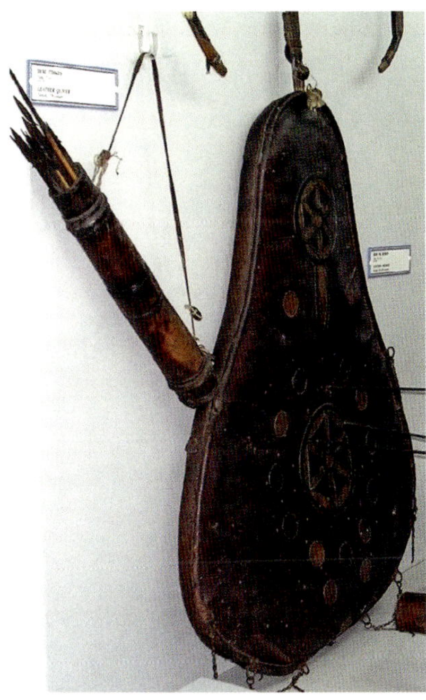

Puta - ein ledernes Ziel, mit Baumwollsamen ausgestopft, für Schießen auf große Entfernungen.
Militärmuseum Istanbul. Foto: Metin Ate.

DIE PFEILE

Die Pfeile der Ottomanen waren aus Buche (*kayin*, was auch Birke heißen kann), Bambus oder Kiefer. Sie waren kurz, gewöhnlich zwischen 25 und 29 Inch (63 bis 74 cm).
Die kurzen Pfeile passten gut zu den kurzen Bögen – durch den kürzeren Auzug war das Stacking nicht so stark fühlbar.

Sie wurden immer zum Nockende hin verjüngt („getapert“) und gewöhnlich auch zur Spitze hin („barreled“, d.h tonnenförmig).
Zusammen mit den kleinen, leichten Spitzen war der dynamische Spine (die Durchbiegung des Pfeils im Abschuss) hoch, was für die üblichen, hohen Zuggewichte benötigt wurde.
Die leichten Pfeile, mit hoher Geschwindigkeit geschossen, machten dank ihrer flachen Flugbahn das Zielen einfacher.
Die Pfeilspitzen hatten immer einen Dorn als Aufnahme in den Schaft. Ausnahmen waren die Flight-Pfeile, die eine Tülle hatten und aus Horn oder Knochen waren.

Befiedertes Ende der Türkischen Pfeile. Die Befiederung reichte bis an den Nockschlitz und war sehr niedrig, um den Luftwiederstand zu verringern. Foto: Cern Donmez.

Wichtige Pfeilschäfte wurden traditionell mit einer Farbe basierend auf Hautleim bemalt und hinter der Spitze und zwischen den Federn vergoldet. Die Befiederung wurde im 120°-Winkel, eine Feder parallel zum Nockschlitz angebracht.

Das Thema „Schießen“ wäre unvollständig ohne Erwähnung der berühmten siper (Schild), eine Art Pfeilauflagenverlängerung, um über die Pfeillänge hinaus weiter ziehen zu können.

Türkische Pfeile 18. und 19. Jh. Von oben: Übungspfeil, Flight-Pfeil, Scheibenpfeil.
Aus Bogen, Pfeile, Köcher aus sechs Kontinenten, © Grayson Collection, University of Missouri

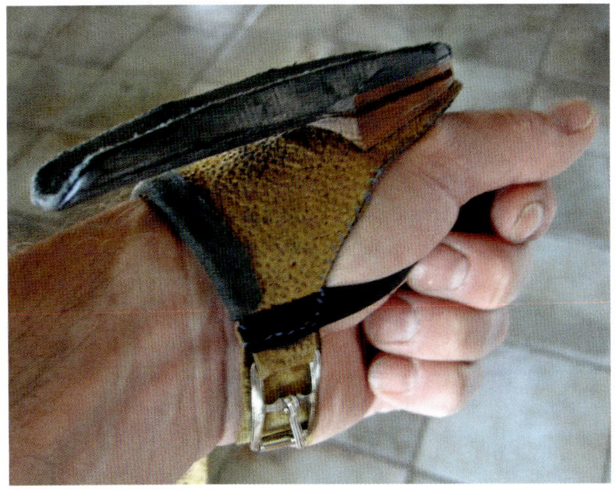

Beispiel eines Siper ohne Schutzplatte (*tabla*), ein reich dekorierter Köcher (*tirkeş*) und ein Siper mit *tabla* (Sammlung des Topkapi Palastes).

Es handelt sich um eine Rinne aus Horn, die an das Handgelenk der Bogenhand befestigt wurde.
Es erlaubt, einen kurzen Pfeil 5 bis 8 cm über den Griff hinaus ziehen zu können.
Beim Flightschießen konnten diese sehr kurzen und leichten Pfeile dann mit höherer Geschwindigkeit geschossen werden, um die höchsten Distanzen zu erzielen. Interessanterweise war der Siper im 16. Jh., als die Rekordschüsse gemacht wurden, noch nicht bekannt.

Die Schützen schossen entweder mit der nackten Hand, wobei sie den Bogen mit einem speziellen Griff (changal-i bâz oder Falkenkralle) hielten, um den überzogenen Pfeil zu unterstützen, oder sie verwendeten vielleicht ein Lederband (yen), das um das Handgelenk gewickelt wurde.
Es wurde neuen Mitgliedern der Bruderschaft der Bogenschützen bei der kabza-Zeremonie auf den Okmeydan Bogenschießfeldern überreicht.

Alte Postkartenansicht des Okmeydan, wie es über das Goldene Horn im frühen 20. Jh. zu sehen war.

Maßeinheiten

1 lb	=	0,454 kg = 454 g
1 g	=	15,43 grains
1 grain	=	0,0648 g
1 kg	=	2,2 lb
1 g	=	0,0353 oz
1 oz	=	28,35 g
1 Zoll	=	1 inch = 1 " = 2,54 cm
28 "	=	71 cm
1 cm	=	0,394 Zoll
1 m	=	1,094 yards
1 ft	=	12" = 30,5 cm
1 yard	=	0.914 m
1 fps	=	0,305 m / s
1 m / s	=	3,28 fps
1 ftlb	=	1,356 J
1 J	=	0,737 ftlb

ANHANG 1

Der Artikel wurde zuerst im JOURNAL OF THE SOCIETY OF ARCHER ANTIQUARIES, vol. 48 (2005), pp. 44–48 veröffentlicht.

Die Leistungsfähigkeit türkischer Bögen

Drei Flightbögen (*menzil*), zwei Kriegsbögen (*tirkesh*) und zwei Bögen zum Scheibenschießen (*puta*) wurden auf Pfeilgeschwindigkeit und Effizienz hin gestestet. Die Bögen, die vom Autor gebaut wurden, decken Zuggewichte von 67,4 lb bis 136 lb und Längen von 104 bis 131 cm (41 bis 51,5") ab. Nach Kenntnis des Autors wurde bisher erst eine verlässliche Studie über die Leistungsfähigkeit von Kompositbögen veröffentlicht[1].

Es wurde den üblichen Herstellungsmethoden gefolgt, wobei sorgfältig auf die relative Größe der verschiedenen Bogenteile zueinander geachtet wurde. Für den Bogenbauch wurde ostasiatisches Wasserbüffelhorn, für den Sehnenbelag Beinsehnen vom Elch verwendet.

Der Leim war eine Mischung aus Fischblasenleim und Sehnenleim. Für den Kern wurde Hartholz und Eibenholz verwendet.[2]

Nur drei Bögen wurden über länger als 1 ½ Jahre getocknet, die anderen Tests erfolgten ca. 8 Monate nachdem der Sehnenbelag aufgebracht worden war. Es ist möglich, dass sich die Leistungsfähigkeit für diese Bögen noch erhöhen kann.

Nach türkischen Quellen[3,4] sind die Flightbögen halbmondförmig (*hilal kuram*), während die Kriegs- und Scheibenbögen die Form eines Bootes (*tekne kuram*) haben. Die Beschreibung gilt für abgespannte Bögen. Es gibt in Unsal Ucel[4] Fotos existierender Bögen, die diese Formen verdeutlichen. Bei den halbmondförmigen Flightbögen war der Übergang zwischen Kasan und Sal[5] weniger reflex als bei den bootsförmigen Kriegsbögen.

Anderseits war der Sal-Bereich im Anschluss an den Griff stärker recurve gebogen als bei den *tekne kuram* Bögen.

Die Bilder zeigen einen Scheibenbogen dessen Form fast identisch zur Form des Halbmonds ist, nur dass der Sal Bereich länger ist, wodurch die Bogenform eher wie die des *tekn*e wirkt. Beim Bau der Bögen wurde diesen Konventionen gefolgt (siehe die Fotografien). Der stärkste Bogen war eine Mischform aus Kriegs- und Scheibenbogen. Der Bogen wurde bei 27,5" (125,5 lb) und bei 29 7/8" (136 lb) getestet. Die Länge der Bögen wurde entlang dem Wurfarm zwischen den Sehnennocken gemessen. Weiter außen liegende Bereiche wurden nicht mit gemessen.

Die Dicke der Wurfarme war dicht bei den publizierten Messwerten[6,7]. Es zeigte sich, das diese Bögen ein Zuggewicht von über 100 lb hatten.
Andere Bögen, die der Author in Museen gesehen hat, hatten noch dickere Wurfarme[7,8]. Es lässt sich abschätzen, dass der übliche Bereich für türkische Bögen bei 90 bis 160 lb lag. Die Massen der getesteten Bögen wurde mit denen von historischen Bögen[4] verglichen.

Die Auszuglängen wurden nach veröffentlichten Daten[4,6,7,9] und nach der Länge von Pfeilen aus Museums-Sammlungen[9] gewählt. Sie reichen von 20" (51 cm) für eine kurze Spielart der Scheibenpfeile bis 29 " (74 cm) für Kriegspfeile.
Die Messungen erfolgten ohne die Spitze.[4] Die 24,5" langen Flightpfeile wurden in einem türkischen Siper auf ca. 28" (71 cm) gezogen. Größere Auszugslängen wären für eine höhere Leistungsfähigkeit möglich, wurden jedoch nicht getestet.

Für den Vergleich mit anderen Bögen ist es wichtig zu erkennen, dass ein längerer Auszug nicht nur das Zuggewicht erhöht, sondern auch die Effizienz und die Pfeilgeschwindigkeit, selbst wenn der Test bei demselben Zuggewicht stattfindet. Man kann eine Erhöhung der Pfeilgeschwindigkeit von wenigsten 5 fps (Fuss pro Sekunde) pro Zoll (2,54 cm) Auszug erwarten.

Türkische Pfeile waren allgemein ziemlich leicht[4]. Schwerere Kriegspfeile hatten von ca. 300 grain bis zu einem Maximum von 650 grain mit schweren Spitzen.
Scheibenpfeile reichten von 150 grain bis 400 grain. Pfeile fürs Weitschießen (Flight-Pfeile) wogen 160 bis 300 grain bei einem Mittelwert von ca. 190 grain[6,7,10].

Für alle Bögen wurden Dacronsehnen verwendet. Obwohl sich dieses Material unter Spannung mehr dehnen kann als die natürlichen Zellulosefasern wie Flachs, Hanf oder Ramin, wurde es als ein besserer Ersatz für die elastischere Seide, dem üblichen Material für die Sehne, angesehen.
Ein leichteres Sehnenmaterial mit weniger Dehnung (Hoch-Modul Fasern) erhöht die Effizienz des Bogens[12]. Ein Bogen wurde zum Vergleich mit modernen Bögen mit einer Sehne aus Spekta-Garn („Fastflight“) getestet.
Unglücklicherweise ließen sich nur wenige Schüsse hiermit machen, da die Bögen den Schock, hervorgerufen durch diese Sehne, nicht überlebten. Üblicherweise begannen die Sehnennocken zu brechen, auch wenn sie mit Horn verstärkt waren. Nichtsdestoweniger wurde beobachtet, das die Effizienz der Bögen um ca. 6 % anstieg, ungefähr derselbe Betrag wie im Fall von modernen Bögen. Die Effizienz würde mit Zellulosefasern ebenfalls ein wenig höher liegen.

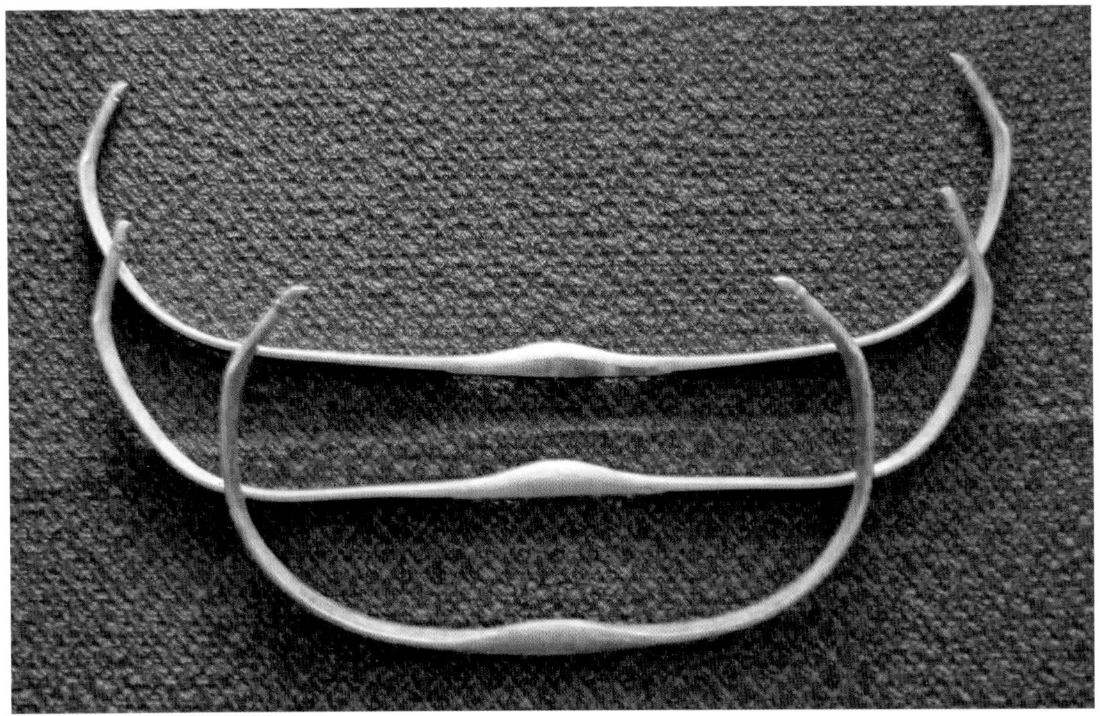

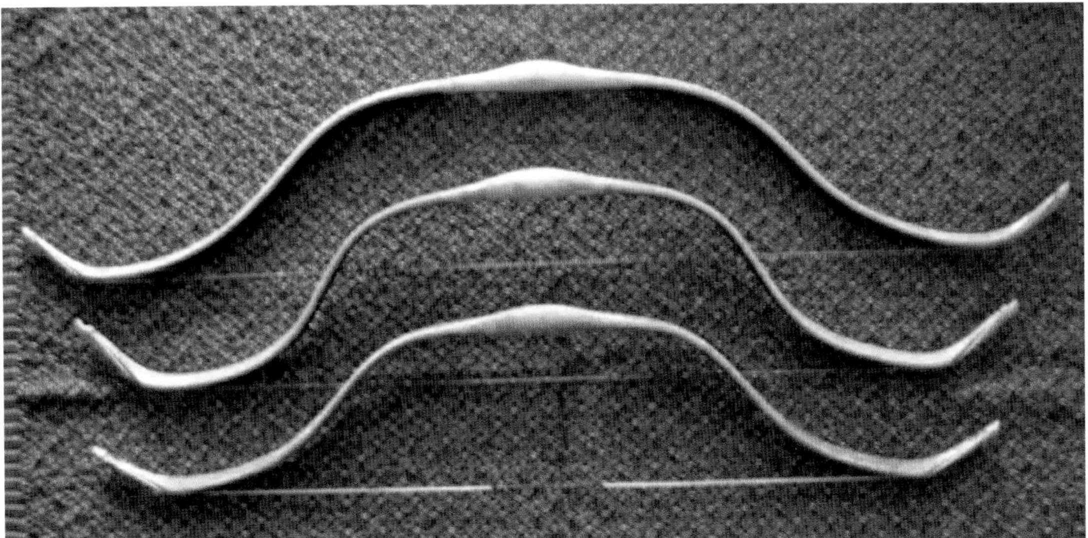

Experimenteller Aufbau

Die Tests wurden mit einer Schießmaschine durchgeführt, die so konstruiert war, dass bei einer gegebenen Auszugslänge der Schuss sofort gelöst wurde. Damit wird der reale Schussvorgang bei traditionellen Bögen nachgebildet und die schleichende Verringerung des Zuggewichtes bei längeren Halten durch Nachgeben der Materialien (Hysterese) vermieden.

Die Gesamtzeit von Auszug und Ablass betrug bis zu 2 Sekunden. Es wurde beobachtet, dass die Pfeilgeschwindigkeit sank, wenn der Bogen ein paar Sekunden im Vollauszug gehalten wurde. Das könnte möglicherweise eine deutliche Streuung der Geschwindigkeitsmesswerte ergeben. Wenn der Ablass, wie in den Tests, innerhalb von 2 Sekunden erfolgte, differierten die Messwerte für denselben Pfeil um weniger als 1 fps über die Tests. Die Messwerte wurden über drei Schussversuche gemittelt. Im Fall der stärksten Bögen zerbrachen einige der leichtesten Pfeile bei den Test, was die Zahl der Schüsse auf einen oder zwei begrenzte. Die Messwerte wurden trotzdem als gültig betrachtet, da sie sehr gut in die Werte der Regressionskurve passten.

Werden Bögen starr in einer Schießmaschine befestigt, ergeben sich höhere Pfeilgeschwindigkeiten als wenn die Bögen in der Hand gehalten wurden[12]. Hier wurden die Bögen mit einer Gummiaufnahme montiert und mit Gummibändern befestigt, was den elastischeren Handgriff nachbildet. Durch den deutlichen Handschock beim Schießen der leichten Pfeile mussten die Bögen nach jedem Schuss neu befestigt werden.

Da die leichtesten Pfeile (Flight-Pfeile) kürzer als der Auszug waren, wurden wegen der Vergleichbarkeit alle Pfeile durch ein 10 cm Rohr geschossen, das an der Bogenaufnahme befestigt war. Die Pfeile waren vom Spinewert her nicht an die Bögen angepasst, was durch die Reibung in der Röhre die Pfeile bremste. Alle Pfeile wurden mit einer Digitalwaage (Ohaus, Modell LS200) gewogen. Zur Messung der Pfeilgeschwindigkeit wurde ein Chronometer (Archery Chrony, Modell F1) mit Beleuchtungsaufsatz verwendet.
Die Bögen waren ca. 30 cm vor dem Einlassfenster des Chronometers befestigt. Auf diese kurze Entfernung sollten sich Abweichungen in der Pfeilart, Gestalt und Befiederung nicht auf die Ergebnisse auswirken.

Das Zuggewicht für die Weg-Kraft-Diagramme wurde mit einer elektronischen Zugwaage (Tri Coastal, Moldell 264A) bestimmt. Auch hier besteht die Gefahr, dass durch kriechende Verformung der Materialien (bei längeren Halten unter Zug fällt die Zugkraft) die Messungen verfälscht werden. Deshalb wurden die Bögen schnell auf die gewünschte Zuglänge ausgezogen, innerhalb einer Sekunde der Wert abgelesen und vor der nächsten Messung wieder auf Standhöhe zurückgegangen. Für die Bestimmung der gespeicherten Energie erfolgten die Messungen in Schrittweiten (des Auszugs) von 5 cm. Eine realistische Abschätzung ergibt einen Fehler von bis zu 2,5 % bei den Messwerten für die Effizienz.
Da die natürlichen Materialien Feuchtigkeit absorbieren, kann die Umgebungsfeuchte einen Einfluss auf diese Ergebnisse haben.

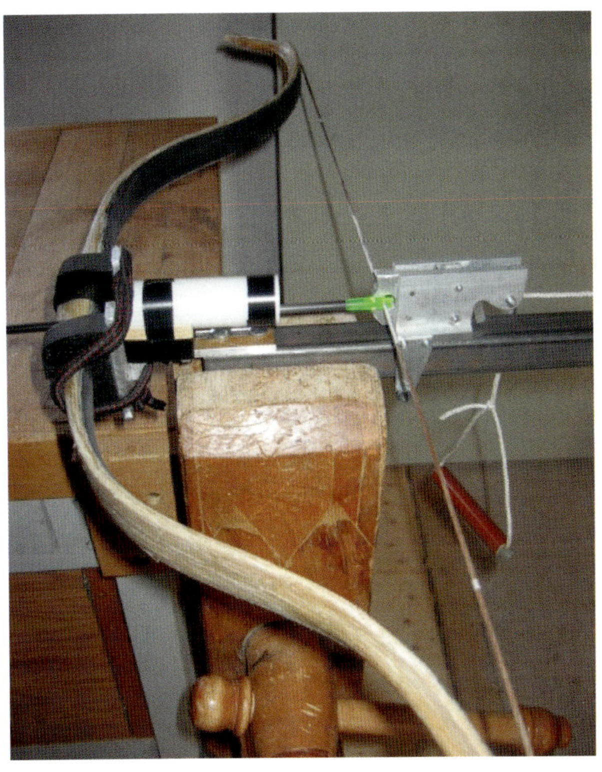

Die Spannweite der Luftfeuchtigkeit lag zwischen 35 % und 55 % relative Feuchte, da es schwierig war, die Luftfeuchtigkeit während der Tests stabil zu halten. Vor den Wettbewerben würden im realen Gebrauch die Flight-Bögen mit Wärme vorbehandelt. Eine solche Behandlung erhöht die Steifigkeit der Materialien im Verhältnis zu ihrer Masse, was die Geschwindigkeit der Pfeile erhöht. Die wurde hier nicht gemacht, so dass die Leistungsfähigkeit der Bögen noch erhöht werden kann. Experimente mit so behandelten Bögen sollen in Zukunft folgen.

Ce = Coeffizent
SE = Stored Energy
PDF = Peak Draw Force

Ergebnisse

Die Kraft-Weg-Kurven von einigen der getesteten Bögen wird in Abb. 1 gezeigt. Es ist offensichtlich, das die Bögen eine beträchtliche Energie (die Fläche unter der Kurve) speichern, auch im Fall der Kriegs- und der Scheibenbögen, deren Standhöhe größer ist als die der Flightbögen (Standhöhe gemessen von der Rückseite des Griffs aus).

Der Flightbogen mit 44" wird auf die letzten 5 cm Auszug hart (er „stacked"). Für die 41"- und 42"-Bögen (hier nicht gezeigt) ist das Stacking, der Anstieg im Zuggewicht auf die letzten Zentimeter, sogar noch stärker. Anderseits werden die letzten Zentimeter des Auszugs auf dem Siper ausgeführt. Am besten geschieht das mit einem plötzlichen Ruck (*mefruk*)[6], so dass das „stacken" hilft, den Auszug zu begrenzen.

Holzbögen, die Englischen Langbögen eingeschlossen, haben eine gerade oder sogar leicht konkave Kraft-Weg-Kurve, da diese Bögen weniger Energie speichern.

Eine hilfreiche Maßzahl (Ce), um die gespeicherte Energie verschiedener Bögen zu vergleichen, ist das Verhältnis von gespeicherter Energie zu der eines Bogens gleichen Zuggewichts und mit derselben Auszzugslänge, dessen Weg-Kraft-Diagramm eine Gerade ist[13]. Bei modernen Bögen ist das Verhältnis von gespeicherter Energie zum maximalen Zuggewicht (SE/PDF) ein anderer üblicher Indikator. Je höher Ce oder SE/PDF ist, desto mehr Energie kann ein Bogen speichern.

Diese beiden Werte sind für alle getesteten Bögen in Tabelle 1 aufgeführt. Die Flightbögen schlagen sich, obwohl sie extrem kurz sind, ganz gut, da sie auf eine niedrige Standhöhe aufgespannt werden.

Die Kriegsbögen werden wegen der Geometrie normalerweise höher aufgespannt, so dass Ce und SE/PDF relativ kleiner sind. Die Scheibenbögen und Hybridkonstruktionen haben ebenso eine größere Standhöhe und werden bis 30" gezogen, was die Energiespeicherung nochmals deutlich in die Höhe treibt. Gute moderne Bögen haben ein SE/PDF im Bereich von 0,85–0,96 bei 28" Auszug und 0,92–1,04 bei 30" [14].

Die Energieausbeute oder Effizienz, ausgedrückt im Verhältnis der Energie des abgeschossenen Pfeils zur gespeicherten Energie des Bogens ist jedoch ein besserer Indikator für die Leistungsfähigkeit des Bogens als die Energiespeicherung alleine.

Es kann sein, das ein Bogen nicht fähig ist, die gespeicherte Energie auf den Pfeil zu übertragen. Die Sammlung der Daten aus Pfeilgeschwindigkeit und Effizienz in Bezug auf die entsprechende Pfeilmasse ist in Tabelle 1 dargestellt.

Die Ergebnisse sind in der Tat erstaunlich. Sogar ein leichter Bogen von 72 lb (32,5 kg) schießt eine Kriegspfeil mit 200 fps (61 m/sec) während die realistischeren Bögen >125 lb (56,6 kg) in der Lage sind, 250 fps (>76 m/sec) zu erreichen. Bei schweren Pfeilen ist die Effizienz mit über 80 % hervorragend, während mit den leichtesten Pfeilen immer noch eine brauchbare Effizienz von 50 % erreicht wird.

Experimentelle Daten türkischer Bögen

			105,5 lb @ 27,5 " 42 " Flight		92,2 lb @ 28" 41" Flight		125,5 lb @27,5" 47,5" Hybrid		136 lb @29,875" 47,5" Hybrid		72,1 lb @ 28" 49" Kriegsbog.		75,5 lb @ 28" 49" Kriegsbog.		67,4 lb @ 30" 51,5" Scheibenbog.	
Ce	1,14		1,13		1,04		1,20		1,16		1,15		1,19		1,16	
SE/PDF	0,964		0,972		0,920		0,915		1,015		0,905		0,911		0,998	
Bogenmasse	14,8oz (420g)		11,6oz (330g)		11,3oz (320g)		16,9oz (480g)		16,9oz (480g)		14,5oz (410g)		14,8oz (420g)		16,1oz (455g)	
Pfeil grains	Geschwindigkeit fps	Effizienz %	Geschwindigkeit fps	Effizienz %	Geschwindigkeit fps	Effizienz %	Geschwindigkeit fps	Effizienz %	Geschwindigkeit fps	Effizienz %	Geschwindigkeit fps	Effizienz %	Geschwindigkeit fps	Effizienz %	Geschwindigkeit fps	Effizienz %
1548	171,4	84,3	157	83,1	141,5	81,7	168,6	85,6	180,4	81,5	131,2	90,7	130,4	86,1	135,2	94
1067	199,4	78,8	185,2	79,7	168,3	79,6	200	83,1	210,3	76,4	156,2	88,6	155,1	84	160,4	91,2
739	229,5	72,2			197,2	75,7					185,2	86,2	184	81,8	185,9	84,8
733							231,9	76,7	245,1	71,3						
605			232,3	71,1												
552	254,2	66,1														
522									280	66,2	213,2	80,7	208,6	74,3	214,7	79,9
440			264,1	66,9			276	65,2								
437					242,3	67,6										
360	299,7	60,0			262,7	65,5					241,8	71,6	241	68,4	239,8	68,8
358			282	62												
255			321,5	57,4												
227							334	49,3								
204					315,8	53,6					286,6	57	283,6	53,7	277,9	52,3
203	357,1	48	345,3	52,7												

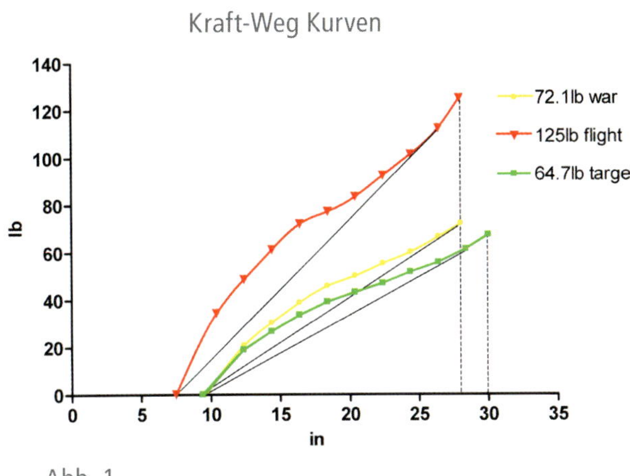

Abb. 1

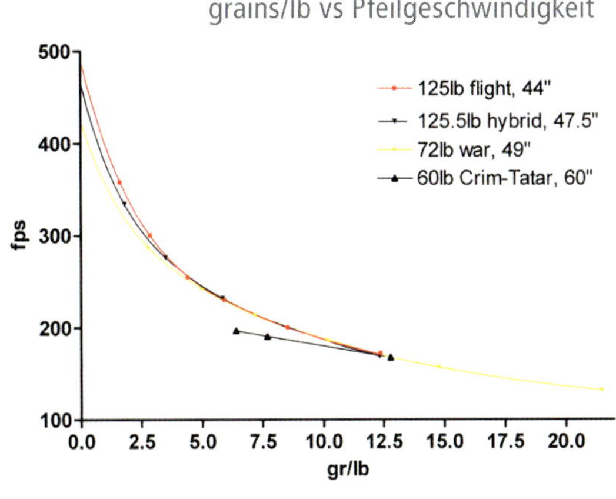

Abb. 2

Die Pfeilgeschwindigkeit von 375 fps mit einem 203-grain-Pfeil für den 125-lb-Flightbogen (114 m/sec, 13,2 g, 56,6 kg), gibt ein Gefühl dafür, was die Flightbögen leisten konnten. Im Vakuum würde dieser Pfeil eine Reichweite von 1320 yards haben, an der Luft ca. 750 yards (1190 m bzw. 675 m) [15]. In der Tat wurden diese Reichweiten, über 1000 *gez*, auf dem Okmeydan Bogenschießgelände in Istanbul mit *menzil* Steinen markiert. Für die Rekorddistanz von 930 yards (873 m), von Tozkoparan Iskender und Bursali Shuja am Anfang des 16. Jh.[16] musste der Pfeil mit etwa 400 fps geschossen worden sein.

Um diese Pfeilgeschwindigkeit zu erreichen müsste der beste Flightbogen (wie der getestete 105,5 lb / 32,2 kg-Bogen) ungefähr 140 lb bei 28" (mit einem leichten 150-grains-Pfeil) oder mehr haben. Ein größerer Auszug als 28" würde einen leichteren Bogen oder schwerere Pfeile erlauben.

Es ist schwierig, Bögen von unterschiedlichem Zuggewicht zu vergleichen, da die Pfeilgeschwindigkeit (a. d. Ü: unter anderem…) vom Zuggewicht des Bogens abhängt. Ein sinnvoller Faktor wie z. B. das Verhältnis von Pfeilgewicht (in grain) zum Zuggewicht (in lb) kann solch einen Vergleich ermöglichen. In Abbildung 2 ist das grain / lb-Verhältnis in Bezug zur Pfeilgeschwindigkeit für verschiedene Bögen und Längen aufgetragen (an die Datenpunkte wurde eine Regressionskurve mit einer R^2 besser als 0,9997 angepasst). Die Testergebnisse für einen Krim-Tartarischen Bogen[1] wurden zum Vergleich hinzugefügt.

Was aus der Grafik klar wird ist, dass der kurze, 44" lange Flightbogen nicht nur bei schweren Pfeilen genau so effektiv ist wie die längeren Bögen, sondern auch dass er bei leichten Pfeilen eine bessere Leistungsfähigkeit aufweist.
Das kollidiert mit der allgemeinen Ansicht, dass nur Bögen mit schweren Wurfarmen für schwere Pfeile eine gute Leistungsfähigkeit aufweisen. Anscheinend haben Bögen mit leichten Wurfarmen einen Vorteil in einem großen Bereich von Pfeilgewichten.
Ein begrenzender Faktor wäre die Länge der Wurfarme, da Bögen mit kurzen Wurfarmen, unterhalb von ca. 44" Gesamtlänge, weniger Energie im Auszug speichern.
Der Krim-Tartarenbogen, mit 60" (152,5 cm) deut-

lich länger, landet wie erwartet am unteren Ende. Mit schweren Pfeilen, die Pfeile der Tartaren waren beträchtlich länger und schwerer als die der Türken, schlagen sie sich aber ganz gut. Die Kurven der türkischen Bögen laufen erst unterhalb von 5 grain/lb auseinander, was einem Pfeilgewicht von 600 grain (38,9 gr) für einen mittleren 120 lb (54,4 kg) Bogen entspricht.
Das bedeutet, dass die meisten Bögen, unabhängig von Länge oder Typ, mit schweren Kriegspfeilen gleichermaßen effektiv waren.
Die Pfeilgeschwindigkeit beträgt im Mittel 243 fps (74 m / sec) bei einer realistischen Kampfentfernung von 350 yard (315 m) [15]. Unterhalb dieses Pfeilgewichts hätten die kürzeren Bögen einen Vorteil.

Die Bogenmasse ist in Tabelle 1 ebenfalls aufgeführt. Im Vergleich zu Hölzbögen ist offensichtlich, dass die Wurfarme der türkischen Kompositbögen in der Tat ziemlich leicht sind. Es mag sein, das die Kompositbögen keinen dem Design innewohnenden Vorteil gegenüber den Holzbögen haben [17].
Es ist jedoch nicht vorstellbar, dass die Holzbögen die Pfeile mit einer Geschwindigkeit wie die Kompositbögen werfen können [18]. Die Leistungsfähigkeit der hier getesteten Bögen, besonders mit leichten Pfeilen, übersteigt die Leistungsfähigkeit der Holzbögen.

Der Vorteil liegt in den kurzen, recurve gebogenen Wurfarmen mit geringer Masse, unterstützt von der hervorragenden Festigkeit und Elastizität von Horn und Sehne. Andere, längere Typen von Kompositbögen sind wahrscheinlich mit leichten Pfeilen nicht so effizient wie die hier getesteten Bögen.

Man ist versucht, die türkischen Bögen mit Fiberglas- oder Karbon-Bögen zu vergleichen. Daten der besten modernen Bögen ergeben Pfeilgeschwindigkeiten zwischen 180 und 200 fps (55 bis 61 m / sec) bei 28" Auszug und zwischen 190 und 210 fps (58 bis 64 m / sec) bei 30" Auszug, beides bei 9 grain / lb.

Die Türkischen Bögen erzielen für dieselben 9 grain / lb Pfeile Geschwindigkeiten von 185 und 205 fps (56,4 bis 62,5 m / sec) [19], jedoch mit Dacron-Sehne.
Mit Fastflight-Sehne auf diesen Bögen wäre die Energieausbeute sogar noch höher und die Pfeilgeschwindigkeiten entsprechend auch höher. Damit stellen sich die türkischen Hornbögen auf eine Leistungsebene mit den besten Bögen aus modernen Materialien. Es wäre interessant, mit einem konditionierten türkischen Bogen einen Weitschuss mit den heute verwendeten 60-grain-(3,9 g) Karbonpfeilen zu machen. Die erreichte Schussweite könnte den heutigen Rekorden nahe kommen.

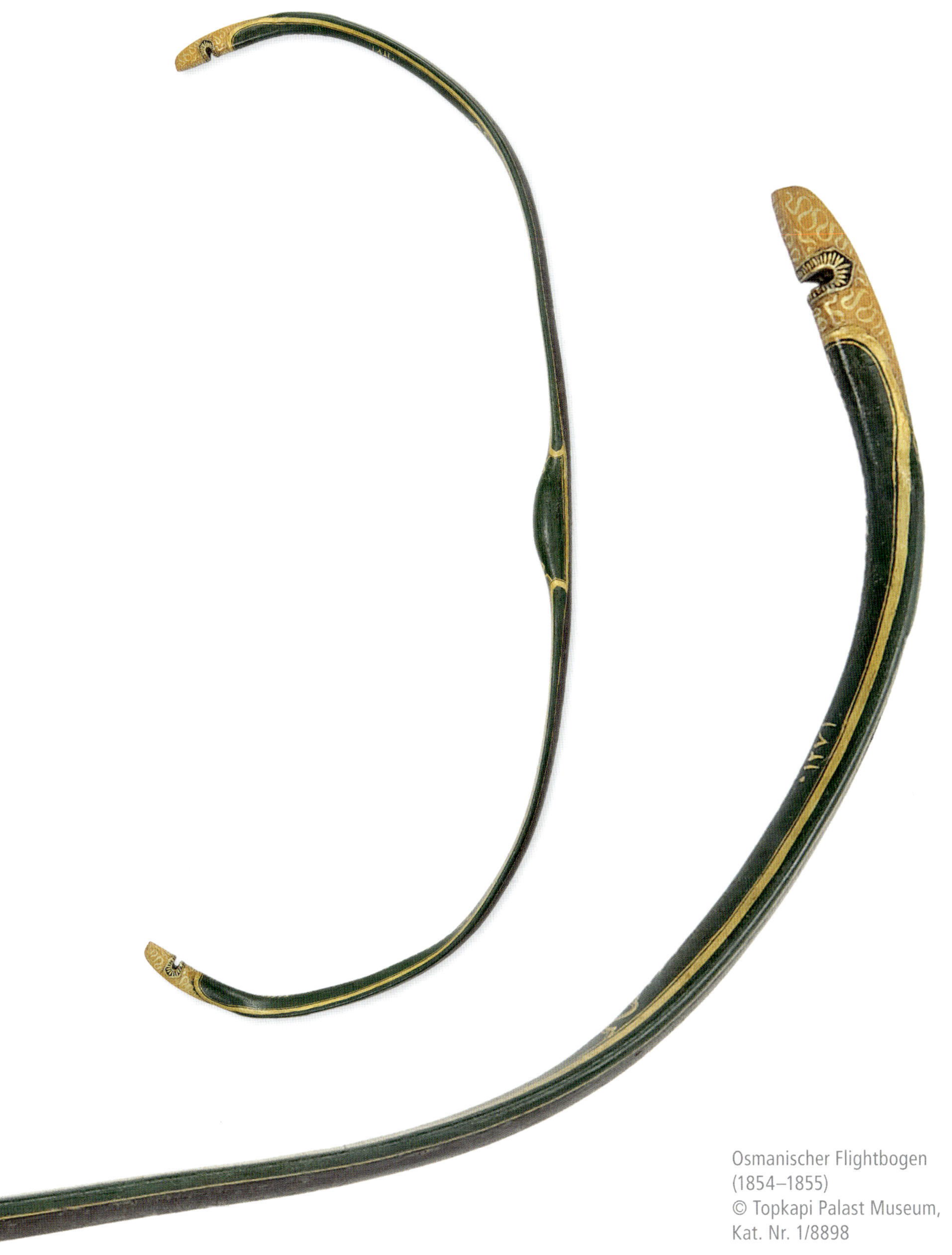

Osmanischer Flightbogen
(1854–1855)
© Topkapi Palast Museum,
Kat. Nr. 1/8898

Referenzen und Anmerkungen:

1. C. A. Bergman, E. McEwen & R. Miller, „Experimental archery: projectile velocities and comparison of bow performances", ANTIQUITY, vol. 62 (1988), p. 658–70

2. Hop-hornbeam (ironwood, *Ostrya virginiana*), Zuckerahorn (*Acer saccharum*) oder Pacific yew (*Taxus brevifolia*). Die Wahl des Bogen-Holzes hat keine Aussagekraft. Nach der Erfahrung des Autors ist der Typ des Holzes weit weniger wichtig als das Design des Bogens.

3. Mustafa Kani, *Telhis Resail er-Rumat*, Istanbul, 1847. Übersetzt von J. Hein, „Bogenhandwerk und Bogensport bei den Osmanen", *DER ISLAM*, 1925, p. 353.

4. Unsal Ucel, *Turk okculugu*, Ataturk Kultur Merkezi Baskanligi, Ankara, 1998. Diese Untersuchung basierte auf der Sammlung des Topkapi Palastes.

5. Sal ist der Biegebereich des Wurfarms, zwischen Griff (*kabza*) und dem *Kasan*-Abschnitt (manchmal auch Schulter oder dachförmiger Bereich genannt). Die Wurfarmenden (*bash*) folgen dem *Kasan*. Der Winkel zwischen *Kasan* und den Enden ist bei den meisten türkischen Bögen ähnlich, der Winkel zwischen Sal und Kasan wie auch die rückwärtige Biegung des Sal variiert. Es gab noch einen anderen Bogentyp (*meshk*), der für öffentliche Darbietungen verwendet wurde, bei dem die Biegezone des Sal sich nach dem Griff stärker in die Gegenrichtung biegt. Diese Bögen (hier nicht getestet) hatten die sogenannte kabza-kuram-Form. Der Autor schuldet Ahmet Tekelioglu Dank für die Hilfe bei den Übersetzungen.

6. P. E. Klopsteg, TURKISH ARCHERY AND THE COMPOSITE BOW, sec. ed., 1947

7. RW. F. Payne-Gallwey, A SUMMARY OF THE HISTORY, CONSTRUCTION AND EFFECTS IN WARFARE OF THE PROJECTILE-THROWING ENGINES OF THE ANCIENTS, WITH A TREATISE ON THE STRUCTURE, POWER AND MANAGEMENT OF TURKISH AND OTHER ORIENTAL BOWS OF MEDIAEVAL AND LATER TIMES, London: Longmans, green & co., 1907

8. A. Karpowicz, „Archery collections in Istanbul", JOURNAL OF THE SOCIETY OF ARCHER-ANTIQUARIES, vol. 43, 2000, p. 16–19

9. DIE KARLSRUHER TUERKENBEUTE, Badisches Landesmuseum Karlsruhe, Hirmer Verlag, Muenchen, 1991.

10. F. Isles, „Turkish flight arrows", JOURNAL OF THE SOCIETY OF ARCHER-ANTIQUARIES vol 4, 1961.

11. Rainer Schwarz, persönliche Mitteilung

12. C. Tuijn, B. W. Kooi, „The measurements of arrow velocities in the students' laboratory", EUROPEAN JOURNAL OF PHYSICS, 13, 1992, p. 127, 34.

13. Ce (energy storage coefficient) in: D. 5. Betteridge, „Bow static analysis & optimum draw length", Journal of the Society of Archer-Antiquaries, vol. 40, 1997, p. 53–58

14. O. L. Adcock, persönliche Mitteilung

15. T. L. Liston, Physical laws of archery, 6th ed. 1995, Liston Inc.

16. Unsal Yucel, Übersetzt von E. McEwen, „Archery in the period of sultan Mahmud II", Journal of the Society of Archer-Antiquaries, vol. 40, 1997, p. 68–80

17. B. W. Kooi, „Archery and mathematical modeling", Journal of the Society of Archer-Antiquaries, vol. 34, 1991, p. 21–27

18. Die besten Eiben-Langbögen kommen dem nahe, allerdings nur mit sehr schweren Pfeilen und einem längeren Auszug zur Verbesserung der Effizienz. Ein Eibenlangbogen mit 120 lb auf 32" Auszug (54,4 kg auf 81,2 cm) schoss einen Pfeil von 1543 grain (12,85 grain / lb) mit 188 fps (57,3 m / sec) (persönliche Mitteilung von Pip Bickerstaffe).
Die hier getesteten türkischen Bögen wurden nicht so weit ausgezogen. Eine grobe Abschätzung zeigt, das die Pfeilgeschwindigkeit bei 32" (81,3 cm) Auszug etwa dieselbe wäre, für etwas länger gebaute türkische Bögen vielleicht noch etwas höher. Anderseits ergab ein anderer 70 lb Langbogen (P. L. Pratt in R. Hardy, Longbow, a social and military history, Bois d'Arc Press, 1993) für einen entsprechenden Pfeil von 12,65 garin / lb nur 143 fps (43,6 m / sec).

Ein weiterer 80-lb-Langbogen schoss den Pfeil von 12,8 grain / lb mit ca. 162 fps (49,4 m / sec) [1]. Für reine Holzbögen bei einem Auszug von 28" ist die Pfeilgeschwindigkeit bei 10 grain / lb nicht höher als 175 fps (53,3 m / sec), normalerweise deutlich niedriger während der Mittelwert bei den türkischen Bögen bei 28" Auszug bei 188 fps (57,3 m / sec) liegt. Zu beachten ist, dass bei leichteren Pfeilgewichten sich der Abstand beträchtlich vergrößert.

19. Diese Geschwindigkeiten wurden zur Vergleichbarkeit des etwas längeren Auszugs im Vergleich zu den nach AMO („Archery Manufacturers and Merchants Organization", jetzt „Archery Trade Association") getesteten modernen Bögen herunterskaliert. Beim AMO-Standard wird von einer konstanten Griffdicke von 1 ¾" (4,45 cm) ausgegangen. Die Griffe der türkischen Bögen waren näherungsweise 1 ⅜" (3,5 cm) dick.
Es sollte erwähnt werden, das nur die wenigen herausragenden modernen Bögen diese Leistungsfähigkeit zeigen können (die meisten der bestehenden Fiberglasnachbauten von Hornbögen fallen nicht in diese Kategorie).

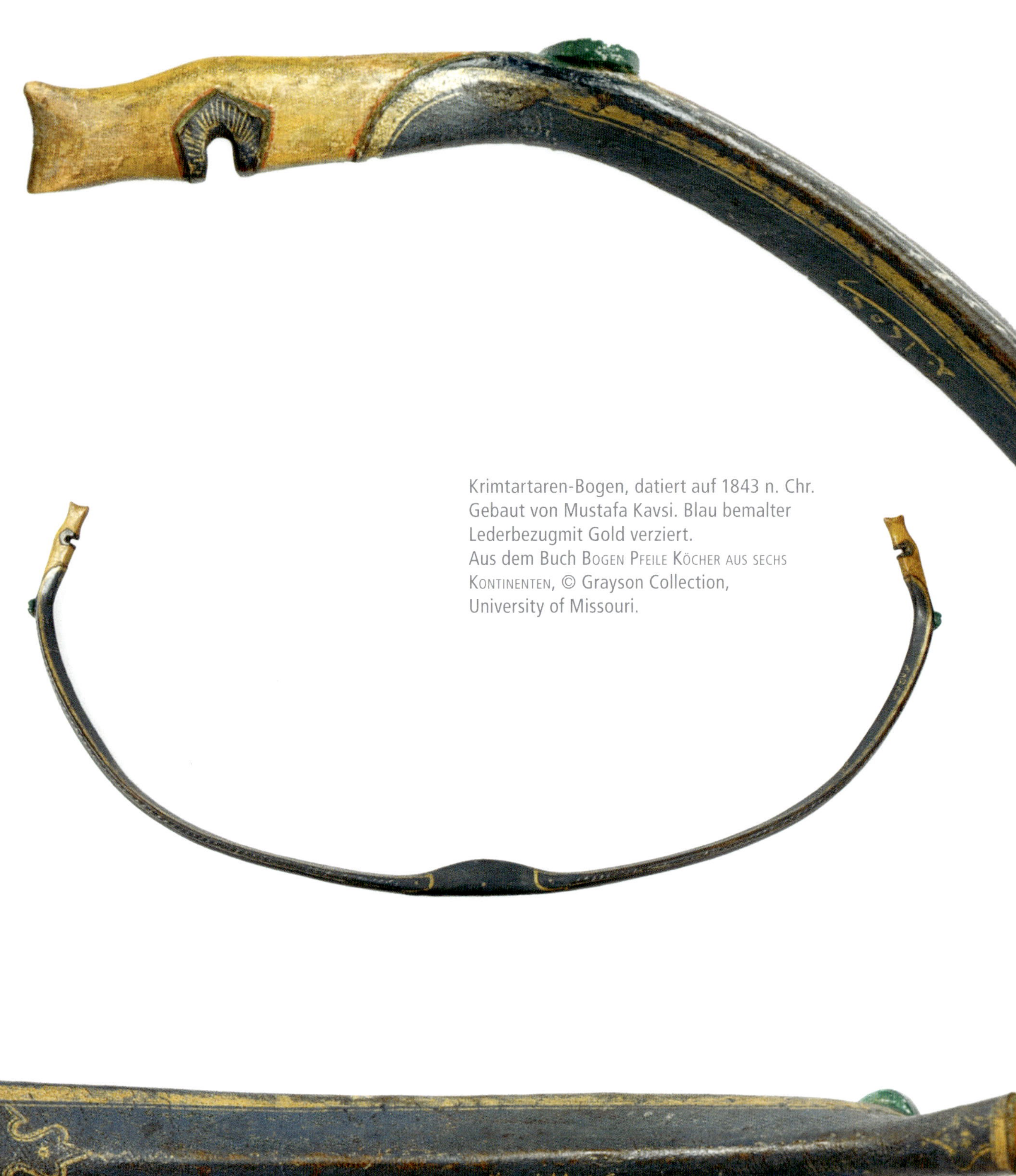

Krimtartaren-Bogen, datiert auf 1843 n. Chr. Gebaut von Mustafa Kavsi. Blau bemalter Lederbezugmit Gold verziert.
Aus dem Buch Bogen Pfeile Köcher aus sechs Kontinenten, © Grayson Collection, University of Missouri.

ANHANG 2

Dieser Artikel wurde zuerst im JOURNAL OF THE SOCIETY OF ARCHER ANTIQUARIES, vol. 50 (2007), pp. 49–51 veröffentlicht.

Bogenmasse

Nach Aussage von vielen zeitgenössischen Schützen von echten Kompositbögen (also aus Horn, Sehne und Holz) erfüllen diese Bögen nicht die erwartete große Leistungsfähigkeit, von der in der Literatur gesprochen wird. Die Bögen lassen, auch wenn sie durch ihre Kürze besser handhabbar sind, die legendäre Wurfkraft vermissen und manche haben einen unerträglichen Handschock. Dieser Artikel will diesen Punkt behandeln und Schlüsse aus neueren Daten ziehen.

Während eines Besuches 2005[1] wurden mehrere dutzend osmanische Bögen aus der Sammlung des Topkapi Palastes in Istanbul detailliert untersucht. Das Zuggewicht wurde auf Basis ihrer Länge, Dicke und Breite im Vergleich zu neuen Bögen bekannten Zuggewichtes[2] abgeschätzt. Die Masse der Bögen wurde mit einer tragbaren Digitalwaage gemessen.
Als die Masse der Bögen direkt mit dem abgeschätzten Zuggewicht verglichen wurde ergaben sich einige Trends. Man würde erwarten, dass die Bögen mit dem hohen Zuggewicht auch proportional schwerer sind. Das war jedoch nicht der Fall – die Masse der Bögen erhöhte sich nicht mit dem Zuggewicht.

Ein Kompositbogen hat 3 wichtige Bereiche:
- Griff
- Biegender Abschnitt
- Nicht biegende Bereiche der Wurfarme

Der Griff und die Enden der meisten Bögen sind sehr ähnlich in Form und Größe. Für das wirkliche Zuggewicht ist die Biegezone verantwortlich. Bei stärkeren Bögen ist dieser Bereich dicker und breiter. Die nichtbiegenden Bereiche dienen als Hebel zum Biegen der Wurfarme. Die meisten Bögen sind zwischen den Sehnenkerben zwischen 101 und 114 cm lang, der Mittelwert liegt bei 107,5 cm.
Wenn die Bogensehne eines voll ausgezogenen Bogens losgelassen wird, bewegen sich die Wurfarme mit beträchtlicher Geschwindigkeit nach vorne. Die Last für die Biegezone kann deutlich verringert werden, wenn der steife Bereich eine geringe Masse hat, was wiederum dem Wurfarm offensichtlich erlaubt, sich schneller zu bewegen. Dieses bringt wiederum eine höhere Pfeilgeschwindigkeit und bessere Energieausnutzung. Ebenso verringert die niedrige Masse der Enden den Handschock.

Ein guter Bogenbauer wird versuchen, die Masse der Bogenenden zu verringern und, im Fall der Kompositbögen, die Breite und Dicke des dachförmigen Bereiches. Nach Erfahrung des Autors hat dieses Vorgehen jedoch seine Grenzen, da mit abnehmender Steifigkeit und im Besonderen mit abnehmender Breite der dachförmigen Zone, sich die Stabilität der Wurfarme verringert. Wird diese Reduktion zu weit getrieben werden die Wurfarme anfällig für Verdrehungen.

Diese Verdrehungen haben, wenn sie im vollen Auszug geschehen, verheerende Auswirkungen auf den Bogen und den Schützen. Ein vorsichtiger Bogenbauer wird die Bogenenden also eher zu stark bauen, als das Risiko eines Unfalls einzugehen.

Das Verhältnis von Masse zu Zuggewicht, in g/lb Zuggewicht (siehe die Tabelle, Bögen mit über 160 lb Zuggewicht sind nicht dargestellt) ist für schwächere Bögen höher. Das bedeutet, dass schwächere Bögen gewöhnlich zu schwer (s. o.) gebaut zu werden. Um diese Hypothese zu testen wurde ein „Steifigkeitsverhältnis" für die dachförmige Zone berechnet.

Einbezogen wurde seine Dicke und Breite, mittig zwischen der Biegezone und den Wurfarmenden, sowie die Länge des Bogens:

$$S_r = [(1 : L)^3 \cdot T_r^3 \cdot W_r] : F$$

L	Länge des Bogens
T_r, W_r	Dicke, Breite des dachförmigen Abschnitts
F	Zuggewicht

Die Formel basiert auf einer Gleichung die für die Berechnung des Zuggewichts[4] verwendet wird. Die Maßeinheiten sind hier nicht wichtig, ein größeres „S_r" deutet auf eine massivere steife Zone im Bezug auf das Zuggewicht hin. Dieser Steifigkeitsfaktor ist ebenso in der Tabelle aufgeführt. Je größer er ist, desto stärker ist der Bogen auf Sicherheit gebaut.

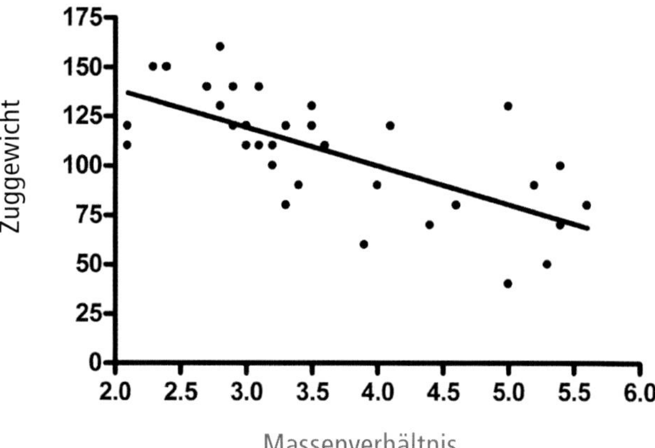

Beide Verhältnisse, das zur Masse und das zur Steifigkeit, werden gegen das Zuggewicht in Abb. 1 und Abb. 2 aufgetragen. Um allgemeine Tendenzen aufzuzeigen wurde eine Regressionsgerade eingezeichnet: die genannten Verhältnisse steigen mit fallendem Zuggewicht. Das heißt, dass die leichteren Bögen proportional mehr Masse und mehr Material in dem starren Abschnitt haben als stärkere Bögen.

Die Ähnlichkeit beider Diagramme deutet darauf hin, das es in der Tat der starre Abschnitt ist, der zu einem großen Anteil für die gesamte Masse des Bogens verantwortlich ist. Es ist so, als ob der Bogenbauer, um das Zuggewicht der Bögen zu ändern, bei Beibehaltung der Maße für den dachförmigen Bereich nur Material an der Biegezone hinzugefügt oder weggenommen hätte.

Es scheint, als sei das Verhältnis von Masse zu Zuggewicht ein guter Anzeiger für die Effizienz eines Bogens. Je größer dieses Verhältnis desto mehr wurde der Bogen zu schwer gebaut, mit negativen Auswirkungen auf die Pfeilgeschwindigkeit.

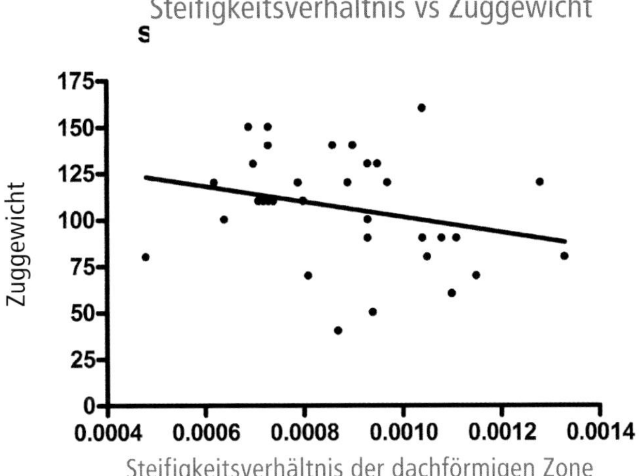

Das Verhältnis liegt für den mittleren osmanischen Bogen mit 110 bis 120 lb Zuggewicht[2] bei 3. Für die schwächsten Bögen, die in der Sammlung untersucht wurden (40–50 lb) liegt er bei 5 oder höher.

Der Autor hat diese Verhältnisse auch bei den vom ihm gebauten Bögen gefunden: Für Bögen von 65–75 lb war das Verhältnis bei 5,5 und verringerte sich auf 3 bei Bögen oberhalb 10 lb. Es scheint als ob die Bogenbauer bei ihren Bögen tendenziell zu ähnlichen Größenproportionen kommen.

Das bedeutet nicht, dass die Größenverhältnisse für Bögen mit geringerem Zuggewicht nicht weiter verringert werden können.

Solche Bögen werden jedoch zerstörungsanfällig (wenn nicht in erfahrenen Händen) oder zu kurz für einen komfortablen Auszug ohne Stacking, sein.

Die zu schwer gebauten Bögen mit geringem Zuggewicht zeigen nicht denselben Grad an Leistungsfähigkeit wie sie die kräftigere Bögen haben. Die Wurfarme werden durch die proportional massiveren Hebelarme verlangsamt und zudem tritt Handschock auf.

Da heutzutage das Scheibenschießen die dominierende Bogendisziplin geworden ist, verwenden heutige Bogenschützen nicht länger starke Bögen wie es die Kriegsbögen waren. Das mittlere Zuggewicht liegt bei 40 bis 50 lb und ein Bogen oberhalb von 60 lb wird als (sehr) starker Bogen betrachtet.

Solche Bögen könne, wenn sie sehr gut gebaut wurden, ein Verhältnis von 5 erreichen, üblicherweise sind es 6–7. Das erklärt warum Bogenschützen heutzutage von diesen Kompositbögen enttäuscht sind – diese heute verwendeten Bögen sind weit entfernt davon, die leistungsfähigen Waffen der Vergangenheit zu sein. Sie erreichen oft nur eine mittelmäßige Pfeilgeschwindigkeit und haben einen unerfreulichen Handschock.

Es ist interessant, das Verhältnis von Zuggewicht zur Masse beim Kompositbogen, mit dem bei Langbögen zu vergleichen. Obwohl bei reinen Holzbögen keine oder nur ein sehr kurzes starres Wurfarmende vorliegt und sich der meiste Teil des Wurfarms biegt, gelten ähnliche Überlegungen – mehr Masse im Bogen in Bezug auf das Zuggewicht ergeben eine langsamere Waffe mit schlechterer Wurfleistung.

Steve Gardner, ein sehr erfahrener Bogenbauer und Experimentator, hat herausgefunden, dass für reine Holzbögen, die so gebaut werden, dass sie sich über die ganze Länge (inkl. Griff) in einem Kreisbogen biegen, die Masse mit beachtlicher Genauigkeit vorhergesagt werden kann.
So wird z.B. ein Bogen von 50 lb bei einem Auszug von 28" und einer angemessenen Länge von 56" eine Masse von ca. 312 g haben. Ein Bogen von 40 lb auf 28 " wird 255 g, ein Bogen von 60 lb auf 28 " 369 g haben. Ein starker Bogen von 100 lb bei 32" Auszug und einer Länge von 64" hat eine Masse von 652 g und ein 130- lb-Bogen eine von 822 g.
Diese Bögen werden einen Pfeil von 10 grain pro Pfund Zuggewicht mit der sehr guten Geschwindigkeit von ca. 170 fps (52 m / sec) werfen. Die Masse von Englischen Langbögen kann ebenso vorhergesagt werden, obwohl diese, durch die größere Länge der Bögen, höher liegt. Die Ergebnisse von Steve Gardner wurden von anderen Bogenbauern bestätigt. (A. d. Ü.: Siehe hierzu auch das Kapitel „Das Bogenmasse-Prinzip“ in Die Bibel des Traditionellen Bogenbaus, Band 4, Seite 117 ff).

Wird für diese Bögen das Verhältnis von Masse zu Zuggewicht berechnet, ist offensichtlich, dass sich die Ergebnisse von denen der Osmanischen Kompositbögen unterscheiden. Der 40- lb-Langbogen hat ein Verhältnis von 6,4, der von 50 lb eines von 6,2, der 60 lb eines von 6,1. Der 100-lb-Bogen hat ein Verhältnis von 6,5 und der 130 lb eines von 6,3.

Katalognummer	Masse (g)	Zuggewicht (lb)	Massen-Verhältnis	Steifigkeitsverhältnis
1/8885	220	40	5.0	0.00087
1/9125	284	50	5.3	0.00094
1/9118	242	60	3.9	0.00110
1/8883	311	70	4.4	0.00081
1/8848	391	70	5.4	0.00115
1/8890	257	80	3.3	0.00048
1/1133	461	80	5.6	0.00105
1/8965	390	80	4.6	0.00133
1/1134	444	90	5.2	0.00111
1/1094	356	90	4.0	0.00108
1/1044	368	90	4.0	0.00104
1/9021	312	90	3.4	0.00093
1/8998	513	100	5.4	0.00093
1/1085	323	100	3.2	0.00064
1/9064	333	110	3.1	0.00072
1/1110	348	110	3.2	0.00074
1/9114	237	110	2.1	0.00073
1/9344	405	110	3.6	0.00071
1/9016	336	110	3.0	0.00080
1/1146	344	120	3.0	0.00079
1/9105	405	120	3.5	0.00128
1/8996	333	120	2.9	0.00062
1/1046	477	120	4.1	0.00097
1/1093	387	120	3.3	0.00089
1/1073	247	120	2.1	0.00062
1/8931	440	130	3.5	0.00093
1/9166	363	130	2.8	0.00070
1/1048	652	130	5.0	0.00095
1/1095	403	140	2.9	0.00090
1/1079	445	140	3.1	0.00073
1/9305	392	140	2.7	0.00086
1/8969	362	150	2.4	0.00069
1/9123	349	150	2.3	0.00073
1/1082	441	160	2.8	0.00104

1 pound (lb) = 0.45 kg

Nachbauten der Mary-Rose-Bögen aus Eibe haben höhere Masseverhältnisse: 8,5 für einen Eibenbogen von 1028 g mit 120 lb, 10,8 für einen Bogen von 1085 g mit 100 lb und 7,6 für einen Bogen von 1134 g mit 150 lb.
Die Masse für die Originalbögen der Mary Rose[6] liegen durch den Zerfall des Holzes im Meer nur noch zwischen 700 und 890 g.

Es scheint, dass die besten Holzbögen ein Verhältnis von 6 bis 6,5 erreichen können, wenn auch für stärkere Bögen das Verhältnis auf > 10 ansteigen kann. Der typische Osmanische Bogen von 100 bis 120 lb mit seinem Verhältnis von 3 hat im Vergleich dazu eine sehr viel geringere Masse. Das kann erklären, warum die Pfeilgeschwindigkeit für den 10 grain / lb schweren Pfeil mit 187 fps (57 m / sec)[7] so deutlich höher liegt, und beweist, wie viel mehr Arbeit pro Masse ein Kompositbogen leisten kann.

Während die Kompositbögen bei niedigerem Zuggewicht nicht so gute Ergebnisse zeigen (und das Verhältnis auf 5–6 steigt) wird gleichermaßen der Holzbogen von entsprechendem Zuggewicht effektiver und erreicht auch ein Verhältnis von 6. Für Holzbogen und Kompositbogen scheinen die Masse-Zuggewichts-Verhältnisse an einem Punkt zusammenzulaufen, unterhalb dem der Holzbogen der bessere Bogen ist. Dieses Zuggewicht liegt so im Zuggewichtsbeich von 40 bis 60 lb, immer vorausgesetzt beide Bogenarten sind gut gebaut.

Daraus ergeben sich wichtige Schlüsse: Die meisten Kompositbögen haben gegenüber den Holzbögen durch ihre geringe Länge einen Vorteil, besonders wenn vom Pferd aus geschossen wird, aber nur die Kompositbögen mit höheren Zuggewichten zeigen eine signifikant höhere Leistungsfähigkeit. Der Bau eines leichten Kompositbogens wäre demnach eine Verschwendung, besonders wenn man die Aufwendungen für die Herstellung berücksichtigt.

Weniger starke Bogenschützen, Anfänger und „frisch Rekrutierte“ mögen genauso gut Holzbögen verwendet haben und, wenn ihre Fähigkeiten gewachsen sind, zu „richtigen“ Bögen gewechselt sein.

Der wichtige Vorteil der Leistungsfähigkeit ginge bei einem Bogen mit geringem Zuggewicht verloren und kein Herrscher hätte Resourcen verschwendet, seine Truppe mit solchen Bögen auszustatten. Es wurden zur Ausrüstung der Truppen nur stärkere und somit leistungefähigere Kompositbögen gebaut.

Obwohl anderen Arten von Kompositbögen noch nicht diese systematische Aufmerksamkeit zuteil wurde, können ähnliche Überlegungen ebenso angestellt werden. Anders als der osmanische Bogen haben diese Bögen längere und damit schwere Wurfarme und werden gewöhnlich weiter ausgezogen.

Bogen von 1703–1704
© Topkapi Palast Museum
Kat.Nr. 1/1069

Ein längerer Kompositbogen hätte dann ein noch höheres Massenverhältnis, z. B. der längste osmanische Bogen, den der Autor gebaut hat, hat bei einer Länge von 131 cm und einem Zuggewicht von 70 lb bei 30" Auszug ein Verhältnis von 6,7.

Um ein geringeres Masseverhältnis zu erreichen, müssten diese Bögen noch stärker gebaut werden um die Leistungsfähigkeit von günstigeren Holzbögen zu übertreffen, sogar wenn der längere Auszug für die Leistungsfähigkeit hilfreich ist.
Eingerechnet, dass kein Bogen perfekt gebaut wird, kann grob abgeschätzt werden, dass kein Kompositbogen mit weniger als 90 lb Zuggewicht jemals für den Einsatz auf dem Schlachtfeld gedacht gewesen ist. Schwächere Bögen wurden jedoch trotzdem gebaut, höchstwahrscheinlich für Frauen und Nachkommen von Begüterten, und zur Verwendung als Scheiben- und Jagdbogen.

Referenzen und Anmerkungen:

1. A. Karpowicz, „Ottoman bows in the Topkapi Palace collection", Journal of the Society of Archer-Antiquaries, vol.49, 2006, p.44–49

2. A. Karpowicz, „Ottoman bows - an assessment of draw weight, performance and tactical use", zur Veröffentlichung in Antiquity, 2007 eingereicht. Basierend auf 46 Proben, die in der Studie untersucht wurden liegt das mittlere Zuggewicht bei 120 lb. Für Bögen zwischen 70 lb und 150 lb lag der Mittelwert bei 110 lb bei einer Standardabweichung von 20 lb.

3. Da viele Bögen einen Überzug aus Leder oder Rinde hatten wurde, wo sinnvoll, 1 mm abgezogen.

4. Wie in 2, analog zu D. s. Betteridge, „Bow static analysis and optimum draw length" Journal of the Society of Archer-Antiquaries. V 01.40, 1997, p. 53–58, mit Korrekturen von B. W. Kooi. Für eine ähnliche Berechnung des Biegebereichs der Wurfarme würde sich eine konstante Zahl ergeben, da das Zuggewicht der Bögen von der Dicke der Biegezone bestimmt wird.

5. Die Pfeilgeschwindigkeit für einen Pfeil von 10 grain (ca. 1,6 g) pro lb Zuggewicht ist ein guter Hinweis auf die Leistungsfähigkeit des Bogens. In diesem Fall haben Pfeile mit 500 grain (32,5 g), von einem 50-lb-Bogen geschossen, eine Geschwindigkeit von 170 fps (51,8 m / sec).

6. H. D. Soar, Secrets of the English war bow, 2006, Yardley (P A): Westholme Publishing.

7. A. Karpowicz, „Performance of Ottoman bows", Journal of the Society of Archer-Antiquaries, vol. 48, 2005, p. 44–48.

8. B. W. Kooi, „Archery and mathematical modeling", Journal of the Society of Archer-Antiquaries, vol. 34, 1991, p. 21–27.

Bogen von 1703–1704,#
Griffdetailaufnahme
© Topkapi Palast Museum
Kat.Nr. 1/1069

ANHANG 3

Der Aufsatz wurde zuerst im JOURNAL OF THE SOCIETY OF ARCHERANTIQUARIES, vol. 47 (2004), pp 100–103" veröffentlicht.

Islamische Bogenverzierungen

Ein Zitat aus SARAZEN ARCHERY [1]:

> *„Mische jegliche benötigte Farbe mit flüssigem Sandarak. Trage es auf und lasse trocknen. Als nächstes streiche einen Firnis aus reinem Sandarak und lasse ihn trocknen. Jetzt benetze die Oberfläche mit starker Ochsengalle. Bemale mit einer anderen Farbe, zum Beispiel Weiß auf Schwarz, Rot auf Grün oder Blau auf Rot und lege es in die heiße Sonne. Wenn es soweit ist, besprenge es sorgfältig mit Weinessig, um die Farben in der Zeichnung hervorzuheben, und trockne es. Als nächstes wasche die Ochsengalle ab und trockne. Dann bringe reinen Sandarak auf und lasse es in Ruhe. Wenn nötig bringe eine weitere Farbe in ähnlicher Weise auf."*

Der Begriff "Sandarak", aus dem Arabischen *sanderus* übersetzt, beschreibt ein Medium oder Bindemitttel, das mit Pigmenten und Lacken zur Herstellung von Farben oder einzeln als Firnis verwendet wird.

Sandarak ist ein Harz, das aus der Rinde einer Konifere, *Tetraclinis articulata*, früher *Callitris quadrivalvis*, ausgeschieden wird. Er wird an der Mittelmeerküste Afrikas (Benghazi und später Marokko [2] gefunden. Er wird in Form von spröden, blassgelben Tränen gesammelt und muss in einem passenden Lösungsmittel gelöst werden, um ein mischbares Bindemittel zu erhalten.

Islamische Bogenverzierungen

Krimtataren-Bogen, Signatur: Vali, 1805–1806 n. Chr. Aus dem Buch Bogen Pfeile Köcher aus sechs Kontinenten. © Grayson Collection, University of Missouri

Es gibt einen beträchtlichen Fundus an Literatur, die ein ähnliches Gebiet wie die Verzierung von Bögen betrifft – die Verzierung von Bucheinbänden und von anderen Kunstobjekten [3]. Der Buchbinderlack wurde in Persien *razvghan-i kaman* genannt, was bedeutet „Bogenglanz“. Das macht seinen Ursprung als ein Mittel zur Verzierung von Bögen deutlich[4,5]. Interessanterweise waren einige Bogenbauer auch versierte Miniaturisten oder Kalligraphen (Mirak Naqqash am Hof von Sultan HusaynMirza in Herat [4] oder Necmeddin Okyay in Istanbul [6)]. Es gibt eine Vielzahl von Rezepturen um Firnis für Bögen herzustellen, alle sind sich ähnlich in der Verwendung von Sandarak und trocknendem Öl [7].

Ein hervorragendes Rezept für *razwghan-i kaman* wurde von Sadig Beg im letzten Viertel des 16. Jahrhunderts [8] überliefert. Es ist es wert, vollständig zitiert zu werden:

> *„Wähle einen „man“ von reinem Sandarak Harz und zerkleinere es mit einer kleinen Hacke in Brösel von der Größe einer Haselnuss. Stelle einen neuen Kessel, der diese Menge fasst, auf ein Dreibein, das für dieses Gewicht gemacht wurde. Bedecke den Kessel auf allen Seiten mit Ton – der Kessel soll auf allen Seiten bis zur Kante mit Ton bedeckt sein. Dann sollst du um den Kessel einen Wall aus Ziegeln und Steinen errichten, um den Kessel in alle Richtungen abzuschirmen.*
>
> *Anschließend magst du ein starkes Feuer machen. Es gibt keinen Grund sich zurück zu halten, die Flammen stark und intensiv zu machen. Der Kessel soll zu einer Rotglut gebracht werden, ganz ähnlich wie der Schmied der sein Eisen oder Stahl schmiedet. Wenn das Innere des Kessels voller Funken ist wirf den Sandarak hinein und beobachte das Weitere. Dann beginne mit einem eisernen Löffel umzurühren, aber halte einen sicheren Abstand und gehe nicht zu dicht heran.*
>
> *Wenn der Sandarak vollständig geschmolzen ist, dann mein Bruder, gieße das Leinsamenöl dort hinein. Der Anteil an Leinsamenöl zu Sandarak muss zwei zu eins betragen.*
> *Das ist der richtige Weg wenn der Sandarak in einem sicheren Verhältnis mit dem Öl verkocht werden soll. Sollte etwas von dem Leinöl in das Feuer überfließen, so ziehe die Flammen sofort vom Dreibein weg.*
> *Nach mehrmaligem Aufkochen gib einen Tropfen des Ergebnisses in Wasser. Wenn der Tropfen zusammen hält, ist das Kochen abgeschlossen. Wenn nicht, koche weiter bis sich das Ergebnis zeigt. Das Zuhause ist kein Ort für diese Arbeit. Sie sollte irgendwo in sicherem Abstand von der Stadt geschehen.“*

Der Autor hat dieses Rezept als sehr wirksam befunden (mit einem Becherglas und einer elektrischen Heizplatte als Ersatz für Kessel und offenes Feuer), solange das Harz zuerst so lange erhitzt wurde, bis es genügend zersetzt ist, um sich mit dem Leinsamenöl zu vermischen.

Andere Harze als Sandarak sind weit einfacher in heißem Öl zu schmelzen, und ein Zusatz von Harzen wie Kopal, Mastic oder Kolophonium zu dem geschmolzenen Sandarak vereinfacht den Vorgang deutlich.

Ein ähnliches Rezept wie von Sadiq Beg wurde noch 1867 von Julien des Rochechouart[9] veröffentlicht: Ein Teil Sandarak wird zuerst geschmolzen und dann 2 Teile Sesamöl hinzugefügt. Das Sesamöl konnte auch durch Walnussöl ersetzt werden.

Ein ausführliches Rezept wurde 1526 von Leonardo Fioravanti[10] veröffentlicht:

> *Acht Pfund Leinöl wurden in einem Kupferkessel gekocht, bis eine Feder beim Kontakt damit verschmort. Das Öl wurde dann abgekühlt und 8 Pfund gemahlener Sandarak und ein Pfund Kolophonium hinzugefügt. Die Mischung wurde dann wieder gekocht, bis sich das Harz aufgelöst hat.*

In anderen Rezepten[11, 12] wird das Leinöl ebenso zuerst gekocht und dann Sandarak zu gleichen Teilen hinzugefügt, bis er sich aufgelöst hat. Nach den Tests des Autors erfolgt bei diesem Vorgehen keine vollständige Verschmelzung des Öls mit dem Sandarak, wenn nicht Sandarak durch andere Harze ersetzt wurde oder nur einen kleinen Teil der Mischung ausmachte.

Es ist nicht klar, ob der Arabische oder Persische *sandurus* sich in der Tat auf reinen Sandarak bezieht. Das Türkische Wort *senderus* hat eine breitere Bedeutung: Kopal, Harze des Wacholders oder Sandarak. All diese Harze haben einen unterschiedlichen Ursprung: Kopale sind fossile Harze die aus dem Boden ausgegraben werden, und Wacholderharz kann von irgendeinem Wacholderbaum stammen. Um die Sache weiter zu verkomplizieren wurde dasselbe Wort in der Vergangenheit für das rote Pigment Realgar (Arsen-Schwefelkies) verwendet[2]. Es ist möglich, das der echte Sandarak mit anderen, billigeren Harzen verschnitten wurde, vielleicht sogar mit gewöhnlichem Kiefernharz. In dem oben angeführten Rezept vermerkt Sadoq Beg, das der Sandarak in kleine, höchstens Haselnussgroße Stücke zerschalgen werden muss. Da reiner Sandarak in kleinen Tränen auftritt und gesammelt wird, die sicherlich nicht größer als Haselnüsse sind, konnte das hier erwähnte Harz also leicht mit anderen Harzen vermischt sein, vielleicht enthielt es sogar überhaupt kein Sandarak. Wie oben erwähnt, die Rezepte bei denen das Harz zum heißen Öl hinzugefügt wird, können nicht erfolgreich durchgeführt worden sein, wenn reiner Sandarak verwendet wurde.

Tätsächlich wurden andere Harze auch in Firnissen verwendet: Careri berichtet 1694 von einem Firnis aus Isfahan, der aus Mastix in Mineralöl (Petroleum) hergestellt wurde[8].

Eine Mischung aus Harz und Öl im Verhältnis von 1 : 1 oder 1 : 2 ergibt eine sehr dicke Flüssigkeit die sich beim Abkühlen verfestigen kann. Das erfordert die Zugabe eines Lösungsmittels oder mehr Öl. Tatsächlich wurden Lösungsmittel hinzugefügt, um eine verarbeitbare Konsistenz zu erzielen. Nach Thevenot, 1684[13] wurde Petroleum oder Alkohol zum dickflüssigen Firnis hinzugefügt. Auch Careri (s. o.) erwähnt Petroleum.

Es wurde im Mittleren Osten allgemein als Lösungsmittel und Brennstoff für Lampen verwendet und wurde aus der Region Baku am Kaspischen Meer oder anderen Stellen mit oberflächlich auftretendem Erdöl eingeführt. Petroleum wird zusammen mit Sandarak unter den Materialien für die Verzierungen vom osmanischen Architekten Sinan 1550[14] aufgeführt.

Terpentin, aus Kiefernharz destilliert, könnte verwendet worden sein[11, 12], vielleicht etwas später, als die Destillation perfektioniert wurde.

Man fragt sich, warum Sandarak oder andere Harze nicht mit einem flüchtigen Lösungsmittel wie Petroleum, Terpentinöl oder Alkohol[15] verwendet wurden, um dem Ärger mit dem Mischen mit Öl aus dem Weg zu gehen. Unglücklicherweise sind diese Harze alleine zu spröde, um einen elastischen Firnis zu ergeben. Solche Firnisse können auf starren Objekten verwendet werden, würden aber auf einem Bogen innerhalb von Wochen brechen, sobald das Lösungsmittel verdunstet ist. Das Öl ergibt die benötigte Elastizität und schützt zugleich die feuchtigkeitsempfindlichen Materialien im Bogen. Das Öl trocknet, oder besser polymerisiert zusammen mit dem Harz und bildet einen dauerhaften Überzug, ähnlich dem heutzutage verwendeten Bootslack bei Booten.

Es ist Interessant, dass Sesam-Öl als Ersatz für Leinsamenöl erwähnt wird. Sesamöl, anders als Leinöl oder Walnußöl, ist ein sehr langsam trocknendes Öl. Das heißt, dass es lange Zeit weich bleibt und die nötige Elastizität im Überzug sichert.

In Europa wurden Sikkative (Trocknungshilfsmittel), gewöhnlich Bleioxyde, dem Öl in kleinen Mengen hinzugefügt, um das Trocknen zu beschleunigen. Andernfalls würde das Öl über Wochen flüssig bleiben. In der Tat können Öle mit einem Trocknungsmittel einen dauerhaften und flexiblen Überzug für Bögen bilden. Im *rawghan-i kaman* gibt es hierzu eine Erwähnung. Hier festigt das Harz den Firnis und nimmt den Platz der Sikkative ein. Ein harzloses Rezept für *rugane bezir* (Firnis aus Leinöl) enthält Leinöl, das mit Bleiweiß als Trocknungsmittel gekocht wurde, und Ton zum Reinigen des Öls. Es ist jedoch nicht klar, ob dieser Firnis jemals für Bögen verwendet wurde.

Es gibt im Buch von Yecel[17] nach Mustafa Kani, Telhis Resail er-Rumat, Istanbul, 1847 eine Erwähnung von *sandalos* Öl im Kapitel über die abschließende Bearbeitung der Bögen. Das Wort *sandalos* ist die übliche türkische Form von senderus. Das Öl wurde regelmäßig auf den Bögen verrieben um den Überzug vor den Reißen zu schützen. Tatsächlich kann ein neuer, ölreicher Überzug die unterliegenden, trockenen Lagen wieder aufweichen. Die Methode wäre für diesen Zweck allerdings nicht optimal, da die Lagen sich aufbauen würden und mit der Zeit einen sehr dicken Überzug bilden würden.
Seltsamerweise wurde dieses bei Hein[18] als „Öl des Sandelholzbaum" übersetzt und Klopsteg[19] hat dieses von Hein übernommen. Der Autor hat sich die Mühe gemacht, das Sandelholzöl in diesem Zusammenhang auszuprobieren: Neben dem erfreulichen Geruch wurde dieses nicht trocknende Öl vom trockenen Firnis absorbiert, was ihn duktiler machte. Das konnte nach Bedarf wiederholt werden, um den Firnis flexibel zu erhalten.

Hein[18] erwähnte auch, das frischer Firnis nicht der Sonne ausgesetzt werden sollte, was den Bogen verderben würde, vermutlich den Überzug rissig werden ließe. Trocknung im Schatten sei die bevorzugte Methode. Die Bedeutung dieses Abschnitts ist nicht ganz klar[20], aber kann erklärt werden, wenn man sich ins Gedächtnis ruft, dass der frische Farbüberzug oder Firnis noch reich an Lösungsmitteln ist.

Es ist denkbar, das dieses feine Risse in der unterliegenden Farbe hervorruft, besonders wenn alles in der Sonne warm wird. Wenn erst das Lösungsmittel im Schatten verdunstet ist, wäre die Verzierung sicher. Es passiert auch, das frische Schichten aus ölbasierenden Farben eine Haut entwickeln wenn sie zu schnell trocknen, besonders wenn die Farben reich an Öl sind. Das kann zu Runzeln in der Schicht führen, da sich das Öl ausdehnt, wenn es bei der Polymerisation Sauerstoff aufnimmt.

Die Lösung von Sandarak oder anderen Harzen, mit Öl und Petroleum im Lösungsmittel wie oben beschrieben[1], wurde mit den Pigmenten verrieben, um Farben zu erhalten.

Die folgenden Pigmente[22, 22, 23, 2] waren für den Mittleren Osten bis ins 19. Jh. typisch:

- Bleiweiß (basisches Bleicarbonat, hergestellt aus Blei, in Essig in geschlossenen Gefäßen)
- Lampenruß
- Knochenschwarz (verkohlte Knochen),
- Auripigment (Arsensulfide, goldgelbes Mineral aus Bergwerken in Kurdistan und Mazedonien)
- Gelber Safran
- Mennige (Minium, Bleioxyd, durch rösten von Bleiweiß hergestellt)
- Erdpgmente wie gelber oder roter Ocker
- Braunes Hämatite
- Zinnober (Quecksilbersulfide, aus spanischen und chinesischen Bergwerken), und Vermilion (künstliches Zinnober)
- Roter Diestellack (Distel mit Essig oder Granatapfel angesäuert)
- Krapplack (der rotbraune Lack aus der Wurzel einer in Anatolien beheimateten Pflanze, Krappwurzel)
- Roter Lack (Beiprodukt von Schellack aus Indien)
- Karmin (aus getrockneten Schildläusen)
- Blaues Azurit und grünes Malachit (bergmännisch in Ungarn gewonnen)
- Blauer Lapislazuli (Afghanistan)
- Indigo (ein übliches Pflanzenblau, auch für schwarzes Henna verwendet)
- Blauer Schmelzfluss (mit Kobalt gefärbtes, vermalenes Glas; Kobaltblau)

Die meisten der oben aufgeführten alten Pigmente waren wegen der Grobkörnigkeit und mangelnden Deckkraft nicht so opak und brilliant wie die heutigen modernen Farben. Das erforderte entweder dicke Farbschichten oder die Untermalung mit hellen Farben, um die Farbtiefe zu verstärken.

Als Unterlagen dienten Bleiweiß oder Silberfolie [23, 24]. Ein starkes Rot wurde z. B. erreicht, indem auf eine Farbe, die auf Mennige basiert, eine Schicht aus Rotlack gemalt wurde [22, 24].

Im zitierten Artikel aus dem Buch Saracen Archery wird Ochsengalle als Hilfsmittel beim Applizieren der Verzierungen beigefügt. Die Ochsengalle dient hier als Trennschicht, und die Verzierung wird darauf aufgebracht. Anschließend, wenn die Farbe getrocknet ist, wird die Ochsengalle abgewaschen.

Nach den Tests des Autors ist dieses eine sehr hilfreiche Technik, um scharf konturierte Linien zu erreichen, die ein essentielles Merkmal von gut ausgeführten Ornamenten sind. Da der Überzug aus Ochsengalle eine größere Oberflächenspannung für die Öl-basierten Farben aufweist verhindert sie das Auslaufen der Farben. Die darauf folgende Entfernung der Ochsengalle verstärkt den Kontrast der Farben noch weiter.

Ein für Sultan Bayezid II. (1458–1512) gebauter Kriegsbogen Kat. Nr. 1/1039, © Topkapi Museum

Die Verwendung von Essig um die Farben zu verstärken mag im Fall von Pflanzenfarben notwendig sein, um die Farben durch die Säure zu intensivieren. Ein Beispiel hierfür ist Safran. Auf jede Farblage folgte eine durchsichtiger Überzug aus *rawghan-i kaman* um Beschädigungen im Gebrauch zu verhindern.

Das Trocknen und Polymerisieren des Öls würde durch Sonnenbestrahlung beschleunigt, was aber im Gegensatz zum oben zitzierten Text von Kani[18] steht. Vielleicht enthielten aber die früheren Farben nicht so viel Lösungsmittel wie die späteren zu Zeiten von Kani oder enthielten einen höheren Anteil Harz.

Das Vergolden war ein wichtiger Teil der Dekoration. Sowohl Blattgold wie Blattsilber und Metallpulver wurden verwendet[11, 14, 23]. Linienförmige Dekorationen wurden anscheinend mit Goldpulver[22], in Lack gebunden[22] oder wurden möglicherweise mit wasserbasierten Mitteln wie Leim, Gummi Arabicum oder Eiweiß[11, 23] gebunden ausgeführt.

Das Metallpulver wurde, wie auch typisch für Europa, durch Mahlen von Blattmetall gewonnen. Die Technik des Auflegens von Blattgold oder Blattsilber für flächige Effekte und Unterlagen[22] basierte entweder auf wässrigen oder öligen Mitteln.

Bogen von 1589–1590.
Kat. Nr. 1/2712
© Topkapi Museum

Nach Ansicht des Autors müssen die linienförmigen Verzierungen ebenfalls mit Blattmetall durchgeführt worden sein, da diese Methode weit ökonomischer in der Ausnützung des wertvollen Goldes ist.

Siberdekorationen konnten mit einem gelb eingefärbten Lack überzogen werden um Gold ähnliche Effekte zu erreichen[24]. Um einen Glitzereffekt zu erzielen konnten kleine Anteile von Gold- oder Messingflittern in den Lack oder die Farbe eingebettet sein[22,8].

Es wäre allerdings naiv anzunehmen, dass alle Farben immer auf *rawghan-i kam* basierten. Abhängig von den Umständen und der Verfügbarkeit hätte der Künstler nicht gezögert, für besondere Effekte andere Stoffe zu verwenden[24], so lange der Bogen zum Schluss durch Firnisschichten vollständig wasserfest war.

Zwischen den Bogenbauern und den geschickten Künstlern, Kalligraphen und Miniaturisten, die mit den Verzierungen beauftragt waren, muss es einen beachtlichen Erfahrungsaustausch gegeben haben. Unglücklicherweise gab es bis heute keine Versuche, die Bindemittel der Farben dieser alten Bögen zu ermitteln. Bis dahin können wir annehmen, dass *rawghan-i kaman* der Hautanteil in den Farben und Lacken war, und auf dieser Annahme unsere Diskussionen aufbauen.

Referenzen und Anmerkungen:

1. J. D. Latham & W.F.Paterson, SARACEN ARCHERY, Holland Press, London, 1970, p. 16. Der Abschnitt stammt aus einer Version, die nach dem 16. Jh. entstanden ist. Das Original stammt aus dem 14.

2. R. Gettens, G. L. Stout, PAINTING MATERIALS, A SHORT ENCYCLOPAEDIA, Dover Publications Inc., NY, 1966. Siehe auch ARTIST'S PIGMENTS, vol. 3, ed. By E.West FitzHugh, National Gallery of Art, Washington, 1977.

3. Der Autor dankt Tim Stanley, Kurator der Khalili Collection, für die Übermittlung einiger Referenzen dieses Artikels.

4. N. D. Khalili, B.W.Robinson, T.Stanley, NASSER D.KHALILI COLLECTION OF ISLAMIC ART CATALOGUE, vol. XXII, part 1, 1996, pp.15–16

5. Zur Verwendung den "Bogenlacks" siehe ebenso in Hans E.Wulf, TRADITIONAL CRAFTS OF PERSIA, Massachusetts Institute of Technology, Cambridge, Mass., and London, England, 1976, p. 239. Diesen Hinweis bekam ich von Edward McEwen.

6. Die Übersetzung eines Eintrags in der Istanbuler Enzyklopädie über den letzten türkischen Bogenbauer, erschienen in JOURNAL OF THE SOCIETY OF ARCHER-ANTIQUARIES, vol.43, 2000, pp. 66–67.

7. Trocknende Öle verfestigen sich durch Polymerisation, die Absorption von Sauerstoff in Gegenwart von Licht, in einen festen, dauerhaften Film, der als Medium für Ölfarben verwendet wird. Das beste ist vermutlich das Leinsamenöl, ebenso Walnussöl, Tungöl oder Mohnöl.

8. N. D. Khalili, B. W. Robinson, T. Stanley, NASSER D. KHALILI COLLECTION OF ISLAMIC ART CATALOGUE, vol. XXII, part 2, 1997, pp. 15–19.

9. Graf Julien de Rochechouart, SOUVENIRS D'UN VOYAGE EN PERSE, Paris, 1867.

10. A. Contadini, „Cuoridoro. Tecnica e decoracione...„ VENEZIA E L'ORIENTE, ed. E. Grube, Venice, 1989, pp. 217–29.

11. H.Taherzade Behzad, „The preparation of the miniaturist's materials" in A SURVEY OF PERSIAN ART, ed. by A.U.Pope, vol. III, Oxford, 1938-9, pp. 1921–7.

12. A. U. Pope in A SURVEY OF PERSIAN ART, vol. V, Oxford, 1939, pp. 1926-7. This reference supplied by Edward McEwen.

13. J. de Thevenot, THE TRAVELS OF M. DE THEVENOT IN THE LEVANT, trans. by D. Lovell, 3 vols, London, 1687, in Khalili part 1.

14. S. S. Blair and J. M.Bloom, THE ART AND ARCHITECTURE OF ISLAM 1250–1800, New Haven: Yale University Press, 1994.

15. Die Eigenschaften von Sandarak sind, wenngleich ähnlich zu denen von Wacholderharzen, ziemlich unterschiedlich zu denen von Kopal, Mastik, oder anderen Baumharzen. Da Sandarak ein ziemlich polares Harz ist, kann es nur mit niedermolekularen Alkoholen wie dem gewöhnlichen Alkohol (Ethanol) gemischt werden. Die üblichen Lösungsmittel wie Terpentin oder Petroleumdestillate lösen andere Harze, jedoch nicht Sandarak, wenn er nicht durch Hitze zersetzt wurde (J. S. Mills, R. White, THE ORGANIC CHEMSITRY OF MUSEUM OBJECTS, Butterworth, London, 1987). Es ist vorstellbar, dass Alkohol, aus Wein destilliert, als Lösungsmittel für Sandarak verwendet wurde, Anderseits muss die Alkoholkonzentration hierfür mindestens 95% betragen, da nur dann, im azeotropen Gemisch, das Lösungsmittel ohne Rückstände des weniger flüchtigen Wassers verdunstet. Falls in der getrockneten Farbe Spuren von Wasser verbleiben wird der Sandarak ausfällen und eine pulverige Lage bilden, die ungenügenden Zusammenhalt bietet um als Bindemittel für Farbe zu dienen. Das bedeutet, dass der Alkohol für dieses spezielle Harz (ähnlich zu einem anderen wohlbekannten Produkt – dem Schellack) sehr rein sein muss. Obwohl im frühen Mittelalter von Alchemisten konzentrierter Alkohol in kleinen Mengen hergestellt werden konnte ist es unwahrscheinlich, dass er üblicherweise als Lösungsmittel für Farben auf Bögen verwendet wurde, die täglich in großer Zahl als bevorzugte Waffen im Mittleren Osten hergestellt wurden. Alkohol wurde eher in späteren Zeiten gebräuchlich.

16. N. Atasoy, „Turkish lacquer“ in LACQUERWORK IN ASIA AND BEYOND, ed. von W. Watson, COLLOQUY ON ART AND ARCHAEOLOGY IN ASIA, No.11, University of London, 1981, pp. 301-7.

17. Unsal Yucel, TURK OKCULUGU, Ataturk Kultur Merkezi Baskanligi, Ankara, 1998, p.267.

18. J. Hein, „Bogenhandwerk und Bogensport bei den Osmanen“, DER ISLAM, 1925, p.353.

19. P. E. Klopsteg, TURKISH ARCHERY AND THE COMPOSITE BOW, 1947, sec. ed, p.52.

20. Eine kommende Übersetzung von Kanis Original-Kapitel über Bogenbemalungen wird dieses Dilemma hoffentlich lösen (persönliche Mitteilung von Edward McEwen).

21. Der Autor ist Volker Tank Dank schuldig für die hilfreiche Diskussion dieses Abschnitts.

22. Borth, „Technologische Untersuchungen zur Türkenbeute“, Diplomarbeit, Inst. für Technologie der Malerei, Staatl. Akademie der Bildenden Künste, Stuttgart, 1990. Der Katalog DIE KARLSRUHER TUERKEBEUTE, Badisches Landesmuseum Karlsruche, Hirmer Verlag, Muenchen, 1991, mit vorzügl. Fotografien von Verzierungen auf Bögen des 17. Jh., basiert teilweise auf dieser Untersuchung.

23. Levey, Krale, Haddad, „some notes on the chemical technology in 11th c. Arabic work on bookbinding“, ISIS, 47 (1956), pp.239–43. Dieser Artikel basiert auf den Manuskripten von Ibn Badis (1007 bis 1061).

24. A. Karpowicz, „A Bow from Northern India“, JOURNAL OF THE SOCIETY OF ARCHER-ANTIQUARIES, no. 44, 2001, pp. 13–14. Siehe auch die anderen Arbeiten des Autors in der islamischen Abteilung von www.atarn.org.

25. Nach Informationen von Ernst-Ludwig Richter vom Institut für Technologie der Malerei ist keine Untersuchung der Farben für die Karlsruher Sammlung geplant.

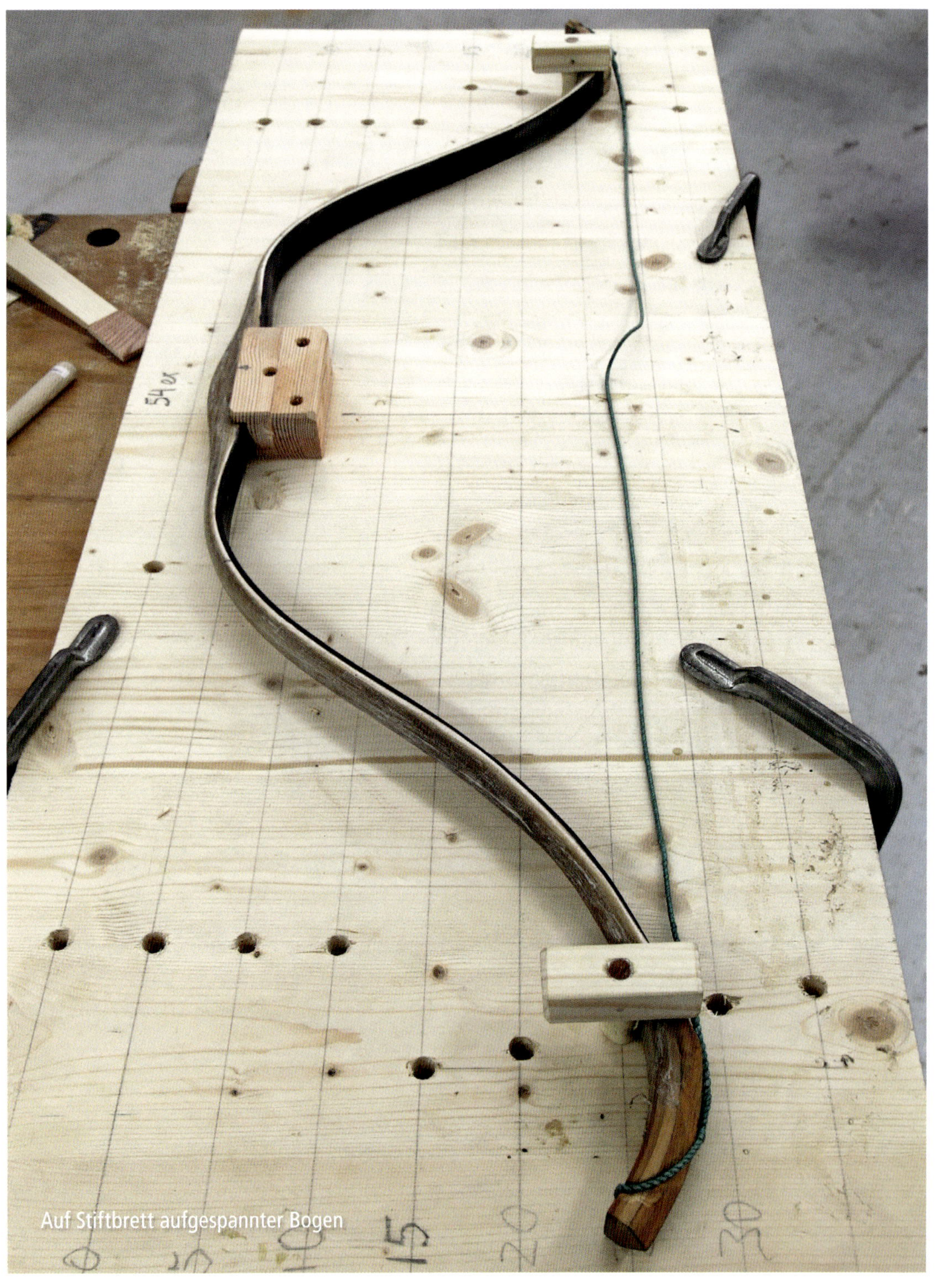

Auf Stiftbrett aufgespannter Bogen

ANHANG 4

Das Aufspannen eines neuen Kompositbogens

Wer sich seinen Hornkompositbogen selbst gebaut hat, kennt seinen Bogen und weiß ihn auch aufzuspannen. Aber nicht jeder, der einen dieser faszinierenden Bogen schießen möchte, muss ihn auch selbst gebaut haben. Schließlich ist der Herstellungsprozess äußerst aufwändig und sehr kompliziert. Was also tun, wenn man sich einen solchen Bogen gekauft hat? Auch wenn diese Bogen erstaunlich belastbar sind – sie sind eben doch etwas ganz anderes als ein mit Fiberglas belegter Bogen und entsprechend anders zu handhaben.

Als erstes überprüft man den Bogen auf Beschädigungen und Rissen im Wurfarm. Feine, örtlich begrenzte Risse auf dem Bogenbauch, die entlang dem Wurfarm verlaufen sind normal. Wenn der Bogen vom Bogenbauer erst aufgespannt, getillert und geschossen wurde, sind keine Probleme mit der Balance der Wurfarme und dem Tiller zu erwarten. Es kann allerdings sein, dass der Bogen überhitzt oder beim Versand gebogen wurde. In diesem Fall kann es notwendig werden ihn zu korrigieren.

Mach dich zuerst mit der Sehne vertraut. Die Schlaufen kommen in die Bogennocken, wobei der Knoten auf der Unterseite der hölzernen Wurfarmenden oder auf der Sehnenbank zu liegen kommt. Die flache Seite des Knotens liegt auf dem Bogen auf. Für den täglichen Gebrauch verwendet man eine Sehne aus Dacron oder Polyestergarn. Die traditionelle Sehne aus Seide und Sehne ist nur für die Ausstellung.

Aufspannen des Bogens mit einem Helfer

Achtung: Das Biegen des Bogens rückwärts (also gegen die korrekte Richtung) zerstört ihn. Zum Aufspannen des Bogens benötigst du einen Helfer. Zeige ihm die Lage der Sehnenschlaufen. Setz dich hin und presse deine Knie auf beiden Seiten des Griffs gegen die Bauchseite der Wurfarme. Unter den Griff kann eine Polsterung gelegt werden.
Zugleich hältst du die starren Teile der Wurfarme (die sogenannten Kasan) mit den Händen. Beide Kasan müssen in der Mitte gehalten werden und der Bogenrücken zeigt weg von dir. Dann ziehe die beiden Kasan zu dir her, beginnend mit gestreckten Armen. Die Zugrichtung muss genau in der Ebene der späteren Bogenbiegung liegen. Halte die Kasan fest und ziehe langsam und gerade nach hinten, ohne die Wurfarme zu verdrehen. Beide Wurfarme des Bogens müssen sich gleichmäßig biegen.

Für stärkere Bögen kann ein beträchtlicher Kraftaufwand nötig sein. Es ist absolut essentiell, die Kasan jetzt nicht loszulassen. Falls dir die Anstrengung zu viel wird, bitte eine andere Person, es für dich zu machen, oder verwende die Methode mit dem Stiftbrett, wie unten beschrieben.
Wenn der Bogen genügend weit gebogen wurde legt der Helfer die Sehnenschlaufen in die Nocken ein und richtet sie korrekt aus. Lass auf keinen Fall den Bogen los, bevor du dir nicht sicher bist, dass die Schlaufen korrekt angebracht sind und die Knoten an der richtigen Stelle des Wurfarms liegen. Dann verringere langsam den Druck, während du die Bogenenden genau beobachtest.

Korrektur des Bogens nach dem Aufspannen

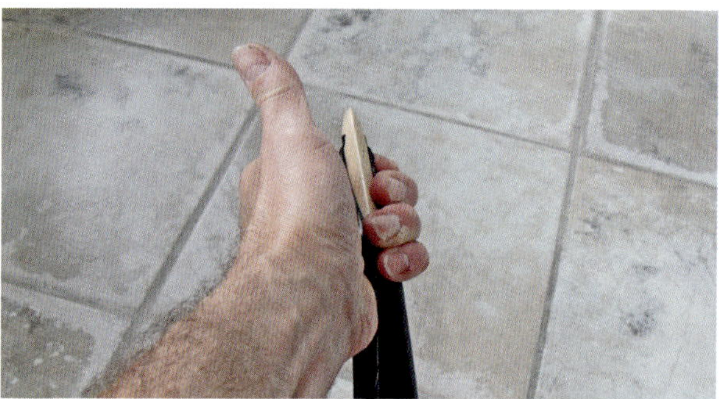

Ist der Bogen nun aufgespannt, untersuche die Ausrichtung der Sehnenschlaufen und die Biegung der Wurfarme. Beide Wurfarme müssen sich im gleichen Maß biegen und die Wurfarmenden mit der Sehne fluchten. Es kann sein, das einer oder beide Wurfarme verdreht sind oder sie sich nicht auf die gleiche Weise krümmen. Da der Bogen sauber ausbalanciert versandt wurde, können diese Probleme nur während des Versands oder beim Aufspannen entstanden sein.

Die Korrektur muss sofort nach dem Aufspannen erfolgen. Der Bogen darf auch nicht nur für eine kurze Zeit aus der Balance sein. Horn, Sehne und Holz haben die Eigenschaft der plastischen Verformung („Kriechen"). Das bedeutet, dass die Wurfarme, wenn sie zu lange Zeit oder bei zu hoher Temperatur gebogen wurden, die Biegung annehmen können und sich permanent verformen. Im Falle von extremer Abweichung von der Balance kann durch kriechende Verformung in den Materialien der schwächere Wurfarm sich so weit biegen, dass eine Korrektur schwierig werden kann.

Um die Wurfarme auszubalancieren muss vom schwächeren Wurfarm Spannung weggenommen werden, während der andere Wurfarm, um ihn mehr zu biegen, unter stärkere Spannung kommt. Bei einer Verdrehung muss der verdrehte Wurfarm in entgegengesetzte Richtung unter Spannung gesetzt werden.

Der schwächere Wurfarm ist der, der die stärkere Biegung zeigt und einen größeren Abstand zwischen Sehnen und Wurfarm aufweist. Um die Spannung zu verringern und den anderen Wurfarm mehr zu belasten drückt man die Sehne in den schwächeren Wurfarm (man drückt Sehne und Wurfarm der schwächeren Seite zusammen, so dass der stärkere Wurfarm sich mehr biegt / A. d. Ü.) und hält ihn so für 10 Sekunden. Dann lässt man wieder los und schaut, ob jetzt die Balance stimmt. Wenn nicht, verlängert man die Zeit und/oder die Intensität des Drucks bzw. der Biegung, indem man härter oder weiter weg vom Wurfarmende drückt. Dabei muss die Sehne immer sauber zentriert mittig zum Wurfarm verlaufen. Keine Angst, die Biegung kann ziemlich extrem sein. Diese Biegung muss in Schritten erfolgen, klein bei klein, bis die Wurfarme ausbalanciert bleiben.

Zum Schutz der Verzierungen kann beim Korrekturprozess ein Stück weicher Stoff oder ein Stück Plastik unter die Sehne des schwächeren Wurfarms gelegt werden.

Während man die Balance korrigiert, beobachtet man gleichzeitig die Wurfarme auf Verdrehungen und korrigiert sie gleich mit.

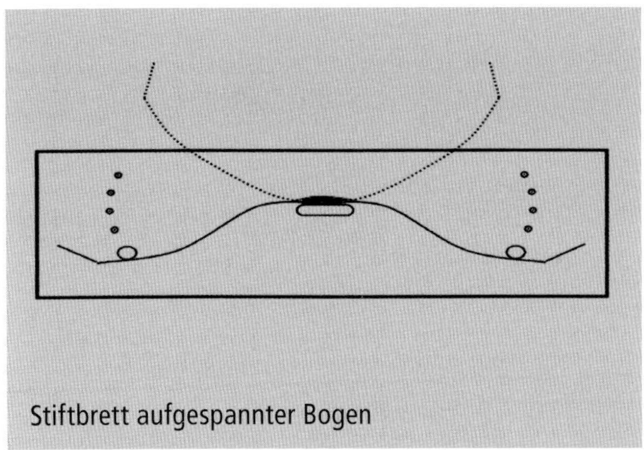
Stiftbrett aufgespannter Bogen

Die Verdrehung kann durch seitliches Verbiegen von Wurfarm und Kasan in die Gegenrichtung erfolgen. Dabei muss man sicher gehen, dass die Sehne fest auf das Sehnenbänkchen oder in den Wurfarm gedrückt wird, damit der Bogen sich nicht verwindet und die Sehne seitlich abwirft.

Der Ablauf ist also: Verdrehung kontrollieren, in Gegenrichtung biegen, 10 Sekunden halten, das Ergebnis überprüfen – solange bis die Verdrehung verschwunden ist. Am Ende sollen die Wurfarmenden parallel zum Sehnenverlauf stehen.

Ein nicht ausbalancierter Bogen darf nicht alleine gelassen werden. Wenn du die Korrekturen nicht sofort machen möchtest, spanne den Bogen wieder ab. Biege den Bogen dazu wieder über die Knie und lasse den Helfer die Sehne abnehmen.
Wenn der Bogen in Ordnung aussieht, lasse ihn ein paar Minuten ruhen. Überprüfe dann wieder und korrigiere wenn nötig. Dann wieder für eine jetzt längere Zeit ruhen lassen und erneut überprüfen.
Der Bogen sollte symmetrisch und ohne Verdrehungen in den Wurfarmen sein. Es ist möglich – und akzeptabel – dass einer der Wurfarme sich ein klein wenig stärker biegt als der Andere. Beim Schießen wird der Bogen dann mit dem schwächeren Wurfarm nach oben verwendet.

Aufspannen des Bogens ohne Helfer

Der Bogen kann sicher und mit geringer Mühe auf einem Stiftbrett aufgespannt werden. Die Pflöcke und die Auflage für den Griff werden stark gepolstert, am besten werden sie mit Filz oder mit einem dicken, weichen Stoff bedeckt.
Die Pflöcke werden, von oben beginnend, immer weiter in niedrigere Löcher gesteckt, wobei immer wechselnd der eine und der andere Wurfarm weiter gebogen werden. Die Löcher für die Pflöcke sollten nicht mehr als 5 cm auseinander sein, um den Bogen in der Balance zu halten. Wenn der Bogen aufgespannt ist, wird er wie oben beschrieben auf Balance und Verdrehungen überprüft.

Vor dem Schießen

Bevor der Bogen das erste Mal geschossen wird, sollte er ein paar Stunden an einem schattigen Platz, nicht der Wärme ausgesetzt und am besten liegend, aufgespannt gelassen bleiben. Der Griff und die Stelle, an der der Pfeil anliegt, können zum Schutz mit etwas Stoff oder Leder bedeckt werden.
Der Bogen wird zuerst ein paar Mal bei halbem Auszug geschossen. Erneut vergewissert man sich, dass er ausbalanciert und ohne Verdrehungen der Wurfarme bleibt. Um eine Verdrehung der Wurfarme beim Schießen zu vermeiden, sollte der Griff nicht fest gepackt sondern nur locker gehalten werden. Während des Schießens kann es sein, das der Bogen erneut ausbalanciert werden muss, weil sich durch andere Belastungspunkte (anderer Auszug und andere Griffhaltung / A. d. Ü.) die Belastung im Wurfarm verändern kann.

DIETER SCHMID
Werkzeuge GmbH

Wilhelm-von-Siemens-Str. 23
D-12277 Berlin

Fon +49 (0) 30342 | 17 57
Fax +49 (0) 30342 | 17 64

www.feinewerkzeuge.de
ds@feinewerkzeuge.de

MICHEL BOMBARDIER

Rothenbergstr. 3
D-65366 Geisenheim

Fon +49 (0) 6722 | 750 67 92

www.bombix.de
michel.bombardier@bombix.de

- Bogenbau
- Bogenbaukurse
- Bogenhölzer
- Zubehör

BOGENSPORTSHOP HERMANSKI
Katja Wilhelm

Hintergasse 29
D-55232 Alzey-Heimersheim

Fon +49 (0) 6731 | 422 39
oder 0170 6746105

www.webshop-hermanski.de
heinz@webshop-hermanski.de

- Die erste Adresse für Bogenbaumaterialien aller Art
- Bogenbaukatalog anfordern
- Alles für das traditionelle Bogenschießen

DEUTSCHLAND

ARROW-FIX ®
Helmut Dittrich

Lange Furche 13
D-70736 Fellbach

Fon +49 (0) 171 | 538 63 01
Fax +49 (0) 322 | 22 44 91 68

www.arrow-fix.com
sales@arrow-fix.com

Die Lösung
für die Reparatur
von Pfeilschäften
aus Holz und Bambus

BOGEN-DAUMENRING MÜNCHEN
Martin Gröber

Donauwörther Str. 2
D-80997 München

Fon +49 (0) 89 | 14 95 96 04
Fax +49 (0)89 | 15 88 30 67

www.bogen-daumenring.de
info@bogen-daumenring.de

- Osmanische Daumenringe
- Individuell nach Maß gefertigt
- Oder in Standardgrößen
- Kurse in Daumentechnik

DICTUM GMBH - Mehr als Werkzeug

Donaustr. 51
D-94526 Metten

Fon +49 (0) 991 | 91 09 100
Fax +49 (0) 991 | 91 09 101

www.mehr-als-werkzeug.de
info@mehr-als-werkzeug.de

- Hochwertige Handwerkzeuge
- Materialien für den Bogenbau
- Öle
- Sehnen
- Hornplatten
- Hornspitzen
- Bogenbaukurse

ÖSTERREICH

WEIN4TEL–ARCHERY
Christian Stöckl

Hauptstrasse 27
A-2122 Münichsthal

Fon +43 (0) 664 | 88 44 66 10

www.wein4tel-archery.at
w4a@aon.at

Der Ausrüster
für den traditionellen
Bogenschützen

- Bogenbaukurse
- Beratung
- Verkauf
- Service
- u. v. m.

KAUFMANN
BOGENSPORT-BOGENBAU

Grasbergerstr. 28–30
A-8020 Graz

Fon +43 (0) 316 | 57 59 84 90
Fax +43 (0) 316 | 57 59 84 4

www.bogensport-bogenbau.com
office@bogensport-bogenbau.com

- Lang-, Recurve- & Kinderbögen
- Targets & 3D-Tiere
- Köcher, Armschützer & Schießhandschuhe
- Werkzeuge für den Bogenbau
- Bogenhölzer & Holzlaminate
- Glas- & Carbonlaminate
- u. v. m.

SCHWEIZ

MEDICINEBOWS
Alex Wittenaar

Dorfstrasse 110
CH-3911 Ried-Brig

Fon +41 (0) 78 | 624 33 61

www.medicinebows.com
alexmedicinebows@gmail.com

- Maßgefertigte traditionelle Horn-Kompositbogen
- Sehnenbelegte Bogen

BOGENTRADITIONEN

NEU IM FRÜHJAHR 2014

BOGENSCHIESSEN MIT DEM DAUMENRING

Adam Swoboda

Das neuerwachte Interesse an asiatischen Bögen und wie man sie schießt, findet in diesem Buch erprobte Anleitungen für Anfänger und Fortgeschrittene in der Daumenringtechnik.

Der Autor erklärt ausführlich diese historische Schießtechnik, und interpretiert Originalquellen so, dass sie für moderne Schützen erfahrbar sind. Detaillierte Beschreibungen von traditionellen Reflexbögen, die Positionen des Schießablaufs, Bogengriff, Lösemethoden und verschiedene Zielmethoden helfen dem Leser, seine eigene Schießtechnik zu entwickeln und zu verbessern.

ISBN 978-3-938921-033-3 **29,80 €**

REFLEXBOGEN

Geschichte & Herstellung

Reflexbogen, Kompositbogen, Recurves – sie faszinieren uns durch ihre ungewöhnliche, elegante Bauweise.
Über ihre Rolle in der Geschichte und wie man sie baut.
336 Seiten, HC, gebunden, mit Lesebändchen.
ISBN 978-3-938921-12-8 **48,- €**

DAS BOGENBAUER-BUCH

Von der Steinzeit bis heute

Bauanleitungen für die komplette Ausstattung: Pfeilkratzer, Bogensehnen, Köcher, Armschutz, Spinetester, Befiederung, Zielscheiben – 560 Farbfotos zeigen Schritt für Schritt wie es geht.
224 Seiten, HC, gebunden.
ISBN 978-3-9805877-7-8 **29,80 €**

BOGEN, PFEILE, KÖCHER

aus sechs Kontinenten

Die Charles E. Grayson Sammlung - eine der größten Sammlungen von Bogen, Pfeilen und Zubehör aus der ganzen Welt. Rund 300 der interessantesten Stücke der Sammlung in großformatigen Fotos und detaillierten Beschreibungen.
224 Seiten, 21 × 27 cm, Softcover
ISBN 978-3-938921-17-3 **28,- €**

MEHR ZUM THEMA BOGENBAU

DIE BIBELN DES TRADITIONELLEN BOGENBAUS Band 1–4

Alle Bände s/w, mit sehr vielen Abbildungen, 356–416 Seiten.
Format: 17,5×24,5 cm, HC, fadengebunden mit Lesebändchen. **Je 34,- €**

Band 1
- Holz schneiden und trocknen
- Der Eibenbogen
- Flachbogen aus Osage
- Bogen d. West Coast Indianer
- Leime
- Spleiße, Verbindungen
- Sehnenbelag
- Tillern
- Primitive Pfeile

ISBN: 978-3-9808743-2-8

Band 2
- Bogen aus Brettern
- Die Bogen des östl. Waldlands
- Bogen der europ. Vorgschichte
- Komposit-Bogen
- Holz biegen
- Recurve-Bogen
- Sehnen
- Stahlspitzen
- Köcher und Zubehör

ISBN 978-3-9808743-5-9

Band 3
- Werkzeuge
- Bogen der Welt
- Koreanischer Bogenbau
- Bogen der Plains-Indianer
- Afrikanisches Bogenschießen
- Teilbare Bogen
- Ein Steinzeit-Bogen
- Holzpfeile
- Pfeilspitzen aus Stein

ISBN 978-3-9808743-9-7

Band 4
- Bogenholz
- Wärmebehandlung von Bögen
- Bogen aus der Kupferzeit
- Das Bogenmasse-Prinzip
- Leistung und Design
- Bogen für das Weitschießen
- Laminierte Holzbögen
- Pfeile aus aller Welt
- Dein erster Holzbogen

ISBN 978-3-938921-07-4

DER GEBOGENE STOCK

Auch weiße Hölzer wie Esche, Ulme, Hickory, Walnuss, Birke und viele andere ergeben gute Bögen wie die angeblichen Spitzenhölzer.
Für Anfänger im Bogenbau.
ISBN 978-3-9808743-6-6
19,80 €

AUF DER SPUR DES OSAGE-BOGENS

Dean Torges

Bogenbau vom Feinsten, von einem echten Könner, mit vielen wertvollen Tipps, und noch dazu unterhaltsam geschrieben.
219 Seiten, Din A5.
ISBN 978-3-9808743-3-5
19,80 €

MEIN PFEIL- & BOGENBUCH

Bogenbau für Kinder und Jugendliche. Von Wulf Hein.

Dieses Buch beschreibt den Bau eines einfachen Bogens, samt Pfeilen geeignet für Kinder von 8 bis 12 Jahren und allen, die ins Selbermachen einsteigen wollen. Für ältere Kinder/Jugendliche ist der steinzeitliche Bogen gedacht.
Beide Anleitungen eignen sich sehr gut als Freizeit- oder Schulprojekt. Auch Lehrer, Gruppenleiter oder Therapeuten können das Buch sehr gut nutzen. 200 farbige Seiten, im Querformat, HC
ISBN 978-3-938921-18-0 **29,80 €**

Die Fachzeitschrift

Es ist das einfache Bogenschießen, ganz ohne Visiere und Hilfsmittel, mit Bogen, deren Form und Funktion seit Jahrtausenden gleich ist, das uns begeistert, herausfordert und nicht mehr loslässt.
Wir berichten im TB-Magazin über die vielfältigen Möglichkeiten, dieses Hobby als Sport und Freizeitgestaltung aus zu üben. Für die umfassende Information sorgen historische Artikel, Know-how zu Techniken und Schießstil, Anleitungen für den Selbstbau von Bogen und Ausrüstung. Interviews, Buchtipps und neue Produkte, Adressen, Turnier-, Veranstaltungs- und Kurstermine halten unsere Leser auf dem Laufenden.

TRADITIONELL BOGENSCHIESSEN

ist das führende Medium für die Freunde des Bogensports. Die Gesamtheit der bisher erschienenen Hefte stellt ein wertvolles Sammel- und Nachschlagewerk dar. Ein lebendiges Magazin mit reger Beteiligung seiner Leser, von Bogenschützen für Bogenschützen gemacht!

Magazin für Langbogen & Recurve

4 × IM JAHR:
- Information
- Unterhaltung
- Geschichte
- Ausrüstung selbst gemacht
- Berichte
- Interviews
- Neuheiten & Tests
- Turniertermine
- Kurse & Events
- Shop

Im Abonnement, über den Bogensport-Fachhandel oder Bahnhofsbuchhandel zu beziehen.

EINZELHEFT 6,- €

4-er ABO

Inland:	24,- €
Europa:	30,- €
Luftpost:	35,- €

Magazine und Bücher können direkt beim Verlag
Verlag Angelika Hörnig | Siebenpfeifferstraße 18 | D-67071 Ludwigshafen
Tel. +49 621 - 65 82 19 70 | Fax +49 621 - 65 82 19 717 | shop@bogenschiessen.de

oder über die Webseite bestellt werden:

WWW.BOGENSCHIESSEN.DE/SHOP

Verlag Angelika Hörnig